新时代浙商管理经验丛书 ······························· **丛书主编** 董进才

研究阐释党的十九届四中全会精神国家社科基金重大项目
（项目编号：20ZDA087）资助

新时代浙商绿色管理经验

王建明 编著

经济管理出版社
ECONOMY & MANAGEMENT PUBLISHING HOUSE

图书在版编目（CIP）数据

新时代浙商绿色管理经验／王建明编著 . —北京：经济管理出版社，2020.6
ISBN 978-7-5096-7464-2

Ⅰ . ①新… Ⅱ . ①王… Ⅲ . ①企业环境管理—案例—浙江 Ⅳ . ①X321. 255. 02

中国版本图书馆 CIP 数据核字（2020）第 158362 号

组稿编辑：张莉琼
责任编辑：丁慧敏　张莉琼
责任印制：任爱清
责任校对：张晓燕

出版发行：经济管理出版社
　　　　　（北京市海淀区北蜂窝 8 号中雅大厦 A 座 11 层　100038）
网　　　址：www. E-mp. com. cn
电　　　话：(010) 51915602
印　　　刷：唐山昊达印刷有限公司
经　　　销：新华书店
开　　　本：720mm×1000mm/16
印　　　张：16. 75
字　　　数：284 千字
版　　　次：2020 年 6 月第 1 版　　2020 年 6 月第 1 次印刷
书　　　号：ISBN 978-7-5096-7464-2
定　　　价：78. 00 元

总　序

浙商是中国当代四大商帮之首。千余年来浙商风云际会，人才辈出，在浙江乃至世界各地书写了波澜壮阔的商业历史。从唐朝资本主义萌芽，到明清时期民族工商业的脊梁，浙商用敢闯敢拼的进取精神和踏实肯干的务实作风，用一幕幕商业实践写就了中国民族资本主义发展的篇章。历史上，大量浙商曾在民族经济和民族企业发展过程中留下了浓墨重彩的一笔，如明初天下首富沈万三、清末红顶商人胡雪岩、五金大亨叶澄衷等。自改革开放以来，大批浙商纷纷登上时代的舞台，秉持"历经千辛万苦、说尽千言万语、走遍千山万水、想尽千方百计"的"四千"精神，在改革开放中取得了举世瞩目的伟大成就，一大批知名企业家如鲁冠球、马云、李书福、杨元庆、宗庆后、任正非等走在了中国改革开放的最前沿，成为改革开放的商业领袖，引领浙商企业在商业实践中砥砺前行，取得了空前伟业。

随着中国民营经济的蓬勃发展，浙商企业已成为中国民营企业发展的一面旗帜，威名响彻大江南北。"浙商"企业早已不是当初民营经济的"试水者"，而是助推中国经济腾飞的"弄潮儿"。"冰冻三尺，非一日之寒"，浙商企业的成功既有其历史偶然性，也有其历史必然性。浙商企业的蓬勃发展是中国改革开放的一个缩影，通过"千方百计提升品牌，千方百计保持市场，千方百计自主创新，千方百计改善管理"的新"四千"精神，浙商企业在激烈的市场竞争中占据重要地位，浙商企业的管理实践经验对中国本土企业的发展有着深刻的启迪和引领作用。这其中蕴含的丰富管理理论和实践经验需要深入挖掘。

特别是当前中国特色社会主义进入了新时代，这是我国历史发展新的方位。新时代下互联网经济和数字经济引领发展，以阿里巴巴为代表的移动支付等数字交易平台发展在全球领先，新经济催生了新的管理发展理念和管理模式，新时代催生浙商新使命、新征程、新作为和新高度。对新时代浙商企业管理经验进行全方位解读，并产出科研和教学成果，既是产学、产教融合的有效途径，也是浙商群体乃至其他商业群体发展的指路明灯。

2019 年恰逢中华人民共和国成立 70 周年，浙江财经大学成立 45 周年，浙江财经大学工商管理学院成立 20 周年。浙江财经大学工商管理学院在全院师生的不懈努力下，在人才培养、科学研究和社会服务方面做出了理想的成绩。新时代工商管理学院也对商科教育不断开拓创新，坚持"理论源于实践，理论结合实践，理论指导实践"思想，重新认知和梳理新商科发展理念。值此举国欢庆之际，浙江财经大学工商管理学院聚全院之智，对新时代浙商管理经验进行总结编纂，围绕新时代浙商管理经验展开剖析，对新时代浙商企业的实践管理经验进行精耕细作的探讨。深入挖掘浙商企业成功的内在原因，进一步探讨新时代浙商企业面临的机遇和挑战。我们期望，这一工作将对传承浙商改革创新和拼搏进取的精神，引领企业发展以及助推中国浙江的经济高质量发展起到重要作用。

本丛书研究主题涵盖新时代浙商企业管理的各个方面，具体包括："新时代浙商企业技术和创新管理经验""新时代浙商文化科技融合经验""新时代浙商互联网+营销管理经验""新时代浙商跨国并购协同整合管理经验""新时代浙商绿色管理经验""新时代浙商社会责任管理经验""新时代浙商国际化经营管理经验""新时代浙商互联网+制造管理经验""新时代浙商知识管理经验""新时代浙商商业模式创新经验""新时代浙商战略管理经验""新时代浙商营销管理经验"等。本丛书通过对一个个典型浙商管理案例和经验进行深度剖析，力求从多个维度或不同视角全方位地阐述浙商企业在改革开放中取得的伟大成就，探讨全面深化改革和浙商管理创新等的内涵及其关系，进一步传承浙商的人文和商业精神，同时形成浙商管理经验的系统理论体系。

本丛书是我院学者多年来对浙商企业管理实践的学术研究成果的结晶。希望本丛书的出版为中国特色管理理论发展奠定坚实的现实基础，给广大浙商以激荡于心的豪情、磅礴于怀的信心、砥砺前行的勇气，在新时代去创造更多的商业奇迹，续写浙商传奇的辉煌。相信本丛书的出版在一定程度上会对新时代其他企业的发展提供必要的智力支持，从多个角度助推中国民营经济的发展。

浙江财经大学党委委员　组织部、统战部部长

董进才教授

PREFACE
前 言

　　本书是一部关于新时代浙商绿色管理经验的案例选编，汇集了新时代浙商绿色管理探索的典型案例及其成功经验，向读者呈现了新时代浙商绿色管理生动实践的现实样本。

　　随着现代文明的发展，能源危机和环境污染成为当代社会面临的重要问题，开拓一条节能减排、低碳环保的绿色转型之路成为社会发展的必然战略选择。绿色管理正是在这样的形势下受到越来越多企业的关注，不仅成为一种重要的社会发展趋势，也成为未来经济新的增长点。绿色管理（Green Management）是指企业将环境保护的观念融入企业经营活动，以及从企业经营的各个环节控制污染和节约能源的程度，以期实现经济增长、社会发展和环境保护等可持续发展的目标。绿色管理既是国家战略规划对企业行为的要求，也是企业作为市场主体应有的社会责任。党的十九大报告明确指出，我们要建设的现代化是人与自然和谐共生的现代化，而企业的绿色管理就是探索人与自然和谐共生之路的有益实践，是实现社会可持续发展的坚实助力。从现实发展来看，高能耗、高排放、高污染企业为其粗放的管理发展模式付出了高昂的成本代价，逐渐遭到社会的否定和市场的淘汰，而立足于生态环保或积极走转型升级之路的企业以其资源节约、环境友好的管理发展模式逐渐获得更大的经济收益和社会收益，逐步得到社会的支持与市场的认可。可见，环境污染没有出路，绿色转型势在必行。在当前中国社会经济转型的关键时期，中国企业的绿色管理并没有现成的模式和成熟的经验可循，很多企业在"摸着石头过河"中走了不少"弯路"，甚至转型失败。因此，深入探索绿色管理经验成为企业可持续发展的迫切需要。

　　浙江是中国改革开放的先行区。改革开放40多年来，浙江锐意进取，大胆实践，形成了有浙江特色的改革发展道路，创造了令人瞩目的"浙江模式"，形成了卓有成效的"浙江经验"，书写了生动宝贵的"浙江精神"。特别是，浙江省是习近平总书记"绿水青山就是金山银山"理论的发源地，也是绿色发展的先行地。2003 年，时任浙江省委书记的习近平同志在浙江启动生态省建设，打造"绿色浙江"。2005 年，习近平同志在浙江安吉首次提出"绿水青山就是金山银山"的科学论断和发展理念。此后，浙江相继出台《浙江省创建绿色企业（清洁生产先进企业）办法（试行）》《浙江省清洁生产行动计划（2013-2017）》《浙江省绿色制造体系建设实施方案（2018-2020）》《2019 年绿色制造工程推进工作要点》等政策，引导企业进行绿色转型升级，让企业成为绿色发展的实施主体。从此，浙江绿色发展从初阶、浅层、零散阶段（1978~2002 年）进入了高阶、深层、系统阶段（2003 年至今），提前迈进了新时代。根据《中国经济绿色发展报告 2018》，浙江的绿色发展指数名列全国第一，浙江大地上涌现出一大批具有绿色发展意识的浙商企业。特别是中国开启绿色发展的新时代以来，一批践行绿色发展理念的浙商企业，立足当下，着眼未来，大力布局，大胆实践，走出了一条经济、环境与社会相融的绿色发展道路，也谱写了浙商积极探索企业绿色管理和绿色成长的新篇章。这些积极转型升级的浙商企业在绿色管理上既有自身发展的独特模式可解读，也有获得成功的共性经验和规律可依循，是其他同样顺应时代发展变化、谋求绿色发展道路的企业可以借鉴的现实样本。这些浙商企业充分发挥新时代浙商精神，敢闯敢试，勇当绿色经济发展的弄潮儿和企业绿色转型升级的引领者。2016 年，78 家浙商企业被授予"浙江省绿色企业（清洁生产先进企业）"称号；2017 年，104 家浙商企业被评为"浙江省绿色企业（清洁生产先进企业）"；2018 年浙江省自愿开展清洁生产审核的企业已增至 644 家。这些企业得益于对绿色发展理念的强烈认同，对"两山"理论的深刻认知，也受益于它们在绿色管理上的全力投入和大胆实践，在淘汰落后产能、开展清洁生产、推进固废处理、推广清洁能源、控制污染排放、构建绿色产业链、发展循环经济等方面举措有力，取得了良好的经济效益、环境效益和社会效益。这些绿色发展的"先行者"和"领跑者"与绿色同行，与自然共赢，让绿色发展的步伐更加快速稳健，全省生态文明建设的动力愈加强劲。

这些浙商企业的绿色管理既有个性差异，又有共同之处。不同的是，这些企业分布在不同的行业领域，起跑在不同的绿色发展起点，寻求着不同的绿色发展路径。相同的是，这些企业都具有绿色发展的决心，都具有绿色发展的行动，都坚定守护着宝贵的生态资源，引领着绿色企业队伍不断壮大，见证了浙商企业的绿色转型，甚至是绿色重生。浙商企业实施绿色管理的成功经验能够为更多企业走上绿色发展道路提供有益的借鉴和启发，进一步推进中国生态文明和物质文明建设的步伐，同时也能够为完善中国新时代浙商绿色管理研究的理论体系提供一些帮助。基于此，我们编写了《新时代浙商绿色管理经验》一书，精选了 15 个具有典型代表性的浙商绿色管理案例，并系统总结了这些企业的绿色管理经验和启示，以期为更多有需要的企业家、创业者或相关专业的学生提供参考。本书收录的 15 个在绿色管理方面典型的浙商企业案例如下：

　　第一篇　浙能集团：绿色能源探索的浙能样本。

　　第二篇　巨化集团：提前布局，久久为功，节能环保红利自会来。

　　第三篇　天能集团：像守护生命一样守护绿色。

　　第四篇　杭钢集团：去钢心似铁　逐绿志如山。

　　第五篇　红狮集团：节能减排　绿色为先。

　　第六篇　时空电动：清洁能源在路上。

　　第七篇　菜鸟网络：快递盒争穿"绿"新衣。

　　第八篇　西湖电子：锁定低碳经济与绿色增长。

　　第九篇　农行浙分：以绿色金融支持浙江产业绿色发展。

　　第十篇　海正药业：开辟绿色发展新路径。

　　第十一篇　锦江集团：扎根绿色产业领域　引领绿色产业前行。

　　第十二篇　浙江电力：创新引领　绿色转型。

　　第十三篇　蚂蚁金服：绿色数字金融联盟　推动绿色公益。

　　第十四篇　正泰集团：共建绿色家园　共谋绿色发展。

　　第十五篇　聚光科技：打造全方位环境监测平台。

　　本书涉及的浙商企业涵盖新能源行业、制品加工业、材料化工业、化学品制造业、医药制造业、汽车制造业、电力热力生产供应业、交通运输业、软件和信息服务业、快递物流业、金融保险业等。各行各业的案例以不同的视角形成了一个较为丰富的案例库。从这些典型案例可以看到，这些企业均结合自身发展特点，开展绿色管理探索实践，展现了一些企业绿色管理的共性特征。在每篇案例经验分析的基础上，本书概括总结了浙商绿色管理演变的阶段特征，具体如下：

　　阶段一，1978 年至 20 世纪 90 年代，浙商绿色管理 1.0，即浙商绿色管理的探索阶段。

阶段二，20 世纪 90 年代至 2002 年，浙商绿色管理 2.0，即浙商绿色管理的拓展阶段。

阶段三，2003～2012 年，浙商绿色管理 3.0，即浙商绿色管理的丰富阶段。

阶段四，2013 年至今，浙商绿色管理 4.0，即浙商绿色管理的全面深化阶段。

浙商绿色管理的阶段性发展总体上呈现出绿色管理从无到有，由浅化到深化，由深化到丰富的特征变迁，绿色管理逐渐由低阶向高阶进阶。进一步具体分析，浙商绿色管理的发展呈现出明显的演变趋势，体现为从被动绿色到主动绿色、从短期绿色到长期绿色、从简单绿色到复杂绿色、从低要求绿色到高标准绿色、从点绿色到面绿色、从浅层绿色到深层绿色、从事后绿色到全程绿色、从独立绿色到联合绿色等。在此基础上，本书总结了浙商绿色管理的八大经验和八大启示。

新时代浙商绿色管理的八大经验如下：

经验一，坚定绿色发展理念，引领绿色管理实践。

经验二，明确绿色战略定位，谋求转型升级道路。

经验三，加码绿色要素投入，转化绿色价值收益。

经验四，寻求绿色资源整合，塑造核心竞争优势。

经验五，严格绿色生产管理，布局清洁智能制造。

经验六，注重绿色创新管理，注入强大发展动能。

经验七，优化绿色营销管理，打通绿色市场通道。

经验八，强化绿色监督管理，赋能高效良性运营。

新时代浙商绿色管理的八大启示如下：

启示一，做好绿色战略规划，提高绿色发展站位。

启示二，规范绿色制度标准，勾勒绿色发展框架。

启示三，重构绿色组织架构，打造绿色发展平台。

启示四，创新绿色体制机制，激发绿色发展活力。

启示五，加大绿色资源投入，夯实绿色发展根基。

启示六，培养绿色创新人才，构筑绿色智慧高地。

启示七，推广绿色跨界合作，共享绿色发展成果。

启示八，完善绿色绩效评估，优化绿色发展路径。

这些经验和启示是从新时代浙商绿色管理的丰富具体实践中总结而成的，

是对现实资料的深入分析得出的，具有坚实的现实数据基础。这些浙商企业以绿色思维的考量、绿色战略的指引、绿色技术的创新、绿色产品的设计、绿色企业的运营、废弃物资源化利用、绿色市场的开拓和营销、绿色金融的支持，从企业生产的源头，到生产过程的控制，再到绿色产品的产出、产业化项目的完成，始终坚守环保底线，在项目建设和环保生产上大力投入，做足绿色文章，承担绿色使命，展现绿色担当，收获绿色效益。它们都是将绿水青山逐步转化成金山银山的践行者和保护生态环境并且倡导绿色发展的领先者。也因为这些案例来源于浙商企业的一线实践，它们的经验显得尤为宝贵，细致梳理并系统总结它们的经验对于企业管理者具体管理操作和学术界开展理论研究具有普遍的理论意义和现实指导意义。

本书是研究阐释党的十九届四中全会精神国家社科基金重大项目（项目编号：20ZDA087）的阶段性成果。本书是集体智慧的结晶。参与本书编写工作的教师（博士生）有：浙江财经大学工商管理学院王建国副教授、高键博士，浙江财经大学绿色管理研究院解晓燕老师，浙江财经大学中国政府管制研究院博士生赵婧、李永强等。研究生彭伟、汪逸惟、奚旖旎、刘灵昀、胡志强、武落冰、张潇潇等参与了案例资料收集和文稿修改校对工作。参与本书资料收集和整理撰写的学生还有：张凌纾、王学锐、景诗淇、陈沐豪、郭蕙妮、林未雨、史涵文、蔡窈卿、陈舒婷、曹洋、杨嘉旺、韩若清、高静卓、胡家煜、刘禹璇等，在此一并向他们表示感谢。

本书可以作为相关专业（工商管理、市场营销、物流管理、人力资源管理、电子商务、国际商务等）研究生、本科生、高职生学习"管理学""战略管理""市场营销管理""创新与创业管理""运营和供应链管理""企业社会责任""绿色管理""绿色营销"等相关课程的案例教学参考书、实训实践指导书或课外阅读书目，还可以为从事绿色管理相关工作的职场人士提供实践操作指导。

最后，尽管我们已经做出最大的努力，但由于编者水平有限，加上本书编写时间比较仓促，书中难免存在不当或者错漏之处，敬请各位专家、学者、老师和同学批评指正（邮箱：sjwjm@ zufe.edu.cn）。

王建明

2019 年 11 月 10 日于杭州

DIRECTORY
目 录

第一篇　浙能集团：绿色能源探索的浙能样本 / 001

第二篇　巨化集团：提前布局，久久为功，节能环保红利自会来 / 021

第三篇　天能集团：像守护生命一样守护绿色 / 039

第四篇　杭钢集团：去钢心似铁　逐绿志如山 / 055

第五篇　红狮集团：节能减排　绿色为先 / 069

第六篇　时空电动：清洁能源在路上 / 082

第七篇　菜鸟网络：快递盒争穿"绿"新衣 / 093

第八篇　西湖电子：锁定低碳经济与绿色增长 / 110

第九篇　农行浙分：以绿色金融支持浙江产业绿色发展 / 126

第十篇　海正药业：开辟绿色发展新路径 / 143

第十一篇　锦江集团：扎根绿色产业领域　引领绿色产业前行 / 157

第十二篇　浙江电力：创新引领　绿色转型 / 168

第十三篇　蚂蚁金服：绿色数字金融联盟　推动绿色公益 / 183

第十四篇　正泰集团：共建绿色家园　共谋绿色发展 / 197

第十五篇　聚光科技：打造全方位环境监测平台 / 215

结论篇　新时代浙商绿色管理的经验与启示 / 229

参考文献 / 251

附录　浙商绿色管理的相关代表性法律法规 / 253

第一篇

浙能集团：绿色能源探索的浙能样本

 公司简介

  浙江省能源集团有限公司（以下简称浙能集团）成立于2001年，总部位于中国杭州，主要从事电源建设、电力热力生产、石油煤炭天然气开发贸易流通、能源服务和能源金融等业务。2006年8月，习近平同志来浙能集团指导视察工作时，要求浙能集团加强"绿色浙江"和循环经济建设，既要发展经济，又要重视环境保护，希望浙能集团带头把这项工作做好，走在全省前列。经过18年的创业发展，浙能集团已成长为省属国企中能源产业门类较全、电力装机容量最大的能源企业，是浙江省委、省政府能源产业发展的主抓手、能源合作的主平台、能源供应的主渠道、能源安全保障的主力军和环境保护的主战场。截至2018年7月，浙能集团在职员工23000人，其中本科以上学历占46.9%，中高级职称占18%。总资产2005亿元，所有者权益1067亿元；控股浙能电力和宁波海运两家A股上市公司，管理企业200余家；年发电量1300亿千瓦时，占全省统调电量50%以上；年供应煤炭6000多万吨，占浙江省煤炭消费总量将近一半；年供气量87亿立方米，占浙江省天然气消费总量的83%。多年来，浙能集团坚决贯彻"绿水青山就是金山银山"的科学论断，首创的"燃煤机组超低排放关键技术研发及应用"获2017年国家技术发明奖一等奖，开创了煤炭清洁利用的新时代。

案例梗概

1. 浙能集团实施"绿色能源计划"，能源清洁化成为集团"大能源战略"的重要部分。
2. 大力布局清洁能源，将"清洁化能源"的发展作为重要的战略布局加以谋划。
3. 在节能减排投入上"大手大脚"，甚至不计成本，投入大量资金用于超低排放改造。

4. 以"壮士断腕"精神关停15座"正当年"的中小型火力发电机组，优化燃煤机组结构。

5. 推进固体废弃物的资源化和无害化处理，防治固体废弃物污染，发展循环经济。

6. 制订电厂废水零排放技术线路总体方案，积极推进试点企业开展废水零排放实施。

7. 采用当前世界上应用范围广、技术成熟、工艺先进的石灰石—石膏湿法脱硫工艺。

8. 选择高发热量、低硫分、低灰分的神府东胜煤，将含硫量稳定在 0.5% 以内。

关键词：绿色能源计划；清洁能源；固体废弃物处理；循环经济；废水零排放

 案例全文

浙江山清水秀，物产丰饶，人杰地灵，素有"鱼米之乡、丝茶之府、文物之邦、旅游胜地"的美誉。然而，随着浙江经济的快速发展，大量的能源消耗势必造成二氧化硫排放，给浙江的生态环境带来影响。在浙能集团，你能看到一张珍贵的照片——那是 2006 年 8 月 2 日，时任浙江省委书记的习近平赴浙能长兴电厂调研时详细询问浙能集团董事长吴国潮关于电厂脱硫生产情况时拍摄的照片。也正是在那时，习近平同志将"建设绿色浙江"和"打造循环经济"的嘱托和"立潮头、保发电、促环保"的期望托付给了浙能人。十多年来，浙能集团全体干部员工牢记嘱托，在国家宏观政策的指引下、在国家有关部门以及浙江省委、省政府的大力支持下，将经济、社会、生态的和谐发展与企业的前途命运紧密相连，探索出了一条绿色发展之路。

浙江省能源集团有限公司是全省规模最大的国有企业之一，目前拥有控股、管理发电装机容量 1352 万千瓦，年发电能力达 800 多亿千瓦时，为浙江经济社会的快速发展做出了巨大的贡献。由于浙能集团是电力体制改革的产物，成立时接管了浙江省原有的绝大部分老电厂，而这些老电厂恰恰是脱硫减排的重中之重，因此也担负了脱硫减排的重大任务。浙能集团面对"历史欠账"较多，基础设施薄弱，尤其是安装脱硫装置工期紧、资金紧缺、无预留场地等重重困难，以高度的社会责任感，主动承担社会责任，狠下决心，投入 50 多亿元巨资，大力实施"绿色能源计划"。这个计划一方面对所有老电厂进行烟气脱硫改造，截至 2007 年 7 月，浙能集团脱硫机组容量已达到 729 万千瓦，2009 年提前一年实现所有燃煤机组全脱硫；另一方面用占工程总投资 10% 的比例实施新建电厂烟气脱硫设施"三同时"（即烟气超低排放系统与电厂主体设备"同时设计、同时建设、同时投运"）。

一、绿色管理的探索

激情创业又好又快　全力建设烟气脱硫装置

近年来，浙能集团坚持以科学发展观为指导，以高度的社会责任感，自我加压，激情创业，加快安装电厂烟气脱硫装置，累计投入资金 20 多亿元。目前，浙能集团已拥有钱清电厂、温州电厂、萧山电厂、长兴电厂、兰溪电厂和北仑电厂 6 家"绿色电厂"，正式投产脱硫机组容量达到 729 万千瓦。早在 1999 年，浙能集团下属钱清电厂在 1 号机组建设的同时，就积极引进芬兰 FORTUM 公司提供的半干法脱硫工艺，这套脱硫系统投产运行 7 年时投运率达到 98.25%。积累经验和信心后，钱清电厂 2 号机组大胆采用当前世界上应用范围广、技术成熟、工艺先进的石灰石—石膏湿法脱硫工艺。同时，为节省投资和实现脱硫装置国产化摸索经验，钱清电厂打破以往以国外公司为主导的建设模式，采用以浙江省天地环保工程有限公司为工程总承包，与美国巴威（B&W）公司进行技术支持并提供性能保证的中外合作模式。这套脱硫设施投产后，投运率达 97.35%。这是当时国内第一台国产化程度较高的脱硫工程，成为当时浙江大地上首家"三同时"的电厂烟气脱硫工程。该工程先后被评为"浙江省优质安装质量奖"和全国"首批国产化示范工程"。2017年，时任美国能源部副部长卡德来华访问参观时，盛赞该工程为"中美合作的典范之作"。

2003 年，温州电厂三期 2 台 30 万千瓦扩建项目正式开工建设。由于用电紧张，该工程被浙江省政府列为"抢建工程"，而且必须同步脱硫。30 万千瓦机组实现"三同时"，这在全国还没有先例。在没有任何经验借鉴的情况下，温州电厂与施工单位浙江天地环保公司经过科学论证，组建了强有力的脱硫工程项目部，聚集了最优秀的脱硫技术骨干和建设人员。该工程采用石灰石—石膏湿法脱硫工艺。经过 16 个月的紧张施工，2005 年 4 月 24 日，温州电厂 5 号机组脱硫工程比主设备推迟一个月顺利通过 168 小时满负荷试运行，动态移交生产。虽然没有实现与主设备同时投产，却实现了浙江省首例 30 万千瓦机组烟气脱硫，创造了"省内第一"。2005 年 7 月 15 日，温州电厂

6号机组脱硫工程与主体工程同时建成投产，成为全国第一个严格按照国家"三同时"要求建设30万千瓦机组烟气脱硫项目，创造了"国内第一"。温州电厂三期脱硫工程投运后，每年可减排二氧化硫2.3万吨，社会效益良好。2006年底，该脱硫工程获得了"国家优质工程银质奖"，这是中国建设行业的最高奖项，也是脱硫行业的最高奖项。

2005年7月，作为浙江省电力"十五"环保重点项目，毗邻杭州市中心的萧山电厂一期工程2台12.5万千瓦机组烟气脱硫项目提前113天建成投产。萧山电厂成为继钱清电厂后浙江省第二家"全厂脱硫"的环保型发电企业，跨入了"清洁能源"的行列。这一脱硫工程还异地承担了嘉兴电厂二期工程3号机组的脱硫指标，实现了国内首家异地脱硫，有效地控制了浙江省二氧化硫的排放总量。萧山电厂脱硫工程采用石灰石—石膏湿法脱硫工艺，投运后一直保持稳定、高效、连续运行，创造了浙江省内乃至国内都属领先的"两高"：脱硫平均投运率高达98.92%，脱硫平均效率高达95.77%，两个指标均高于95%的设计值，受到了国家环保总局有关领导的较高评价。

长兴电厂一、二期工程4台30万千瓦机组是在浙江省严重缺电的特定背景下，由省委、省政府果断决策上马的一个电源抢建项目。按照"增产不增污"的原则，至2006年5月31日，圆满实现了4台机组全部脱硫的目标，投资近4亿元，其中3号、4号机组实现了"三同时"。120万千瓦的脱硫装机容量，也使长兴电厂刷新了浙江省最大全脱硫"绿色电厂"的纪录。该工程采用的也是石灰石—石膏湿法脱硫工艺，目前脱硫装置运行稳定，平均脱硫投运率达到95%以上，平均脱硫效率超过91%。

兰溪电厂4台60万千瓦超临界机组是浙江省的"五大百亿"工程之一，配套脱硫工程与主体工程同步建设，整个环保设施投入达18亿元。2007年7月20日，兰溪电厂4台机组共240万千瓦脱硫装置与主体设备全部建成投产，率先成为浙江省内首家60万千瓦超临界机组"三同时"的发电企业。该工程采用石灰石—石膏湿法脱硫工艺。2007年，兰溪电厂一期脱硫工程被评为"中国电力优质工程奖"和全国"达标投产工程奖"。

2007年8月17日，总投资115亿元，目前全国最大的老厂烟气脱硫改造工程——北仑电厂5台60万千瓦燃煤机组的烟气脱硫改造工程提前5个月全部投产。这一工程采用的也是石灰石—石膏湿法脱硫工艺，一炉一塔，脱硫率达95%以上，这座现代化大型火力发电厂全脱硫目标的实现，创造了老厂脱硫改造的"全国之最"。北仑电厂这5台机组分一、二期工程，其中二期工程3台机组由浙能集团下属北仑发包公司管理，一期工程2台机组由国电集团下属国电北仑第一发电公司管理，两家单位联合组成了脱硫项目部。整个脱硫工程由浙能集团下属浙江兴源投资公司的子公司浙江天地环保工程公司负责总承包建设。北仑电厂5套烟气脱硫工程全部建成后，年减排二氧化硫能力约9万吨，大大改善了宁波及周边地区的大气环境。

　　不仅如此，暂时还没有安装脱硫装置的浙能集团下属各发电企业，也纷纷在节能减排上狠下功夫，并向广大职工宣传脱流减排是"功在当代、利在千秋"的大业，使打造"绿色浙江"、建设"绿色能源"成为全体职工的统一行动。为了从源头上有效控制二氧化硫的排放量，嘉兴发电厂宁愿多花钱而选择高发热量、低硫分、低灰分的神府东胜煤，将烟气含硫量稳定在0.5%以内。2005年，国内单位发电量的二氧化硫排放量平均值为6.8克/千瓦时，而在2002~2007年，嘉兴发电厂单位发电量年平均二氧化硫的排放量仅为2.7克/千瓦时，仅相当于国内平均值的40%，处在全国领先水平。曾有专家戏言："嘉电就是不装脱硫设施，已经达标排放。"嘉兴发电厂连续获得了"浙江省绿色企业""华东电网环保先进单位""国家职业卫生示范企业"等荣誉称号。2007年，嘉兴发电厂一、二期300万千瓦的烟气脱硫改造工程提前正式启动，项目可研报告和水资源论证报告已通过专家审查。

　　环境保护重在行动。2004年以前，镇海发电厂整整运行了25年的2台12.5万千瓦燃油发电机组被拆除，如今在这个厂址上是新建的2台35万千瓦级燃气发电机组。油改气工程的实施，对周围环境的污染影响会降至最低限度。同时，镇海发电厂4台21.5万千瓦燃煤机组脱硫工程已于2007年4月29日开工建设。台州发电厂是浙江省首批通过强制性清洁生产审核的企业、"全国绿化模范单位"。建厂以来，台州发电厂切实把保护环境纳入企业发展战略中，不断探索"绿色台电"之路。面对省内机组台数最多、型号最老的特点，台州发电厂在节能降耗、污染物减排、发展循环经济等方面进行了多方位的探索和实践。在场地狭窄、条件限制的困难下，台州发电厂成功实现6号13.5万千瓦机组烟气脱硫，脱硫率较高，成为国内采用新型循环半干法（NID）脱硫取得成功的典范。2007年，台州发电厂五期扩建工程2台30万千瓦机组已经同步安装脱硫装置，已投产的四期工程2台33万千瓦机组脱硫改造也在建设中，其余小机组正采用"上大压小"予以升级换代。

高度重视　行动迅速　大力实施"绿色能源计划"

2006年5月29日，原国家环保总局与浙江省人民政府签订了《浙江省"十一五"二氧化硫总量削减目标责任书》，该责任书要求："到2010年底，浙江省二氧化硫排放总量在2005年的基础上削减15%，控制在73.1万吨以内，其中火电行业二氧化硫排放量不超过41.9万吨。"任务艰巨，责任重大，事关浙江社会经济发展大局。浙能集团对此予以高度重视，立即行动，研究制定并大力实施"绿色能源计划"，对原有的"十一五"环保专题规划进行了修编，将一批脱硫减排项目实施计划予以提前，争取2010年前全部燃煤发电机组实现烟气脱硫。届时，浙能集团二氧化硫排放量比原国家环保总局与省政府签订的目标要求多削减19万吨左右。要实现这个目标，浙能集团需投入脱硫改造的资金达58.1亿元，而且承担了煤耗增加、运行维护费用增加等的大块成本。据专家测算，脱硫设施运行后，电厂供电煤耗每千瓦时要增加4~5克，厂用电率要增加1%~2%，成本巨大。

2007年以来，国家和浙江省委、省政府进一步加大脱硫减排工作力度，要求有关单位加紧快上脱硫项目，为建设生态省、打造"绿色浙江"做出更大贡献。浙能集团也再次对脱硫减排工作予以高度重视，克服重重困难，全面调整了下属燃煤电厂烟气脱硫规划，除要求新建电厂全部实施同步脱硫外，对老机组脱硫改造实施计划也做了大幅提前的调整。这一调整可谓"牵一发而动全身"，包括立项、设计、资金、设备、安装、调试、人员等工作安排全部提前落实，难度相当大。然而浙能集团还是以高度的社会责任感，负重拼搏，承担了这一前所未有的艰巨任务。调整计划显示，浙能集团下属台州发电厂四期2台33万千瓦机组脱硫改造工程争取提前到2007年11月和2008年1月分别建成投运；镇海发电厂4台21.5万千瓦机组脱硫改造工程提前至2008年底前全部投运；嘉兴发电厂二期4台60万千瓦机组脱硫改造工程争取提前于2007年9月正式开工；温州电厂2台13.5万千瓦和嘉兴发电厂一期2台30万千瓦机组脱硫改造工程计划提前于2007年底开工。浙能集团原有未脱硫老机组31台，装机容量912万千瓦。一年时间已完成12台总计装机容量365.5万千瓦老机组的脱硫改造。2007~2009年，浙能集团又投入25亿元，确保系统内未安装脱硫设施的19台老机组在2010年前全部完成脱硫改造或"上大压小"。

2007年6月21日，浙能集团总经理沈志云在全省污染减排工作会议上向全社会公开了 2007 年和"十一五"期间脱硫减排主要目标，并代表公司做出郑重承诺："确保 2007 年全系统减少排放二氧化硫 4 万吨，争取多减排 5 万吨；确保全系统未安装脱硫设施的老电厂在 2010 年前全部完成脱硫改造，争取 2009 年提前完成；确保在建燃煤发电机组实现同步脱硫；确保已投运和即将投运的脱硫设施达到设计规定的投运率和脱硫效率。"这一切，都是浙能集团以"建设资源节约型、环境友好型和自主创新型企业"为内涵的"绿色能源计划"的重要组成部分。而"绿色能源计划"除了以脱硫减排为重点外，还涉及烟尘、废水、噪声、固体废物、氮氧化物等各种污染物的减排治理，以及节能、循环经济等各个方面。

强化管理　落实责任　确保脱硫设备稳定运行

安装脱硫装置仅仅是减排工作的一个重要步骤，而脱硫减排的关键是保证脱硫设备的正常运行。"我们将脱硫设施和发电主设备一样看待，同步运行，同等管理，同样考核"。为切实落实脱硫减排措施，浙能集团成立了以总经理为组长的脱硫减排工作领导小组，建立脱硫减排工作目标责任制和下属单位一把手负责制，将脱硫减排各项工作目标和任务层层分解落实到各个责任主体和责任人，真正将脱硫设施运行与主设备一样看待。公司建立由所属单位主要负责人参加的脱硫设施投运及减排指标完成情况的每月例会制度，及时检查、分析脱硫减排实施情况。同时，加大监督、考核力度，建立了污染减排工作问责制度，把脱硫设施投运及减排指标作为所属单位经济责任制考核的否决性指标。对脱硫设施出现故障、非计划停运及事故等，将按照发电设备安全管理同样规定，及时报告，分析原因，分清责任，实行"三不放过"。

浙能集团还制定了《脱硫减排工作内部管理办法》，与各发电企业、富兴燃料公司、兴源公司等单位签订目标责任书，主要内容包括各所属企业的集团目标发电量、核定的二氧化硫排放量、各个脱硫设施的投用率、脱硫效率、新建和老机组脱硫设施的建设工期及进度要求等。其中脱硫设施的投用率都按 95% 考核，脱硫效率按设计值提高 1%~2% 考核。一旦发现脱硫设施运行指标不达标、脱硫设施及在线监测装置未报停运、故意开启烟气旁路通道、未建立脱硫设施运行台账等情况，将予以严重的经济处罚。

为加强对脱硫设施运行情况的实时监控，浙能集团委托浙江省环境保护科学设计研究院加快对下属电厂已投运脱硫设施的在线监控联网工作，2007

年 8 月开始逐步实现与省、地、市环保部门联网，以便于各级环保部门加强对电厂脱硫设施运行的在线监控。同时，浙能集团加强对各发电企业脱硫设施投用率及脱硫效率的督查，每月发布发电企业二氧化硫的排放量及完成情况，时刻督促各发电企业重视节能减排的工作。各发电企业虽然面临增加营运成本的困难，但仍然做到与主设备一样运行维护脱硫设备，确保脱硫效率和投运率。

2007 年 1~7 月，浙能集团的所有脱硫设施投运率达 95% 以上，脱硫效率都达到设计值，单位电量二氧化硫排放量为 2.9 克，比全国平均排放量低 36% 以上，处于领先水平。2017 年，浙能集团的平均供电煤耗为 332 克/千瓦时，低于 2006 年全国平均水平 34 克/千瓦时，继续处于全国领先水平，节能的同时也减少了污染物排放。

全力调配　严格供煤　从源头控制燃煤含硫量

浙能集团 2007 年计划采购电煤达 3400 万吨，源头控制硫分对减排影响重大。但随着全国煤炭市场的放开，电煤价高质次的问题突出，特别是含硫量的控制难度越来越大，直接影响减排指标的完成。针对这一问题，浙能集团予以高度重视，通过拓宽采购渠道、合理调配燃煤、严格煤质检验考核等办法，千方百计降低电煤含硫量。承担电煤供应的浙能集团下属富兴燃料公司毫不懈怠，深入研究并详细编制了《燃煤供应控制含硫率方案》，明确了从资源采购、调运销售、新煤种试烧等各个环节的具体措施并组织落实。2007 年 6 月，电煤含硫率首次控制在 0.90% 以下。2007 年 7 月，该指标继续下降，脱硫减排工作初显成效。为了把工作做到实处，早在 2007 年 3 月 1 日前，富兴燃料公司就在天津港开辟了低硫煤配煤场地，在京唐、锦州等港口收集低硫煤，平抑了公司在秦皇岛港的高硫分煤炭。随着政府节能减排工作的全面推进，低硫煤资源开始受到各方重视，价格持续上升，月平均上涨每吨约 10 元，且有继续上涨的趋势。富兴燃料公司不惜成本落实低硫煤的采购计划。仅此一项，浙能集团一年将增加电煤的采购成本在 7000 万元以上。富兴燃料公司同时科学优化煤炭调运计划，原则上尽可能往无脱硫装置电厂的流向安排低硫分煤炭。该公司每周一下午召开减排工作专题会议，具体落实减排措施，还认真做好电厂燃煤含硫率动态曲线图，随时提醒大家关注脱硫减排任务。

上下联动　各展优势　争当浙江脱硫减排尖兵

浙能集团从上到下高度重视脱硫减排工作，下属各单位纷纷发挥各自优势和能力，全力以赴加快脱硫减排建设步伐。浙江天地环保工程有限公司是浙能集团下属浙江兴源投资公司的控股企业，成立于 2002 年 10 月，是国内较早成立、致力于火电厂大气污染研究和治理的一家专业环保工程公司。经过近 5 年发展，该公司共完成 9 家火电厂、23 台机组、21 套脱硫装置的总承包任务，合计安装脱硫装置容量为 877.5 万千瓦。这个容量平均每年可减排二氧化硫 32.5 万吨，脱硫业绩排在浙江首位，名列全国前列。截至 2017 年，天地环保公司承担的脱硫项目累计提前投产时间达到 989 天，合计为 23736 小时，走在全国前列。其中北仑电厂脱硫工程创造了国内老厂改造项目工期最短纪录。

天地环保公司实行以合同执行为主线的管理模式，严格执行质量、职业健康安全和环境的"三标一体"管理体系，以保证脱硫设备合格率 100%。天地环保公司采用矩阵式项目管理模式，以项目管理充分调配资源供给，并运用专业项目管理工具 P3 软件，进行项目进度、工程质量、费用控制管理，可同时进行 20 余个脱硫工程项目的总承包。长期以来，天地环保公司在推进烟气脱硫产业化发展方面做了大量卓有成效的科研工作。2005 年，天地环保公司"改进的石灰石—石膏湿法烟气脱硫技术工程化的研究"分别获得中国电力科学技术三等奖、浙江省科学技术三等奖、浙江电力科学技术一等奖，该成果被成功应用到各个工程建设中，为确保各个脱硫工程的高效优质投产奠定基础。

为切实推进脱硫减排工作，2007 年 7 月 11 日，兴源投资公司成立了"兴源天地脱硫减排技术服务队"。该服务队成立以后，定期回访检查各投运脱硫装置，建立脱硫运行情况信息网络和快速响应机制，及时应对各投运装置发生的问题。同时，加强对运行人员的现场培训，帮助电厂补充应急预案。该服务队还对各投运装置发生的备品备件问题，在小组成员内建立相应的紧急调用机制，以减少脱硫装置的停运等待时间。

干在实处　超低排放　写进政府工作报告

在 2015 年的全国"两会"上，李克强总理作《政府工作报告》时明确指出："推动燃煤电厂超低排放改造。""超低排放"是由浙能集团首创并且在全国电力行业率先成功推行的燃煤机组清洁化生产新技术，这一词汇被收录《政府工作报告》，也意味着基于更加严格标准的超低排放已经成为燃煤发电行业深入实施大气污染防治行动计划的"新常态"，而2014年以来，一度围绕超低排放的各种"纷争"也终于尘埃落定。

2014年7月21日，原环境保护部中国环境监测中心在杭州发布权威消息，国内首个燃煤发电机组烟气超低排放改造项目——浙能集团所属嘉兴发电厂三期7号、8号百万机组主要污染物排放水平均低于天然气机组排放标准，达到国际领先水平。据介绍，浙能嘉兴发电厂百万千瓦燃煤机组烟气超低排放改造工程是全国发电行业最早实施的超低排放示范改造项目，该项目采用浙能集团下属天地环保公司自行研发的"多种污染物高效协同脱除集成"技术，于2013年8月13日开工建设，总投资达3.95亿元，并于2015年9月获国家发明专利授权。与此同时，浙能集团对新建的六横电厂（2×100万千瓦）、台州第二发电厂（2×100万千瓦）等新建燃煤机组从设计阶段就按超低排放要求同步实施。其中，浙能六横电厂1号机组、2号机组已分别于2014年7月和9月通过168小时连续满负荷试运行后正式投入商业运行，成为国内首批超低排放与主体工程"三同时"（即烟气超低排放系统与电厂主体设备"同时设计、同时建设、同时投运"）投产的百万机组。2014年、2015年的浙江省政府工作报告连续两年将煤电清洁排放改造列入年度重要工作任务和十件实事，并决定于2017年力争全省所有燃煤电厂和热电厂实现清洁排放。为推动统调燃煤机组清洁排放改造，自2014年开始，浙江省经济和信息化委员会（以下简称经信委）对达到清洁排放机组增加200利用小时的年度发电计划，促进清洁排放机组多发电；浙江省经信委、省环保厅联合制定《浙江省统调燃煤发电机组新一轮脱硫脱硝及除尘改造管理考核办法》，对清洁排放改造项目实施、生产运行以及监督考核等方面进行了严格的规范和要求；浙江省物价局也出台了清洁排放补贴电价。

浙能治水　集约利用　累计净化"39个西湖"

浙江省委十三届四次全会提出，要以"治污水、防洪水、排涝水、保供水、抓节水"的五水共治为突破口倒逼转型升级，而"五水共治"中的治污水、抓节水显得尤为迫切。作为全国装机容量最大的地方发电企业，燃煤火电厂一直是浙能电力的主力。众所周知，燃煤机组的运行除了需要煤，也离不开水。近年来，浙能集团除了通过脱硫、脱硝、超低排放改造等手段实现对大气环境最大限度的保护外，还通过中水回用等手段确保水资源集约利用和水环境保护。

在长兴城郊浙能长兴电厂，这里不仅是大电厂更是长兴城区的废水处理和中水回用的地方，城区处理后的生活废水（中水）由该厂回用作冷却水，既节能又减排。长兴电厂相关负责人表示，该电厂中水回用工程先后分两期建设，于 2012 年 11 月全面建成投产，其水源是长兴县污水处理厂适度处理后的城市中水，设计规模日处理水量达 6 万吨，可以"吃"掉长兴县城区的所有城市中水。据悉，在没有中水回用工程之前，长兴电厂每天需要从陆汇港河道直接取水，按照每天耗水 4.5 万吨计算，一年需要 1640 万吨。中水回用工程投入使用之后，累计处理并利用城市中水总量超过 5800 万吨，节约了相当于 5 个西湖蓄水量的水资源，同时减少化学需氧量排放 1778 吨、氨氮排放 188 吨，为湖州市和长兴县"十一五""十二五"期间的减排以及太湖流域水污染防治做出了重大贡献，而长兴电厂中水回用工程只是浙能集团开展的废水高标准达标整治成果之一。2014 年由浙能东发环保工程公司负责的该类工程就有 40 余项完工。截至 2015 年 10 月底，浙能集团累计处理发电厂废水近 4 亿吨，全部回用或达标排放，相当于 39 个西湖的蓄水量。

大力布局　走在前列　展现"浙能基因"

与此同时，浙能集团在大力推进煤电机组"能源清洁化"的同时，也将"清洁化能源"的发展作为重要的战略布局加以谋划。目前，在可再生能源领域，浙能集团已经获得浙江省发改委开发 30 万千瓦嘉兴 1 号海上风电项目的直接授权，龙泉光伏发电也取得备案批复，共签订了近 8 万千瓦陆上风电和 42.5 万千瓦光伏项目的合作开发协议。在累计掌握风电项目资源 216.4 万千瓦的基础上，浙能集团还将对浙江省内资源条件有相对优势的风电、太阳能发电项目进行适度开发，并寻求在浙江省外开发、收购此类项目的可能性。此外，还将加快推进浙江省金七门、苍南及海岛等核电前期工作。风电、核电项目的推进将使得浙能集团清洁能源比重稳步提升。在天然气领域，2014 年浙能集团新增天然气管线 242.42 公里，取得了浙沪、浙闽 2 条省际联络线项目路条，新争取到城燃项目 2 个、CNG 加气母站 3 个、加气站 3 个。"十三五"期间，浙能集团天然气管网将继续加快建设，预计 2017 年实现"市市通"目标，2023 年前全省将基本实现"县县通"，为推进城乡一体化建设做出贡献。

为了腾出煤炭和排放总量指标、发展大容量超临界低煤耗机组、优化燃煤机组结构，浙能集团以"壮士断腕"的精神先后关停 15 座"正当年"的中小型火力发电机组。截至 2015 年 11 月底，浙能集团总装机达到 2928.67 万千瓦，其中 60 万千瓦及以上装机占比达到 73.77%，9 个电厂 27 台供热机组占集团燃煤机组总容量的一半。由于机组结构优化再加上"克煤必争"的高效管理，目前浙能集团平均供电煤耗为 302.63 克/千瓦时，为全国发电集团最低。而每降低 1 克煤耗，对浙能集团而言每年就可少消耗煤炭资源 13.8 万吨，节能减排的效果不言而喻。在节约能源方面走在全国同行前列的同时，浙能集团在减排方面也自觉地成为了"排头兵"。早在 2005 年，浙能集团就制定了"浙能集团'十一五'脱硫规划"，2009 年底，浙能集团提前一年圆满完成了浙江省委、省政府的二氧化硫减排重任，实现机组全脱硫。2014 年6 月，浙能集团又在全国范围内率先实现了所有燃煤机组的全脱硝，比计划提前了一年半。在水处理方面，浙能集团不仅开创了南方电厂利用城市中水的先河，而且浙能长兴电厂中水回用工程迄今为止仍然是长江以南地区电力行业规模最大的中水回用工程。

回顾浙能集团多年来的能源清洁化战略，浙能集团前董事长吴国潮深有感触地说："习总书记对我们抓好电厂的环境保护工作是有非常明确的指示的，而这些指示也一直鼓舞着我们，使浙能在环保上敢于投入、勇为人先，所以后来有了我们在全国率先实现的燃煤机组全脱硫、全脱硝和超低排放改造。"吴国潮的这番话，也解释了浙能集团为什么能够在发展绿色能源方面始终保持战略定力，特别是 2014 年浙能集团率先在全国进行燃煤发电机组超低排放改造之后，在业内外一度也出现了质疑声、反对声，但是浙能集团顶住个别专家或者业内人士的误解乃至曲解，坚定不移地推进超低排放改造，用事实和数据向全社会交出了一张经得起考验的完美答卷。不仅如此，2015 年召开的国务院常务会议要求，在 2020 年前，对燃煤机组全面实施超低排放和节能改造，使所有现役电厂每千瓦时平均煤耗低于 310 克、新建电厂平均煤耗低于 300 克，对落后产能和不符合相关强制性标准要求的坚决淘汰关停，东、中部地区要提前至 2017 年和 2018 年达标。单就这么多的燃煤机组需要的超低排放改造而言，一个新的大商机已经产生。据估算，仅东南沿海所有燃煤机组的超低排放改造，其潜在市场超过 500 亿元。浙能集团早已看中了超低排放改造的大市场。浙能集团下属主营煤电环保市场的天地环保公司已拥有超低排放相关的发明专利 9 项，实用新型专利 24 项，另有 13 项实用新型专利及 9 项发明专利已完成申报。这为浙能集团抢占超低环保改造大市场取得先机。

舍得投入 践行责任 稳步驶入"快车道"

浙能集团在成本控制、增收节支等内部管理方面的要求堪称苛刻，有人戏称"蚊子腿上也要刮下几钱肉来"。但是在节能减排投入上，浙能集团却显得"大手大脚"，甚至到了不计成本的地步。

在实施燃煤机组脱硫、脱硝的改造过程中，浙能集团已累计投入 70 亿元。从 2015 年开始，浙能集团将继续投入 50 亿元用于超低排放改造，超低排放战略的实施进入了"快车道"。在全面负责浙能系统超低排放技术研发和项目建设的天地环保公司，截至 2015 年 11 月底，浙能集团已有 10 台超低排放改造机组、4 台超低排放新建机组投运，总装机容量达 1031 万千瓦，至年底超低排放机组容量将达到 1308 万千瓦，占集团煤机总容量的 56%。同时，还有另外 9 台机组也于 2015 年开工进行超低排放改造。根据总体部署，浙能集团在 2016 年底前完成所属 60 万千瓦及以上机组改造，2017 年底前完成 30 万千瓦机组改造，从而基本实现集团机组超低排放全覆盖。浙能集团下属的 19 家电厂废水普查也已展开，投入 2.3 亿元，安排实施废水先期优化整治项目 46 项，确保各类废水高标准达标排放。另外，还制订了电厂废水零排放技术线路总体方案，并积极推进试点企业兰溪电厂开展废水零排放实施工作，争取在 2017 年底实现真正意义上的火电厂废水零排放。

浙能集团进行清洁化生产超过了国家的最严要求，但在投入产出上"很不划算"。以浙能长兴电厂中水回用工程为例，该项目累计投入资金 5580 万元，每年运行维护还需投入近 300 万元。相关部门虽然也有一定的补贴和奖励，但是与过去直接从河道取水相比，省下的费用只能勉强抵消运行维护成本。对此，浙能长兴电厂负责人说，由于得到了浙能集团的大力支持，电厂在决策该项目时更多地考虑了企业的社会责任，考虑了和地方政府积极联动以推动水资源保护——根据目前长兴电厂的中水回用能力，对长兴县"十二五"期间化学需氧量、氨氮减排的贡献率分别为 14% 和 13%，基本实现了长兴县城生活污水零排放。浙能集团前董事长吴国潮表示，按照浙江省委、省政府创建国家清洁能源示范浙江省实施方案，浙能集团在今后还将继续努力推进创建工作，在浙江省乃至全国能源企业中做好表率。

经济效益　社会效益　同时取得双丰收

相关数据显示，随着浙能集团燃煤机组结构的优化和在节能减排工作上的自我加压和坚持不懈，整个"十二五"期间浙能集团将累计少排放大气污染物达 16.2 万吨，其中二氧化硫 4.74 万吨、氮氮化物 11.03 万吨、烟尘 0.42 万吨。而超低排放改造的实施又能够使燃煤电厂排放的烟尘、二氧化硫、氮氧化物等达到甚至优于天然气燃气轮机组的排放标准，尤其是 PM2.5 脱除率可达 70% 以上。

值得一提的是，2014 年 7 月 28 日，原环境保护部调研组赴浙能嘉兴电厂超低排放项目考察调研。调研组认为，浙能集团自我加压，率先在国内建设燃煤机组超低排放项目，并通过了国内权威部门的检测，使燃煤机组主要污染物排放低于和优于国家天然气燃气机组的排放标准，体现了国有企业的社会责任。希望浙能集团进一步加强运行管理，进一步优化设计，为煤电企业提升发展空间做出贡献，也为国家制定新的环保标准提供决策依据。

此外，业内多位专家指出，中国的能源结构是富煤、少油、缺气，在未来相当长的一段时期内，煤还会发挥主导作用。通过超低排放实现煤的清洁化利用，既能够在一定程度上确保国家电力能源的安全、破除对于输入型资源的依赖，又能够有效解决环境容量难题。可以说，超低排放正成为中国实现经济社会协调发展的能源"新常态"。而浙能集团各发电企业废水整治项目投产后，每年又可减少废水排放 800 万吨，废水回收利用 600 万吨，减排悬浮物 2400 吨、化学需氧量 1600 吨。

与此同时，浙能集团还不断推进固体废弃物的资源化和无害化处理，防治固体废弃物污染，变废为宝发展循环经济。目前，浙能集团旗下电厂年综合利用固体废弃物总量达 700 万吨以上，年综合利用率达到 98% 以上，超过国家规定综合利用率 60% 和浙江省 93% 的硬性指标，保持国内领先水平。浙能集团旗下天达环保公司成立至今已累计处理固体废弃物近 5600 万吨。

生物质发电　有效投资　开辟广阔市场前景

浙能集团建设运行的首家生物质发电厂项目总投资 3.09 亿元，每年可消耗 25 万吨生物质燃料，不仅可替代 6.5 万吨标准煤、减排二氧化碳约 16 万吨，同时还能为相关县市农民增收 7500 万元左右。尽管受宏观经济形势"三期叠加"（增长速度换挡期、结构调整阵痛期、前期刺激政策消化期）、发电机组利用小时数明显下降等一系列不利因素影响，但是 2015 年以来浙能集团的"成绩单"依然骄人：有效投资再创历史新高，控股管理的电厂装机容量已超过 3000 万千瓦，比公司组建时增加了 7 倍多，列全国地方发电集团首位。2013 年和 2014 年连续两年实现利润超百亿元。2015 年前 10 月实现营业收入 530.6 亿元，实现利润总额 126.8 亿元，已超过前两年的利润总额数，经济效益继续位列全国省属国企第一。吴国潮强调："绿水青山就是金山银山——在企业发展壮大的同时坚定不移地保护好环境，这既是我们义不容辞的义务，更是我们发展的新机遇，清洁煤电开启的市场前景巨大！"

二、绿色管理的拓展

"破局新生"——开辟燃煤机组绿色发展新路

截至 2017 年底，全国累计完成燃煤电厂超低排放改造 7 亿千瓦，占全国煤电机组容量比重超过 70%。一场由浙能集团率先发起和实施的燃煤机组超低排放技术，带动并引领了全国燃煤机组转型升级的新方向，呈现出燎原之势。这场煤电行业的变革源于浙能人敢为人先、勇立潮头的自我革命。浙江人均能源占有量低，能源对外依存度极高。作为省属大型能源企业，浙能集团既是浙江能源供应的主力军，也是清洁能源的主战场。如何在保障能源供应的前提下，还大自然一片碧水蓝天，成了浙能人立足于现实的"中国梦"。

"超低排放"，这个由浙能集团领先创造的燃煤火电新的环保标准，从浙能集团走向全国。超低排放，是浙能人积蓄已久的绿色节能梦；超低排放的实现，更是浙能人一步一个脚印走出来的。2017 年 11 月 10 日，我国首个实现大气、海洋、陆地全方位超低排放的绿色环保电厂，浙江浙能台州第二发电厂"上大压小"新建工程获得中国工程建设领域的最高荣誉——国家优质工程金质奖。这意味着中国高效清洁煤电技术已经突破单纯的大气污染物减排，实现了全面超低排放。同时，浙能集团广泛应用超低排放技术，在绍兴建设了全国最大绿色环保热电联产项目的绍兴滨海热电厂；新疆天山脚下的浙能阿克苏纺织工业城热电厂成为新疆目前最清洁环保的燃煤发电厂；宁夏、安徽等地也都留下了浙能集团超低排放的足迹。

2017 年 6 月 30 日，随着浙能绍兴滨海热电厂 1 号机组超低排放装置投运，标志着浙能集团提前两年完成国家提出实现煤电机组超低排放的任务。

至此，该集团成为全球首个煤电机组全面实现超低排放的大型发电集团，为浙江创建清洁能源示范省提供了有力的"绿色"保障。2018 年 9 月 20 日，在北京举办的"第二届中国能源产业发展年会暨 2018 中国城市能源变革峰会"上，浙能集团荣获"能源·2018 十大'美丽中国形象大使企业'"荣誉称号。

"绿色领跑"——合力著写节能减排绿色答卷

回溯浙能集团的发展，其走出的是一条绿色领跑的转型发展之路。翻看它的绿色答卷，浙能集团先后斥资超百亿元，在国内最先完成燃煤机组脱硫、脱硝改造，率先实现火电机组超低排放，成为全球首个全面实现燃煤机组清洁化生产的大型发电集团，开创了我国煤炭清洁化利用的时代，为浙江经济社会发展注入源源不断的绿色新动能。"低碳时代，我们做的是减法"。始终坚持企业发展和社会、自然相和谐，将企业的发展和节能减排、保护环境有机结合起来。既做好"科学发展"这篇"加法"文章，也做好"节能减排"这篇"减法"文章，让浙能集团一直扮演绿色领跑者的角色，得到了政府和社会各界的广泛认同。

住房紧挨浙能嘉兴发电厂厂区的 66 岁老人符忠林望着那片厂区，喃喃说道："以前，夏天刮东南风时，还是有灰的，这几年环境越来越好了，特别是 2017 年开始，烟囱也不吐气了，天也蓝了。" 70 岁老人张明根表示，现在晾衣服再也不会担心落灰了。而当地做环卫工作的村民曹宏定也表示，这几年村里的街道再也不会出现尘土飞扬的景象，打扫也轻松了很多。在"管好空气"的同时，浙能集团还自觉强化水资源利用，努力让废水实现"零排放"，为"五水共治"、在全省剿灭劣 V 类水做出积极贡献，让浙江的水更清。先后实施废水优化整治项目 27 个，累计新增废水处理能力 1900 万吨/年，减排悬浮物 3 万吨/年，重金属 4.5 吨/年，年节约用水 1000 万吨以上。其中，在杭州往北 110 公里的浙能长兴发电公司投入 9000 多万元，建设了华东地区迄今规模最大的城市中水回用系统工程，该工程自 2008 年投产至今，共回用城市中水 8554 余万吨，减少化学需氧量（COD）排放约 2626 吨，减少氨氮排放约 279 吨，相当于节省取用了将近 8 个杭州西湖的水量，为湖州市和长兴县以及太湖流域生态环境的改善做出了重要贡献。

节能减排绝非一日之功。浙能集团还积极参与浙江省固废物综合处置等环保行动，为"两美浙江"和创建国家清洁能源示范省做出了积极而重要的贡献。2016 年，浙能集团在完成萧山电厂 2 台燃煤机组关停的基础上，率先在全国实施 60 万千瓦机组整体通流改造，目前已经完成 27 台机组通流改造，增加发电容量 98 万千瓦，每年可节省 40 万吨标准煤。整个"十二五"期间，累计节约 191 万吨标准煤。

三、绿色管理的丰富

2018 年 7 月 27 日下午 2 时 30 分，浙能常山光伏发电帮扶工程首批三家用户通过国网常山县供电局验收，正式并网发电。这是浙能集团历时 3 个月，在浙江省"千企结千村、消灭薄弱村"行动中，以"浙能速度"创造的全省首个投产见效项目，也是浙能集团落实国企责任、展现国企担当，实施精准帮扶，助力乡村振兴战略，服务两美浙江建设的又一新成果。"与这个时代同频共振，是我们浙能集团的荣耀和使命"。浙能集团主要负责人如是说，"我们一直都注重装备的高效利用和与环境的和谐发展，充分践行'绿水青山就是金山银山'理念，做到能耗水平最低，排放体系走在行业前列，大力开发新能源、新技术、新装备、新材料、新业态，不断增强人民群众对生态环境的获得感"。截至 2018 年 7 月，浙能集团总资产 2005 亿元，所有者权益 1067 亿元；控股浙能电力和宁波海运两家 A 股上市公司，管理企业近 200 家；控股管理电力装机总容量超 3400 万千瓦，占浙江省统调装机容量的 50% 以上；年供应煤炭 6100 多万吨，占浙江省煤炭总量的 47%；建成省级天然气管网近 1700 公里，年供气量 87 亿立方米，占浙江省天然气消费总量的 83%。经过 17 年的创业发展，浙能集团已成长为全国省属企业装机容量最大、资产规模最大、能源产业门类最全、盈利能力最强的省级能源企业。

浙能集团绿色发展史上一连串的数字，记录着浙能集团超低排放建设的铿锵足迹，也是浙能集团贯彻新发展理念，助力"绿色浙江"和清洁能源示范省建设，走出燃煤清洁化利用革命性的关键一步，为清洁高效煤电体系建设提供了技术支撑，培育了发展的绿色动能，同时也为全球解决燃煤污染提供了中国方案，而这还只是浙能集团践行绿色发展的冰山一角。无论是在"全民共治、源头防治，持续实施大气污染防治行动，打赢蓝天保卫战""加快水污染防治""积极参与全球环境治理，落实减排承诺"方面，还是在"构建市场导向的绿色技术创新体系，发展绿色金融，壮大节能环保产业、清洁生产产业、清洁能源产业"等方面，浙能集团都勇担责任，砥砺进取，在高标准要求、高质量发展中积极努力实现了社会、政府与企业的多方共赢，捍卫一方绿水青山，惠及百姓福祉，成为"浙江省民生获得感示范工程"浓墨重彩的一笔。

新阶段，浙能集团提出了"能源立业、科技兴业、金融富业、海外创业"（"四业"）的发展新思路，浙能集团将深入贯彻"四个革命、一个合作"能源战略思想，肩负起在创新能源供给方式上发挥示范作用，在清洁能源示范省建设中发挥骨干作用，在能源体制机制改革中发挥推动作用，在促进能源产业高质量发展，为浙江经济增强新的竞争力上发挥基础性作用，在实施"一带一路"等国家倡议、带动地方经济上发挥主力军作用的重任，努力打造国内一流，具有国际竞争力的综合能源服务商，以人民的福祉为落脚点，续写美丽浙江的美好愿景。

资料来源：喆平：《绿色能源的浙能样本——浙能集团探索绿色发展工作纪实》，《中国环境报》2015 年 12 月 22 日，第 4 版；佚名：《为了浙江的天更蓝、水更清》，《浙江日报》2007 年 8 月 17 日，第 16 版；陈潇奕、范旭：《超低排放，为美好生活注入绿色动能》，《浙江日报》2018 年 10 月 15 日，第 12 版。

 案例分析

近十年来，浙能集团在国家宏观政策的指引下，在国家有关部门以及浙江省委、省政府的大力支持下，将经济、社会、生态的和谐发展与企业的前途命运紧密相连，探索出了一条绿色发展之路，做出了绿色发展的"浙能样本"。简单来说，浙能集团绿色发展的主要经验有如下几点：①在节能减排上提高站位，自觉走在前列。例如，浙能集团平均供电煤耗 302.63 克/千瓦时，目前为全国发电集团最低，在节约能源方面走在全国同行前列的同时，在减排方面也自觉地成为了"排头兵"，早在 2005 年，浙能集团就制定了《浙能集团"十一五"脱硫规划》，在全国率先实现燃煤机组全脱硫、全脱硝和超低排放改造。在水处理方面，浙能集团不仅开创了南方电厂利用城市中水的先河，而且浙能长兴电厂中水回用工程迄今为止仍然是长江以南地区电力行业规模最大的中水回用工程。既体现了国有企业的社会责任，也从长远实现了经济效益和环境效益的双赢。这从企业层面再次深刻证明了"绿水青山就是金山银山"的理念。②在节能减排上敢于投入，勇于承担社会责任。例如，浙能集团在成本控制、增收节支等内部管理方面的要求堪称苛刻，但是浙能集团在节能减排上投入却"大手大脚"，敢于投入。在实施燃煤机组脱硫、脱硝的改造过程中，浙能集团已累计投入 70 亿元。从 2015 年开始，浙能集团将继续投入 50 亿元用于超低排放改造。在投产项目时，更多地考虑企业的社会责任，与地方政府积极联动推动资源节约和环境保护，加快推动能源清洁化战略驶入"快车道"，显然这些投入也收到了实效。③高瞻远瞩、未雨绸缪，着眼长远战略布局和谋划。例如，浙能集团坚持落实能源清洁化战略，在大力推进煤电机组"能源清洁化"的同时大力布局清洁能源，将"清洁化能源"的发展作为重要的战略布局加以谋划，始终保持战略定力，坚定不移地推进超低排放和节能改造。在可再生能源领域共签订了近 8 万千瓦陆上风电和 42.5 万千瓦光伏项目的合作开发协议，在天然气领域，2014 年浙能集团新增天然气管线 242.42 公里，取得了浙沪、浙闽 2 条省际联络线项目路条，新争取到城燃项目 2 个、CNG 加气母站 3 个、加气站 3 个。这充分体现了这一点。④大力进行技术创新，勇于打破固有格局和思路。例如，浙能集团率先发起和实施的燃煤机组超低排放技术，带动并引领了全国燃煤机组转型升级的新方向，开辟了燃煤机组绿色发展的新道路。通过新技术打造最具针对性的排放系统，首创首推的"燃煤机组超低排放"，荣获了代表国内科技创新最高水平的国家技术发明一等奖，颇受好评。在全国率先提出"燃煤机组超低排放"概念，并于 2014 年首次应用成功，推动了燃煤清洁化利用的革命性进步。⑤创新管理，在节能减排上确保成效。例如，浙能集团将脱硫设施和发电主设备同等看待，为切实落实脱硫减排措施，建立脱硫减排工作目标责任制和下属单位一把手负责制，将脱硫减排目标和任务层层分解落实到人，同时委托专门机构对脱硫设施运行情况进行实时在线监控，确保了脱硫效率和投运率，建立污染减排工作问责制，把脱硫设施投运及减排指标作为所属单位经济责任制考核的否决性指标，下属天地环保公司实行"三标一体"管理体系，以保证脱硫设备合格率 100%，兴源公司成立了"兴源天地脱硫减排技术服务队"，定期回访检查各投运脱硫装置，建立脱硫运行情况信息网络和快速响应机制，及时应对各投运装置发生的问题。有效提升了节能减排的成效。

浙能集团牢记习近平总书记的嘱托，不断探索绿色发展，推进固体废弃物的资源化和无害化处理，防治固体废弃物污染，变废为宝发展循环经济，为全社会节能减排树立了优秀榜样，为自身可持续发展迈出了坚实的一步。

浙能集团的绿色发展之路充分证明，在企业发展壮大的同时，坚定不移、面向未来、保护环境，这既是现代企业义不容辞的责任，也是企业新的发展机遇。

 本篇启发思考题目

1. 现代能源企业进行绿色清洁生产的动力是什么？
2. 现代能源企业的绿色生产投入与经济收益是否相悖？
3. 现代能源企业实施绿色创新管理能够创造哪些新价值？
4. 现代能源企业如何以绿色战略为指导进行绿色发展？
5. 现代能源企业怎样实现变废为宝发展循环经济？
6. 现代能源企业如何成为绿色发展的领跑者？
7. 促进现代能源企业积极探索绿色管理的因素有哪些？
8. 现代能源企业如何在超低环保改造大市场赢得先机？

第二篇

巨化集团：提前布局，久久为功，节能环保红利自会来

 公司简介

巨化集团有限公司（以下简称巨化）原名衢州化工厂，创建于1958年5月，1984年8月更名为衢州化学工业公司，1993年经国家经贸委批准组建巨化集团公司，2017年5月公司制改制为巨化集团有限公司。巨化是全国特大型氟化工先进制造业基地之一，目前已形成以衢州、宁波、舟山、诸暨、江苏等为生产基地的功能布局雏形。公司下设12个事业部和6大中心，化工主业涵盖氟化工、氯碱化工、石化材料、电子化学材料、精细化工等；环保产业涵盖燃煤电站烟气治理装备、城市与工业污水处理、危废与垃圾焚烧填埋等；兼有功能性新材料、装备制造、公用配套、物流商贸等生产性服务业。公司拥有国家级企业技术中心、国家氟材料工程技术研究中心、中国化工新材料（衢州）产业园、浙江巨化中俄科技合作园、企业博士后工作站等创新创业载体。在上海、武汉、广州、济南、宁波、厦门、香港等地设有国内国际区域平台，与国外200余家商社和公司建立贸易业务关系。拥有巨化股份（股票代码：600160）、菲达环保（股票代码：600526）、华江科技（股票代码：837187）、江苏菲达宝开电气（股票代码：872719）四家公众公司和一家财务公司。参股建设浙江石油化工有限公司的舟山4000万吨炼化一体化项目。公司多次入选中国500强企业，是国家循环经济试点单位、全国循环经济工作先进单位、国家循环经济教育示范基地、国家循环化改造示范试点园区，是国家首批"两化融合"体系贯标试点单位、浙江省首批"三名"培育企业、浙江省商标示范企业。

案例梗概

1. 巨化集团摒弃传统高污染、高能耗的生产方式，开展清洁生产，拓展产业链。
2. 践行绿色、低碳、环保、生态发展理念，严格源头防控，发展循环经济产业。
3. 构建适合化工及新材料企业发展的生态系统，承担园区大部分污水和固废处理。
4. 形成"餐厨废弃物→有机肥等""生活污水→绿化、道路洒水等""静脉产业链"。
5. 配备以工程技术人员为主的专、兼职环保管理人员及专业的环保监测人员。
6. 制定完整的环保管理制度及环保事故预案制，以制度化、标准化要求进行管理。
7. 采用国内最先进的动力波除尘、降温装置，彻底抛弃水洗工艺，采用酸洗净化。
8. 加大"三废"在建筑行业的综合利用和开发的力度，使这些废渣全部变废为宝。

关键词：改进工艺；"三废"管理和开发；节能减排；转型升级；绿色生产

 案例全文

厂前区森林公园嘉树成荫、碧草如茵；氟化工产业区清波旖旎，水镜倒影；循环经济静脉产业园繁花点缀，四季如春……踏入巨化集团有限公司，全然没有想象中化工厂的浓烈熏人的化学气味和跑冒滴漏的生产装置，反而像是入了大学校园。几十年来，巨化在生态、绿色、节能、环保上狠下功夫，换来了如今翻天覆地的环境改变。"很多领导、客户来巨化参观，印象都是颠覆性的"。巨化集团有限公司董事长胡仲明自豪地表示。创建于1958年的巨化，其前身是浙江衢州化工厂。尽管是化工企业出身，但巨化从没有回避环保问题，甚至早在国家规划提出节能减排指标之前，就开始有意识地进行节能减排。十几年来，巨化不断"自我革命"，淘汰落后和低效产能；不断更新节能技术，改造生产装置；不断加强能源管理，聘请外部专家共同诊断；不断探索产业新方向，锁定"智造"节能新路径……可以这么说，巨化的发展史，就是一部绿色发展的更新史。由于提前布局，如今巨化已经开始享受节能环保红利，并证实了经济效益和环保效益其实可以兼得。

一、绿色管理的探索

从原点再出发的"自我革命"

2014 年 1 月 26 日，是一个可以记入巨化历史的日子。这一天，自建厂之初就开始服役的第一套生产装置电石炉正式下线——巨化又革掉了一个高耗能产业。据胡仲明透露，淘汰之时，该套装置有员工 600 多人，还能产生近 50 万元/年的经济效益，而且具有光荣历史，产品还两次获国家最高质量奖——银质奖。从能耗水平而言，也为最好全国电石生产企业之一。"但就我们内部来说，使用这套装置一年要消耗 10 万吨标准煤，淘汰后我们可以腾出更多的容量来发展高新技术产业"。胡仲明说，这要算大账。算大账、谋大局，使得巨化在近 10 年来相继淘汰了近 30 套生产装置，腾出 72 万吨标准煤的能耗。所有关停装置，除 2 台发电机以外，都还不是国家政策要求淘汰的落后产能，而是巨化自己和自己较劲，自己要革自己的命。例如，为了建设能耗更低的离子膜烧碱装置，2009 年巨化主动关停了隔膜碱装置，腾出了 10 万吨能耗；为了扩建新型氟制冷剂项目，近 10 年来巨化相继淘汰了热电厂 4 号、5 号发电机等若干套高能耗、低产出装置。值得一提的是，巨化的"自我革命"，基本上也是一场"自费革命"。30 套装置里，由于关停而取得政府补贴的只有 2 台机组，其余都是巨化自费进行，自我改造、自我消化，这其中还包含了人员的分流。不同于煤炭、钢铁、水泥等行业在去产能过程中，政府对其下岗员工安置会有资金支持，巨化所处的化工行业，国家尚无相应政策。因此，装置关停后"人往哪儿去"，巨化同样只能自费改革。"我们通过上新项目、员工转岗分流、鼓励自谋职业等措施，妥善安置了数千名富余员工"。巨化集团有限公司党委宣传部部长马立先表示。

痛下决心　直面高耗能问题

实际上，在巨化高度重视绿色发展的近几十年中，主要面临着三方面的高能耗问题。巨化集团有限公司副总工程师、生产运营部副部长陈利民提到这三方面问题，其一关乎产业，如果产业本身就是高能耗，那么做得再好都不能达到节能目标要求；其二关乎技术，一些技术在当初使用时先进，但随着时代发展和技术进步而成为相对高能耗的技术，这时就面临上马新技术还是沿用老技术的选择；其三关乎管理，如果管理不到位，节能技术和节能装置就不能尽数发挥作用。作为一家成立60多年的老企业，巨化遇到的前两方面问题更多，但基本上都选择了"痛下决心，壮士断腕"——即使不落后，也要上先进；即使没补贴，也要自费干。

正是凭借自我革命的精神，巨化持续转型和创新，从最初的电石、化肥、烧碱等高耗能的传统基础化工产业，逐步发展到如今以氟化工为核心产业，以氯碱、石化、煤化工、电子化工等多产业板块联合循环的产业链。如今，在那些业已退役了高耗能生产装置的现场，一套套低能耗、高附加值的新生产装置正在运转。作为巨化原点的电石炉装置整修后得以保留，打造成为了巨化的工业遗存。它留下了情怀，更见证着发展，昭示在新的时期，巨化轻装上阵，从原点再出发，实现可持续发展。

二、绿色管理的拓展

"吃干榨尽"　打造巨化的循环经济名片

利用氟材料回收利用低温烟气余热，全国范围内，巨化是这项节能技术的第一家使用者，并获得了成功。这项技术需要在热电机组引风机后、脱硫装置前布置氟塑料换热器，将小直径氟塑料软管用作低温省煤器的换热管，回收烟气热量，加热除盐水。从2015年开始，巨化相继在热电厂9号、10号、6号和7号机炉上投运了该项技术，投资总额高达4250万元，但节能成效显著，每年共可节约标准煤近2万吨。使用这项技术，巨化自己生产的改性氟塑料（PTFE）起了重要作用。它比国内换热器常规材料ND钢换热面积更大、性能更稳定、更耐磨损且不易积灰结垢，最重要的是它还可以有效防止低温酸腐蚀。使用自己的材料为自己节能，节能回收的热量还可以用于发电用水的加热，减少其他能源使用。这只是巨化循环经济链条上的一个小案例。以循环经济的理念开展节能减排，是巨化长期坚持的事。1997年开始，巨化就着手资源的循环利用；2007年，巨化编制了自己的"十一五"循环经济发展规划；2010年，巨化全面实施企业转型升级，"循环运行"成为战略理念……巨化一步一个脚印，持续打造着循环经济这张金名片。

"很多企业想模仿我们，但这需要整个产业链系统性构建，这是我们几十年持续努力的成果，短时间内很难模仿"。陈利民说。巨化的主要原材料只有萤石矿、煤、盐和石油苯等几种，但衍生出的产品却有200余种。巨化的每一个产品项目，在实施前都会有对应的循环经济规划，将生产中所产生的附加品纳入考虑范围，作为整体项目设计的一部分。目前，巨化已经形成十余条纵横交错的循环经济产业链。"循环经济是我们最大的特色。我们能做到'吃干榨尽'，绝大部分实现综合利用"。胡仲明总结说。十年磨一剑。巨化的前瞻设计和耐心改造，也收获了很多荣誉和政策优惠。除了连年被浙江省评为节能先进单位之外，还被国家发展改革委等部门确定为"国家循环经济试点示范单位""国家循环经济教育示范基地""推进绿色发展示范基地"等。2016年，衢州循环经济小镇入选浙江省第二批特色小镇创建名单，巨化的循环经济名片为其增分不少。据悉，循环经济小镇在巨化园区内就有两个示范点，分别是巨化循环经济（静脉）产业基地和巨化电石工业遗存。

"统一思想"　环保效益和经济效益可兼得

"统一思想"，是胡仲明在采访中反复提及的一句话。在他看来，这是巨化在实践绿色发展过程中首先遇到的困难。作为一家拥有60多年历史的化工老企业，巨化在绿色发展这条路上其实存在先天不足：传统化工行业的高耗能基因、因建厂时间长而积留的陈旧设备等，都增加了节能改造的成本。而环保又是一件看长远的事，改造的当下很难看到收益。这种情况下，胡仲明坦言，巨化承受了很大的压力。"当时市场上同类产品因为没有或鲜有环保节能投入，成本更低，价格就可以卖得更低，而我们的产品价格就下不来"。价格下不来，产品议价能力弱，市场就不好做。"十二五"规划中期那段时间，巨化的日子一度不太好过。

环保效益和经济效益是不是"鱼和熊掌"不可兼得、很难统一？胡仲明认为并非如此。他表示并坚信，如果不把环保做好，企业连生存权也没有。"我们是大型国企，要有担当；而且我们位于浙江母亲河钱塘江上游，如果高耗能高污染，迟早要被淘汰"。胡仲明说。因此，虽然处境艰难，但巨化仍顶住压力，上下统一思想，每年保证1亿多元的节能环保投入，坚持推进节能减排工作，走转型发展之路。数据显示，到"十二五"规划末时，巨化的万元工业产值能耗已经比"十二五"规划初期下降了24.6%，与2006年末比更是下降了58.1%。功夫不负有心人，巨化的坚持和付出终于有了回报。到2015年，大量的、局部的节能技术改造厚积薄发，终于有了从量到质的飞跃。这一年底，巨化的工业总产值比2010年增长了48%，能源消耗却仅增长了

11.5%。与此同时，伴随着国家对绿色发展的日益重视，企业的能耗指标、排放指标等成为了一道硬杠杆，卡住了大量不符合环保要求的小企业。2017年初，国内制冷剂价格持续上涨，主要原因之一就在于环保严控导致一些环保不达标企业停工，但下游需求不减，造成产品供不应求、价格上升。

制冷剂是巨化的拳头产品之一，这个时候，提前进行环保布局的巨化就尝到了"甜头"，不仅各项环保指标全部符合要求，甚至再严格一些的检查都能从容应对。"国家环境治理越严，对我们这样的企业越是利好，机会更多"。胡仲明直言，如今的环保红利，对冲前几年的损失仍有余。如果说此前顶住效益不佳的压力还要投入资金节能减排，巨化内部还有人不理解和略有点小情绪的话，那么现在，全体巨化人都打心底里认可了这项工作。谁说环保效益和经济效益不可兼得？在切身体会到环保红利之后，从产品到流程，从高层到基层，巨化更坚定地站在了绿色发展的前线。

"一线智能化" 阔步走在智造节能新路上

2014年9月，APC（先进过程控制）系统在巨化的核心主业氟化工产业链中的某装置上正式投用。APC是集化学反应工程、精密仪表及计算机控制于一身，实现多输入、多输出的先进控制系统，能够解决时变、非线性、大时滞等安全运营难以控制的化工过程优化问题，以提高装置的节能减排降碳和整体经济效益。目前，国外90%的炼化企业都投用了APC技术，但国内除了一些大型炼化企业在开发应用该技术外，大部分化工企业还停留在DCS控制、MES系统实施阶段。巨化是成功运用APC并取得较好回报的化工企业，经过两年多的稳定运行，如今该装置的自动化率已经由56%提升到99%以上，节能减排降碳效益提升了200%以上，每年减少蒸汽使用6370吨，折合减少碳排放约1900吨/年。APC在氟化工产业链上的成功，让巨化迅速做出反应：全面开展了"一线智能化"行动。巨化投资1.2亿元，对旗下14家单位的17套装置实施APC改造。本期项目完成后，预计每年将形成4000万元以上的实际收益，集团的节能环保水平和节能减排降碳能力将得到根本性提升。"智能化背后隐含着节能减排。由此入手，巨化还可以挖掘节能减排空间"。胡仲明强调，"智造"节能，将是巨化下一步的大文章，不仅体现在加码智能化生产装置上，更体现在选择"智造"产业上，电子化学材料就是巨化看中的"十三五"重点产业。

"腾笼换鸟"淘汰旧装置 寻找新产业

目前，中国已经成为全球最大的集成电路市场，集成电路芯片进口甚至远超石油，成为我国第一大进口商品。集成电路是我国的一个短板，而与之相关的电子化学材料产业则是短板中的短板。据陈利民透露，电子化学材料这块过去都是被外国大公司垄断，因为这个产业资金投入量大，对质量要求高，对环境洁净度要求异常苛刻，甚至甚于制药厂，因此是一个进入门槛很高的产业。但对于巨化来说，自己有化学工业的基础，这项产业又符合能耗低的条件，发展起来还能振兴民族工业。"腾出笼子后，换的是什么鸟，也很重要。在淘汰旧装置方面，我们压小上大；在寻找新产业方面，我们就找高附加值能耗低的新兴产业"。胡仲明说。

经过努力，巨化如今已成为国内电子化学材料方面的领军企业，同时还是中国电子化工新材料产业联盟理事长单位。巨化已经布局的有电子湿化学品和电子特气，并于2017年3月携手合作伙伴，收购世界500强德国汉高集团EMC业务。此举对巨化开辟电子化学材料新战场具有重大意义。对巨化而言，如果说从前是"以量取胜"的话，现在则已经迈上了"用质说话"的新阶段。节能减排、提质降耗，不是意味着关停产能不发展，而是倒逼创新，寻找更适合绿色发展的新产业。巨化的多年摸索，走的就是这样一条在发展中解决问题的路子。下一步巨化还将继续以转型发展来降低用能需求，以智能制造来提升节能水平，以能源替代来降低碳排放，以腾笼换鸟来腾出宝贵资源，以深入研究来挖掘节能潜力——持续以国有大企业的担当，做节能减排领域的标兵。

"市党代会提出发展绿色经济，做大绿色工业，作为燃煤电厂，发展绿色能源、推进清洁生产，责无旁贷，我们也一直在努力，2017年还有几个大动作。"巨化公用事业部总经理毛双华如是说。天气阴雨绵绵，施工现场却井然有序，公用事业部是为生产企业提供生产用电、蒸汽、水等公用工程的单位，正在施工的却是新的公用产品——压缩空气，压缩空气用于管道吹扫、仪表等用气，以前由各生产单位自行配备压缩机，造成了重复投资建设，也增加了人员成本。公用事业部在淘汰4号、5号老机组后的闲置空地上，为进一步发掘现有的富余供汽能力，提高蒸汽能源利用效率，投资6000余万元，上马产能10万立方米/小时的大机组，该新建机组采用先进的多轴齿轮组合式技术，具有高效、节能、环保、安全等特点，建成后除了向巨化内部生产单位集中供汽外，其中1万立方米/小时的产品，已被高新园区企业预订。新鲜的是，这家拥有多年历史的老热电厂，却已经上马了光伏发电，在2015年新建的10号机组厂房屋顶及地面，建成装机容量为800千瓦的光伏发电机组，2016年7月1日并网发电，截至2017年3月23日，累计发电54万度；为全年24亿多度电的总量中增添了绿意。

"绿色能源的份额，还将进一步加大。2017年我们还将继续充分利用有限空间，上马光伏雨棚、光伏车棚"，公司负责人介绍。环保达标排放是燃煤电厂的红线，也是生存发展的底线。2015~2017年来，巨化公用事业部累计已投入近3亿元，先后完成了4台炉的超低排放大工程，包括尾气脱硫脱硝等技改。"打个比方来说，从100毫克降到10毫克容易，但要从10毫克再降至5毫克，就很难"。此时，该公司副总工程师林国辉把更多的精力聚焦在8号炉的排放再提标上。"国务院提出，在2020年前，燃煤机组全面实施超低排放，烟尘指标为10毫克，这个我们已经达到；但是我们关注到，我省对烟尘指标提出了更高的要求，必须提前做好谋划"。为此，巨化公用事业部和高校合作研发相变冷凝除尘器，这一新型冷凝技术，代替湿式电除尘法，实现除尘、余热回收、节水三大目标。巨化热电6号、7号机炉原来依托集团内丰富的氨资源，采用的是氨法脱硫，但氨气不仅腐蚀性强，造成设备老化快，同时也易挥发、易溶于水，容易造成尾气再度超标的问题。公用事业部改为石灰石法后，目前正在攻关"电石渣"替代石灰石，以废制废，促进环保低成本运行。

"森林巨化"，建立生机勃勃的花园化工厂

巨化是我国自主建设的第一个大型联合化工企业，曾是浙江省最大的化肥厂，如今是全球最大的氟制冷剂生产企业。走进这个"十里化工城"，处处绿意盎然：生活区有南北公园，厂前区有森林公园，北大门有湿地公园；生产区内，丁香、香樟、樱树、玉兰、雪松……随处可见。住在巨化招待所，一早就被鸟儿叫醒。巨化人说，近年来连白鹭都在生产区门口的树林里安了家，还能看到珠颈斑鸠、赤腹鹰、黄眉姬鹟……以往，巨化厂区虽也有些绿化树，但以夹竹桃为主。夹竹桃生命力强，耐酸耐碱，能吸粉尘和有毒气体，一直是化工厂绿化的当家树种。"那时只有种夹竹桃才容易活，而现在连对烟气敏感的五针松都长得很好"，巨化健康置业事业部总经理步红祖指着生产装置旁的一株五针松自豪地介绍。生机勃勃的绿色，昭示着企业与自然的和谐

平衡，蕴含着产业与生态的良性循环。这背后是巨化践行绿色、低碳、环保、生态发展理念，严格源头防控，发展循环经济的不懈努力。

近年来，巨化大力推进生态化循环经济改造：淘汰 27 套大型生产装置，光土地就腾出 1517 亩；应用先进生产控制系统，从源头减少"三废"；实施环保提质、提标、提速，投资 5 亿多元改造燃煤电厂，排放水平已优于天然气电厂；近 3 年又投资 3 亿多元增加环保装置。改造前，巨化最高日消耗生产用水 95 万吨，但通过中水回用、节水生产等，不但用水量比 15 年前减少了 63%，外排量更减少 90%，外排水质达到城镇污水处理厂的一级 B 排放标准。"巨化的主要排渠口设有在线数据屏，接受社会实时监督"。巨化生产运营部部长郑积林说。"生态巨化""森林巨化"已成为巨化的新名片，颠覆了人们对传统化工企业的认知。2017 年，《关于消耗臭氧层物质的蒙特利尔议定书》多边基金执委会委托世界银行来巨化开展 ODS（消耗臭氧层物质）核查，世界银行一位华人专家考察后对巨化负责人说："这一路看过来，巨化给中国化工企业争了脸面！"

"动""静"结合，营造企业内部产业小循环

很长一段时期内，巨化一直生产尿素、"三酸两碱"、电石等传统化工产品。随着高能耗、高污染、市场效益差的传统产品被淘汰，以氟化工、氯碱化工、煤化工和石油化工为主的产业格局已经形成。各产业链纵向延伸、横向耦合，打造"动脉产业""静脉产业"互补发展的循环经济生态体系，形成"资源→产品→再生资源→产品"的循环经济圈。相比 15 年前，巨化的万元工业增加值能耗下降了 73%。20 世纪 90 年代巨化二次创业的当家品种氟利昂，如今已被淘汰，升级为国际先进新型环保氟制冷剂。巨化在国内率先将其实现产业化，并延伸至更高附加值的氟聚合物、氟材料的规模化生产，成为国内氟化工龙头企业。创业"老三厂"之一的电化厂，如今已变身氯碱新材料事业部，生产聚偏二氯乙烯（PVDC）。这种用在双汇、金锣等知名火腿肠上的新型食品包装材料，曾长期依赖进口。巨化潜心研制 30 年终获成功，产品反向出口日本、欧美，产能居国内第一、世界第三。同样从电化厂衍生出来的高纯氯气、高纯氯化氢生产线，如今正助力制造"中国芯"。工程师张云锋提到："巨化在国内率先建成完整的湿电子化学品产业链，生产的高纯度电子气体已被中芯国际、华虹宏力等芯片企业采用。从普通氯气到电子级高纯氯气，价格涨了数百倍。"

目前，巨化对氯碱化工和氟化工产业间的氯元素梯级循环利用，在全国同行中处于领先地位，产品主要技术经济指标达到国际先进水平。行走在巨化厂区，管廊纵横交错。"这些管廊好比巨化内部产业循环的血管"。巨化安环部部长郑积林介绍，以"氯、碳、硫、氢、氟"等元素的循环利用为特色，巨化已经形成了十余条纵横交错、产业梯度发展的循环经济"动脉产业"链和处理"三废"的"静脉产业"链，原料、产品、中间品、副产物、废弃物"吃干榨尽"，降低了生产消耗，极大减少了用能和排放。"巨化坚持走科技先导型、资源节约型、清洁生产型、生态保护型、循环经济型发展道路，营业收入、上缴国家利税、全员劳动生产率、职工收入等 10 年来都实现了翻番，净资产增长 2.5 倍"。巨化集团总经理周黎旸说，近年来巨化先后被评为全国循环经济先进单位、国家循环化改造示范试点园区。全国 50 个国家循环经济教育示范基地中化工企业仅 2 家，巨化名列其中。

"和谐共生"，促进工业生态园区大循环

在衢州工业生态体系中，巨化处于一个重要的关节点。"巨化对衢州工业的贡献，怎么评价都不为过。对衢州高新区来说，可以说没有巨化就没有高新区的现在"，衢州绿色产业集聚区、衢州高新区党工委副书记、副主任郑河江说。巨化的循环经济产业，为高新区构建了一个适合化工及新材料企业发展的生态系统，不仅给园区企业提供热、汽、水等公共服务，提供生产所需的化工原料，还承担了大部分的污水和固废处理。很多化工及新材料企业对这一便利很看重，韩国晓星集团、杉杉股份、中硝康鹏、中科锂电、北斗星……近年来纷纷落户衢州高新区。2011 年，华友钴业准备在国内新建生产基地，走了全国 36 个城市，最终选择了衢州，在离巨化两公里远的地方建起了华友衢州产业园。"紧邻巨化，可以方便获取巨化的化工产品、热蒸汽，降低生产成本，同时也解决了废弃物的处理问题"，浙江华友钴业股份有限公司副总裁方圆说，如今华友已成为全球钴行业的领先者。巨化参与投资上亿元的输送蒸汽、工业水、氢气、氨气等原辅料的综合输送管廊，从巨化通向衢州绿色产业集聚区众多企业。集聚区高新园区块 84 家企业有 55 家用上了巨化蒸汽，每年供热近百万吨。同时，50 余家企业每年有 125 万吨污水回送巨化处理。

以循环经济（静脉产业）基地为依托，巨化对衢州市的工业固废、医疗废弃物、餐厨废弃物进行区域化、无害化和资源化处理，让废弃物变身再生

资源，实现"生产、生活、生态"的平衡。基地建成后，将达到年处理城市固废 60 万吨、工业固废 60 万吨、污水 1050 万吨的规模。"目前形成的已有'餐厨废弃物→有机肥等''生活污水→绿化、道路洒水等'多条连通巨化和周边的'静脉产业链'"。巨化下属的衢州市清源生物科技公司经理詹仙争说，"像衢州城区大小饭店的餐厨废弃物都要汇集到我们这里，经无害化处理后成为上好有机肥"。

"情系绿色"，着力进行生态化循环经济改造

"'十二五'以来，我们累计筹集绿色资金 5 亿元用于 27 套'两高一剩'产能装置淘汰，实现节约标准煤 72 万吨，盘活土地 1500 亩"。汪利民表示，如今巨化大力培养的新产业分别聚焦在氟新材料、氯碱新材料和电子化学材料这三大领域。让碧水蓝天常在是巨化工作的着力点。近年来，巨化通过国家循环经济试点工作，采用新技术对传统装置和产业进行深化改造和升级，淘汰落后工艺，推进清洁生产，强化节能减排，实施产业重构。值得一提的是，巨化以生态化循环经济改造为载体，从 2010 年开始规划编制到组织实施，投资 5 亿元分三期进行，一期主要为氟化工核心区，占地约 1 平方公里；二期是北二道以南、西门岗铁路以东、厂前路以西的核心区块，占地约 2.6 平方公里；三期是厂西区，与高新园区相接区域，占地约 1 平方公里。巨化决策层认为，安全环保是生态文明建设不可或缺的要素，主动做好安全环保工作，既是企业必须履行社会责任的道德要求，更是企业应对国内外环保挑战、提高自身竞争力的需求。因此该公司以安全环保管理、现场管理、专业管理三条对标主线为抓手，推进 HSE 标准化管理体系的建立和完善，严格的制度强化过程控制，规范员工行为。

在安全上，巨化以"零事故、零伤害、零排放"为目标，牢固树立安全十大理念，严格执行安全十大禁令，强化基层、基础、基本功，切实落实区域责任制和安全生产责任制，推动安全管理向自主管理方向转变。在环保上，建立了全员、全过程、全天候的环保管理模式，先后投资 3 亿多元，通过开展治理老污染源、新建污染防治设施、推行清洁生产、完善环境应急处置体系、建设环境管理网络、综合整治区域大气环境、实施污染减排重点工程等工作，改善了区域环境，提升了巨化的环境管理水平。

三、绿色管理的丰富

十几年前，"八八战略"提出的"进一步发挥浙江的生态优势，创建生态省，打造'绿色浙江'"宏远蓝图，不仅为浙江发展打开了全新的窗口，也为巨化的可持续发展指明了方向。巨化在持续推进产业发展的同时，始终把绿色作为亮丽的底色，摒弃传统高污染、高能耗的生产方式，大力推行清洁生产，用循环经济的理念拓展产业链，为区域绿色发展和生态环境履行好国有企业的社会责任和担当，实现经济效益、社会效益、环境效益"三统一"。

抓住绿色金融"新契机"

近年来，巨化充分发挥上市公司、财务公司、融资租赁公司等平台作用，既开展直接融资，又发行企业债等，实现长短融结合。同时还牵头成立环保产业、并购、新材料等基金，参与浙商成长基金、浙江制造产业基金筹建，综合运用各类金融工具，有力助推巨化绿色发展。汪利民表示，衢州作为国家绿色金融改革创新试验区，巨化将全力配合，进一步扎实推进改革创新开放发展，不断提升绿色金融发展水平。巨化通过发展绿色金融，实现了经济、社会、环境效益三个统一；通过大力发展循环经济，走出了一条从被动到主动，再到自觉的绿色环保发展之路；通过用好、用活、用足各类金融工具，持续加大环保投入，实现了从低端到高端的产业转型，从污染治理者到环保产业引领者的转型，是老国企华丽转身、凤凰涅槃的典范。"'十三五'巨化将坚持创新、协调、绿色、开放、共享五大发展理念，以衢州市绿色金融改革创新实验区建设为契机，加快绿色金融引领下的绿色产业体系构建，打造'强优大'巨化，培育具有全球竞争力的世界一流企业"，汪利民坚定地表示。

开启循环经济"金钥匙"

让工业企业实现清洁生产，发展循环经济，是保护、发扬浙江生态优势，打造"绿色浙江"的重要一环。巨化对此感受尤为深切。十几年来，巨化把生态化建设放在突出的位置，通过高起点、全方位、成体系的科学规划，围绕建设生态浙江、森林衢州的宗旨，以打造国家循环经济示范区企业为目标，持续开展厂区生态化循环经济改造，构筑节能减排新模式。通过"加减乘除""腾笼换鸟"的方式，巨化创新产业集群化发展模式，以产业布局和空间优化为抓手，加快高投入、高污染、高消耗和技术水平低、效益低的落后产能淘汰力度，不断整合延伸产业链，重构产业结构优势。十几年来，巨化主动关停、淘汰包括复合肥、隔膜烧碱、聚氯乙烯、电石炉等装置近30套，盘活存量土地1500余亩，腾出72万吨标准煤的能耗，为后续高质量发展置换出了土地和环保空间容量。

为实现高质量发展要求，巨化坚持稳中求进的工作总基调，大力发展新兴产业，积极培育新的经济增长点，推进传统基础化工向新型材料化工发展的步伐。巨化从以往的生产尿素、"三酸两碱"、电石等传统化工产品，发展到以氟材料为核心产业，形成氯碱材料、石化材料、电子化学材料等多产业板块联合循环的化工新材料产业格局。各产业链纵向延伸、横向耦合，打造"动脉产业"和"静脉产业"互补发展的循环经济生态体系，形成"资源—产品—再生资源—产品"的循环经济圈。巨化通过打造循环经济示范区，构筑起一个结构完善、布局合理、极具竞争实力的循环经济产业体系，形成了具有巨化特色的循环经济经验典型模式，为企业的生态建设注入了活力，先后获国家循环经济试点单位、全国循环经济工作先进单位、国家循环经济教育示范基地。

把准绿色发展"定盘星"

作为一家大型化工联合企业且地处浙江母亲河钱塘江上游的巨化，持续不断地开展环境污染整治，扛起践行"绿水青山就是金山银山""样板地"和"模范生"的使命担当，不仅是巨化践行国企社会责任的需要，更是企业生存发展的内在需求。十几年来，巨化以生态巨化、森林巨化为目标，不断发力，完成厂前区南扩东拓工程，新增绿地面积4万平方米，使得区域绿地面积增加到62万平方米，厂区绿化面积达到40万平方米，植被种类100多种……为员工工作、生活营造了良好的环境。

在衢州工业生态体系中，巨化处于一个重要的关键节点。巨化污水处理厂近3万吨/天扩建改造投运，成为浙西地区最大的工业污水处理厂，除了承担内部各单位的废水，还接纳衢州高新园区60余家化工企业的废水处理任务，为衢州发展做出了积极贡献。衢州市与巨化清源生物科技有限公司签订了《衢州市区餐厨废弃物资源化利用和无害化处理项目特许经营协议》，标志着衢州市区餐厨废弃物收运、处置工作全面步入正轨。清泰公司50吨/天危废扩建项目、水泥窑协同处置固废项目等相继投产，进一步提升了"三废"

处理能力，改善了环境质量。巨化还主动融入国家排污许可制度的管理，勇做环保领域"排头兵"，获衢州市首张"一证式"排污许可证。这是国家出台排污许可制度以后，衢州地区首张具有全国统一编码的"一证式"排污许可证。巨化为"一江清水出衢州""筑牢生态屏障"做出了积极贡献，为打造受人尊重的企业写下了生动的注脚。"生态巨化""森林巨化"已成为巨化的新名片，一个鲜花绿树簇拥的花园式工厂的崛起，颠覆了人们对化工企业的传统认识。

握紧智慧环保"接力棒"

十几年来，巨化主动加大环保投入，坚持推进节能减排工作，实施环保提标、提质、提速"三提"工程，切实享受到了环保带来的红利。身处钱江源头，巨化积极响应"五水共治""三改一拆"以及"美丽大花园"建设，成为"绿色浙江"的有机组成部分。巨化进一步完善智慧环保工程。制订并下发"智慧环保"建设方案，加大在线监测设施覆盖面，新增造气吹风气刷卡排污自动监测设施等。目前已布局近百个监测因子上传平台监控，建成水、气、渣的全方位、全过程、全天候监控体系。开展企业排污口标识牌规范化改造，对各单位外排水排放口新增、更新规范化标识牌，明确各责任排口污染因子及水质管控要求，规范了责任单位外排口可视化管理。巨化还持续提升环保处置装置的自身环保水平。投入千余万元实施污水处理厂臭气治理工程，对污水池实施封闭改造，将污水集中处理过程中产生的废气进行收集并进行多级处理，完全消除了污水处理厂及周边区域性异味，实现了良好的社会效益。对盐酸等易挥发性液体物料装卸过程实施专项整治，在生产单位化学品包装台、物流中心槽罐残液回收处等设置了废气收集设施，有效改善了现场环境。水泥窑烟尘治理在更新除尘布袋、校正电极板的基础上，新增粉煤灰库除尘器等设施，保障水泥窑烟气电除尘设备稳定运行，实现烟尘稳定达标排放。乌溪江畔，清流如鉴，诉说着人与自然的和谐相处；烂柯山脚，绿韵为裳，见证着"绿水青山就是金山银山"的生动实践。巨化这座绿色化工城，在"八八战略"的指引下，正朝着更高标准的生态建设目标奋力前行。据巨化集团有限公司财务部部长汪利民介绍，如今的浙江巨化已深入贯彻落实"创新、协调、绿色、开放、共享"的发展理念，坚持"一体两翼、多轮驱动"发展战略，大力实施创新驱动工程，构建现代化工产业发展新体系，着力推进从基础化工向新材料、新能源、新环保、新物贸"四新"领域转型，走出一条"改革创新、开放发展"之路。

 案例延伸

唱响环境综合治理"三步曲"

绿色是希望，绿色是生机。"把企业创建成绿色企业，把厂区建设成花园一样的厂区"就是浙江巨化股份公司硫酸厂上下共同的目标，从基础管理入手提高广大员工的环境意识、不断通过技术改造控制排放指标、倡导循环经济、加强"三废"管理和开发利用成了该厂环境综合治理的"三步曲"，从而推行了企业的清洁文明生产，促进了企业的和谐发展。

在以往的设备检修过程中，管道槽罐中的余酸基本上是直接排放在地上，然后采用电石渣中和，这样容易造成检修污染，为解决这一问题，该厂在生产岗位配备了相应的容器，用来存放设备中的余酸，如今，只要有检修任务，岗位人员就会自觉地带上这些容器，配合检修人员回收余酸，不仅杜绝了检修中的污染，而且还可以减少浪费，这是硫酸厂加强环境保护教育的结果。

近年来，该厂始终把环保工作与企业的生存发展紧紧联系在一起，以"环保立厂、协调发展、造福一方"的企业宗旨，建立了以厂长、生产副厂长为主要责任人，以安环科为主要管理部门，以车间、班组为具体责任单位的环保管理网络，配备了以工程技术人员为主的专、兼职环保管理人员及专业的环保监测人员，全方位、全过程管理生产的每一个环节，同时制定了完整的环保管理制度及环保事故预案制，实现了以制度化、标准化的要求来进行环保管理，把环保装置纳入生产、设备管理序列，与生产装置同步管理、同步检修、同步运行，确保污染物稳定达标排放。

2004年大修时，硫酸厂对净化系统进行了一次大"手术"，投资1000多万元采用国内最先进的动力波除尘、降温装置，彻底抛弃水洗工艺，净化工艺全部实现了酸洗流程，投入生产后取得了十分明显的效果，排污量大大减少，硫酸尾气中二氧化硫的排放合格率达到了95%以上。不断的技改使硫酸厂环境发生了巨变，整洁有序的设备，绿草青青的现场，精神饱满的员工在宽敞的DCS室里控制着生产系统。为提高硫酸污水处理质量，该厂新建20万吨/年硫酸装置，投资1000多万元，采用国内最先进的酸洗净化、动力波等技术，同时对硫酸污水处理沉降工艺进行改进，污水处理由一级沉降改为二级沉降，即将原来的两池并联沉降改为两池串联沉降，以延长沉降、处理的时间，悬浮物的合格率（SS≤70mg/L 计）由51%上升到85%以上，污水的合格率明显提高；由于硫酸产能的增加，使尾吸母液产量增加，一方面提高液硫装置对硫酸母液的分解能力，另一方面通过技改来增加亚铵装置的生产能力，进而提高了亚铵装置利用硫酸尾吸母液的能力，亚铵产品的年生产能力从 3000 吨增加至 8000 吨，满足了对尾吸母液的处理要求，有效地提高了母液综合利用能力；氯磺酸生产中采用螺旋板式换热器代替喷淋式排管冷却器，提高了换热效率，减少了环境污染及检修的工作量；复合肥装置通过对原工艺进行的大量改进，尾气中的氨含量比改造前削减了 90%，生产污水实现零排放。

大力推行循环经济，加强"三废"的管理和开发利用，以提高资源综合利用率，这是硫酸厂所倡导的。硫酸和复合肥生产时产生的硫酸矿渣及磷石膏渣是水泥生产和建筑材料中良好的添加剂，该厂与相关单位协调沟通，加大"三废"在建筑行业的综合利用和开发的力度，使这些废渣全部变废为宝，每年可为企业创造一笔可观的效益；氯磺酸生产所需的 HCL 气体实现了由电化厂、氟化厂及本厂复合肥车间单独提供或混合提供，合理解决了公司内部的 HCL 平衡问题，提升了副产 HCL 气体的产品附加值；充分利用余热锅炉回收硫酸过程中产生的高温炉气的热量，产生中压蒸汽，再利用中压蒸汽进行发电，每年产气及发电所创的产值约为 1000 万元。硫酸厂还利用高科技手段，率先开发了先进的 pH 实时监控、统计系统，当现场的环保数据发生变化时，管理人员可直接与岗位或调度取得联系，寻找原因、制定措施，把污染降到最低限度。一分耕耘，一分收获，环保管理得到上级公司的肯定和社会的认可，该厂先后获得了"绿色企业"、"AAA"级企业、衢州市"庭院绿化"先进单位等荣誉称号，2004 年被中国石油和化学工业协会、中国化工防治污染技术协会评为"全国化工环境保护先进单位"。

资料来源： 吕娅姗、蔡若愚：《巨化集团：提前布局，久久为功，节能环保红利自会来》，《中国经济导报》2017 年 6 月 13 日，第 A02 版；王继红、吴诚：《巨化燃煤电厂 绿色发展新动作》，《衢州日报》2017 年 3 月 29 日，第 6 版；张紫薇：《勃勃生机绿中来——巨化发展循环经济纪事》，《浙江日报》2018 年 6 月 10 日，第 1、3 版；廖建忠：《奏好三步曲 绿色长又久》，《中国环境报》2005 年 9 月 6 日，第 8 版；陈晓：《让碧水蓝天常在，巨化走绿色转型升级路!》，2018 年 8 月 8 日，世界浙商网，http：//www.wzs.

org. cn/zb/201808/t20180808_288789. shtml；佚名：《"八八战略"在巨化——绿色华章写大美（生态建设篇）》2018 年 9 月 18 日，巨化集团有限公司，http：//www. juhua. com. cn/search. asp。

 案例分析

　　工业企业实现清洁生产，发展循环经济有助于保护、发扬浙江生态优势，打造"绿色浙江"。巨化集团作为一家老牌化工企业，在"八八战略"的指引下，践行"绿水青山就是金山银山"的理念，走上了科技先导型、资源节约型、清洁生产型、生态保护型、循环经济型的绿色发展之路，实现了生态效益和经济效益的双赢。巨化集团绿色发展的经验可概括为以下几点：①在节能环保上提前布局，自我革新。巨化集团勇于直面环保问题，甚至早于国家节能减排的规划前瞻性地开展节能减排，兼具魄力与毅力，十几年来不断进行自我革命，淘汰落后和低效产能，不断更新节能技术，改造生产装置，探索节能减排的绿色发展新路径，持续转型与创新，从最初的传统高耗能化工企业发展到如今的经济效益与环境效益双丰收，巨化集团已经开始享受节能环保红利，树立起节能环保的新标杆，充分证实了走节能环保道路的正确战略选择。②构建循环产业链，推进生态化循环经济（Circular Economy）改造。例如，巨化集团大力推进循环经济改造，打造循环经济示范区，构筑起一个结构完善、布局合理、极具竞争实力的循环经济产业体系，形成了具有巨化特色的循环经济经验典型模式，形成"动""静"结合的企业小循环与和谐共生的园区大循环。每一个产品项目都有对应的循环经济规划，各产业链纵向延伸、横向耦合，形成动静互补发展的循环经济生态体系，同时为高新区构建了一个适合多家化工及新材料企业发展的生态系统。不仅降低了生产能耗，也充分利用了环境资源。③锁定智能制造节能新路径。巨化集团在"智造"节能上做足文章。例如，制订"智慧环保"建设方案，加大在线监测设施覆盖面；加码智能化生产装置，提高了装置的节能减排降碳和整体经济效益；积极探索高附加值低能耗的绿色发展新兴产业，成为国内电子化学材料方面的领军企业，未来巨化还将进一步以智能制造提升节能水平，以能源替代来降低碳排放，深挖节能潜力，做节能减排领域的标兵。④做好绿色发展定位。巨化集团以生态巨化、森林巨化为目标，以绿色发展为定位，不断发力，从源头减少"三废"，实施环保提质、提标、提速，还主动融入国家排污许可制度的管理，勇做环保领域"排头兵"，为"一江清水出衢州""筑牢生态屏障"做出了积极贡献，打造出一个"森林环抱的花园化工厂"，彰显了绿色、低碳、环保、生态发展的决心，践行了可持续发展（Sustainable Development）的理念。⑤在节能减排上加大环保投入，善用绿色金融工具。例如，巨化集团对高耗能产业进行"自费革命"，每年保证1亿多元的节能环保投入，为建设"绿色浙江企业"，先后投入2.71亿元巨资，配备140多套环保设备，推行清洁生产，并加大环保科研投入，坚持走节能减排的转型之路，综合利用各种金融工具助力绿色发展，开展直接融资的同时发行企业债等，实现长短融结合，还牵头成立环保产业、并购、新材料等基金，参与浙商成长基金等，持续加大环保投入，通过发展绿色金融，实现了经济、社会、环境效益三个统一，完成了从低端到高端的产业转型，从污染治理者到环保产业引领者的转型。这些巨额环保投入也得到了相应的回报。

巨化集团着眼长远、脚踏实地走出了一条可持续发展的道路，巨化集团的绿色转型充分证实了经济效益与环保效益可以同时兼得，排除万难、持之以恒地坚持节能减排，改变了中国化工企业破坏环境的固有形象，彰显了企业保护环境的社会责任担当，成为现代企业绿色发展的典范。扛起保卫绿水青山的使命，不仅是现代企业践行社会责任的外在需要，也是企业生存发展的内在需求。

 本篇启发思考题目

1. 现代化工企业在清洁生产中如何践行绿色环保理念？
2. 现代化工企业如何做好绿色发展布局？
3. 现代化工企业为什么要走绿色发展道路？
4. 现代化工企业在绿色发展中如何充分利用绿色金融工具？
5. 现代化工企业在绿色转型升级中需要政府提供哪些支持？
6. 现代化工企业如何拓展产业链发展循环经济？
7. 现代化工企业如何提升"智造技能"？
8. 现代化工企业实施节能环保的主要举措有哪些？

第三篇
天能集团：像守护生命一样守护绿色

 公司简介

　　天能集团是中国新能源动力电池行业的龙头企业，创始于 1986 年，地处浙江长兴。主要从事铅酸、镍氢及锂离子等动力电池、电动车用电子电器及风能及太阳能储能电池的研发、制造和销售。经过 30 多年的发展，现已成为以电动车环保动力电池制造为主，集新能源汽车锂电池、汽车起动启停电池、风能太阳能储能电池的研发、生产、销售，以及废旧电池回收和循环利用、城市智能微电网建设、绿色智造产业园建设等为一体的大型实业集团。天能集团主导产品电动车动力电池的产销量连续 15 年居全国同行业首位。天能集团是国家重点扶持高新技术企业、国家火炬计划重点高新技术企业、全国轻工行业先进集体、浙江省工业行业龙头骨干企业、国家蓄电池标准化委员会副主任委员单位。"天能"牌蓄电池被评为国家重点新产品、浙江省高新技术产品、浙江省名牌产品。"天能"品牌被评为中国最具价值品牌 500 强、亚洲品牌 500 强、2008 中国动力电池最佳品牌，"天能"商标被认定为中国驰名商标、浙江省著名商标。2007 年，天能动力以"中国动力电池第一股"在中国香港主板成功上市。集团现拥有 50 多家国内外子公司，拥有浙、苏、皖、豫、黔五省十大生产基地。集团综合实力位居全球新能源企业 500 强、中国企业 500 强、中国民营企业 500 强、中国电池工业十强。

案例梗概

　　1. 天能集团引进国外先进的蓄电池资源回收再利用技术设备，探索绿色生产。
　　2. 从生产制造、回收处理、再生冶炼，最后回到生产，打造闭环式的循环经济产业链。

3. 以旧换新，最大限度回收废旧电池，进行再利用，延伸绿色循环产业链。

4. 在技改、科研、环保方面投入 43 亿元，推动产业转型升级与环保发展。

5. 通过产品的生态设计，从材料源头赋予电池更环保、更安全的特性。

6. 率先履行生产者责任延伸制，开展废旧电池回收，实现对电池的全生命周期管理。

7. 斥资近 30 亿元建设循环经济产业园，产业园工业用水重复利用率接近 100%。

8. 打造铅蓄电池行业集回收、冶炼、再生产于一体的闭环式绿色产业链。

关键词：绿色转型；智能生产；循环经济产业链；以旧换新；回收再利用

 案例全文

　　走进位于浙江省湖州市的天能集团循环经济产业园，绿树环绕，池塘鱼戏。这座年产值达到 60 亿元的花园式工厂，是国家级循环经济标准化试点基地。"湖州是'绿水青山就是金山银山'理念的诞生地，也是国内首个以'绿色智造'为特色的试点示范城市，天能的变革转型正是湖州'绿色智造'的写照"。天能集团董事长张天任说，天能集团专注电池产业 32 年，从一家村办小厂发展成为国内新能源动力电池领军企业，要用绿色点亮百姓生活。2016 年是天能集团走过的第 30 个年头，以电动车动力电池制造为主的天能，不仅在行业处于领先地位，更在绿色发展的道路上越走越稳。"天能绿色发展的新增长故事才刚刚开始"。董事长张天任说。在张天任和他的团队的努力下，天能集团目前已成为集铅蓄电池，新能源镍氢、锂离子电池，风能、太阳能储能电池以及再生铅资源回收、循环利用等新能源的研发、生产、销售为一体的国内领先的绿色动力能源制造商。

一、绿色管理的探索

高度专注电池主业　奠定绿色发展的基础

　　天能集团的前身是煤山第一蓄电池厂，成立于 1986 年。两年后，年仅 26 岁的张天任，做出了一个让全村人都震惊不已的举动：借了 5000 元，承包了当时年产值不到 8 万元，负债却高达 10 多万元的村办小厂。从此，张天任和电池结下了"不解之缘"。为了找市场，张天任跑遍了当时上海浦东几乎所有做应急灯的工坊，寻求合作。他身兼数职，早上天不亮赶头班车，扛着一包电池进城去推销，遇到厂家要当场测试电池质量及容量时，一等就是几小时。在张天任的软磨硬泡下，最终浦东7家应急灯制造厂答应与他建立合作关系。通过努力，这家村办小厂第二年就打了一个漂亮的翻身仗，不仅扭亏为赢，产值攀升至80多万元，第二年更是超过200万元。正当蓄电池生意风生水起时，张天任却产生了危机感。当时的背景是，随着我国电力的加速发展，农村已逐渐缓解了供电不足的困境，应急电源的销量有所下降，市场在逐渐萎缩。

20世纪90年代末，电动自行车作为新型交通工具出现在中国大地上。张天任敏锐地意识到，动力电池会是一个前所未有的巨大商机。为此，他不惜重金聘请专家驻厂研发攻关，最终成功研发出高性能的"阀控式密封铅蓄电池"和"电动助力车专用蓄电池"。1999年，在广西桂林举行的第二届全国电动自行车里程大赛上，天能电池凭借优异的性能一举夺魁，成为了明星产品，订单纷至沓来。2001年天能电池销售收入首破亿元大关，2005年天能集团产值突破10亿元大关，2007年，天能集团登陆中国香港资本市场，成为"中国动力电池第一股"。企业做大了，种种诱惑也"扑面而来"，"多元化发展"似乎成为中国民营企业的一股潮流。但张天任始终保持一颗高度专注的心，那就是把新能源动力电池做精做透。天能集团有大量的现金流，房地产热的时候，每天有很多人主动找上门来，最多一天有五六批人，但张天任始终不为所动，坚决不投资房地产；开矿热的时候，同样有大批项目找到张天任，都被他一一婉拒了。很多人不理解，认为他太保守，胆子太小。但张天任认为，中国民营企业要有一颗"专注"的心，不要为一些短期利益诱惑而忽视了主业，如果心思太活络，只会两手空空。正是因为这种专注，让天能集团苦练内功，加强研发，注重绿色生产，从而稳居中国动力电池的领军者地位。

历经4年扭亏为盈 守住环境保护生命线

走在天能集团位于长兴吴山的循环经济产业园，满目青翠让人感觉这里更像一个花园而不是工厂。在污水处理池里，有嬉戏的鲤鱼。过去，天能等长兴铅蓄电池企业并不是这番光景。位于长兴县西北部的工业大镇煤山镇是天能集团诞生地。这里群山环抱，绿树成荫，南涧与北涧汇成合溪，滋润着这片土地。"20世纪八九十年代的煤山镇不像现在一样风景如画。那时候天常是灰沉沉的，工厂烟囱'吞云吐雾'，遇上雨天更有酸雨……"回忆起老煤山，张天任很是感慨。不只是煤山镇，整个长兴县铅蓄电池企业高峰时期达到175家，一举成为"电池之乡"。但行业高速发展的背后却是以牺牲环境为代价，落后的生产工艺带来大量污染物的排放，废旧铅酸电池更是环境污染的"定时炸弹"……铅蓄电池行业一度让人谈"铅"色变。

铅蓄电池行业注定就要戴一顶高污染的帽子吗？在发达国家，铅蓄电池生产能够做到安全洁净，美国政府甚至将铅蓄电池生产从主要铅污染源名单上划掉了。目睹行业落后现状，对照国际先进水平，张天任开始意识到，绿色发展才是企业可持续发展的必由之路。天能集团开始了对绿色生产和废电池回收处理的艰难探索。2009年夏天，张天任满怀欣喜地从意大利带回了代表国外蓄电池资源回收再生利用技术领先水平的全自动机械破碎设备和水力分选工艺技术设备，但他并没有开心几天。由于国内外废旧电池的差异，这套进口设备运行效率不如预期，效费比甚至比不上以前的"土办法"。一道难题摆在张天任面前：要社会效益还是经济效益？张天任顶着亏损的压力，毅然决定坚持推广清洁生产："我们天能发展要立足主业，新老结合，决不能丢掉环境保护的生命线。"经过4年的转型阵痛，天能集团终于完成了设备的调试和技术的革新，产业园终于在2014年扭亏为盈。

二、绿色管理的拓展

打造闭环循环经济　筑高产业门槛促重生

在大部分人的印象里，一块铅酸蓄电池使用两三年后就报废没使用价值了。如今，天能集团却给了人们另一种可能：一块近10斤重的废旧铅酸蓄电池在经过多道工序后，被分解提炼回收6斤多再生铅、2斤多硫酸钠和0.6斤聚丙烯塑料，这些物质又再次送进生产线，生产成新的铅酸蓄电池投放市场。"从生产制造，到回收处理，再生冶炼，最后回到生产，我们打造了一个闭环式的循环经济产业链"。张天任表示，当前铅污染防治重心已由生产环节转移到再生铅环节，天能集团对此做了一个非常好的示范，形成一个"闭环"经济，改变了铅蓄电池产业的发展之路。"由于从废料中直接回收再生铅，不需要像原生铅那样采矿、选矿，因此，成本、能耗、排放得以大幅降低"。天能电源材料有限公司技质部高级工程师娄可柏介绍，设备和工艺是从意大利引进的，但结合了天能自主创新的纯氧助燃、精炼保锑、专利合金配制、废烟气处理等技术，提取再生铅的生产成本比原生铅低38%，能耗仅为原生铅的25.1%。相比于传统的原生铅生产方式，每生产1吨再生铅可节约1360公斤标准煤，节约208吨水，减少固体废物98.7吨，减排二氧化硫0.66吨。

从回收到破碎、分选、熔炼、精炼，再到重新组装成电池，天能集团将每一个步骤细细分开，从中分离出含铅物质，重新炼成铅；分离出废塑料，重新制造电池外壳；分离出废酸，生产出工业产品硫酸钠，而且回收利用率极高。目前，废旧电池金属回收率可达99%以上，塑料回收率达99%，残酸回收率达100%，工业用水重复利用率98%，处理过的水可以用来浇花养鱼，做到了真正意义上的变废为宝。张天任说，"我们要推动中国整个铅蓄电池行业坚定不移地走绿色发展的道路"。在天能集团的推动下，其一些绿色发展指标远远超过国家法律法规规定的相关标准，在绿色发展的一些标准上，天能集团成为铅蓄电池行业标杆，带动了全行业的标准提升。如今，铅蓄电池项目资金中25%必须是环保设备投入，已经成了长兴蓄电池行业的一条"行规"。

5年科技投入43亿元，绿色发展需创新驱动

目前，在天能集团遍布全国的50万家门店里，都可以旧换新。消费者拿着废旧电池，以折价的形式来补差价换取新的电池。"废旧电池留着也没什么用，现在可以拿来抵100多元钱！"通过这样的方法，天能集团最大限度回收了社会上的废旧电池，进行回收再利用，延伸了绿色循环的产业链。目前，在技术提供保障的情况下，完善回收网络成了当务之急。张天任表示，只有建立起健全的废旧铅蓄电池回收体系，污染和浪费问题才能得到根本解决。

对天能集团来说，绿色发展不只是理念的驱动，更是科技的驱动。天能集团通过机器换人、智能制造等手段不断提高生产水平，推动产业转型升级。"践行绿色发展，科技创新是前提"。张天任认为。"十二五"规划期间，天能集团在技改、科研、环保方面先后投入了43亿元，占营收总比达到7.43%，在同行业中处于领先地位。如今的天能，已拥有特聘院士4人、国内行业顶尖专家顾问33人，外籍专家顾问5人，国家"千人计划"特聘专家2人，博士7人。先后承担国家科技支撑计划2项，国家政策引导类项目35项，授权专利1584项，其中发明专利125项，参与制定国际、国家和行业标准40余项。不久前，天能锂电的智能化工厂还成为国家工信部的"智能制造综合标准化与新模式应用项目"，成为浙江省唯一入选的锂电项目。科技进步帮助

天能集团进一步提高了清洁生产的能力，天能集团在浙江、江苏、安徽、河南四省的八大生产基地所有工厂都能在无污染、无排放的前提下完成生产，废水、废气都得到了有效处置。"我们仰望同一片星空，脚踏同一片大地，我们要像对待生命一样对待生态环境"。张天任这么告诫集团全体员工，天能集团要永远守望绿色发展之路，不改初心。

建循环经济产业园　打造铅蓄电池行业标杆

作为铅蓄动力电池行业的领军企业，天能集团 2016 年启动了"企业版"的供给侧结构性改革，核心就是"传统产业高端化，新兴产业规模化，培育形成推动企业发展的双引擎"，具体而言，就是根据市场状况，在传统的铅蓄动力电池领域不再新增产能投资，但在环保、科研、技改三个领域要进一步加大投入。"十二五"规划期间，天能集团在环保上累计投入了十几亿元，并且这一数字呈逐年递增态势，这从侧面印证了天能集团对环保工作的重视。位于吴山的天能循环经济产业园，就是天能集团高度重视环保工作结的硕果。2009 年，天能集团投资 18 亿元，在吴山开建循环经济产业园，一期工程在2011 年已经投产，年处理废旧铅蓄电池 15 万吨。"从生产制造，到回收处理，再生冶炼，最后回到生产，我们打造了一个闭环式的循环经济产业链"。张天任说，当前铅污染防治重心已由生产环节转移到再生铅环节，天能集团对此做了一个非常好的破题，形成一个"闭环"经济，改变了铅蓄电池产业的发展之路。2016 年 9 月，循环经济产业园区二期建成，天能集团年处理废旧铅蓄电池将达到 40 万吨，相当于能"消化"掉浙江省 70%的废旧电池。"这是龙头企业的责任所在"。张天任表示，如今天能集团坚持每年的研发投入不低于销售额的 3%，历年来累计投入研发费用达 10 亿元以上。这些措施有力地保障了天能集团在新能源产业上不断持续稳步快速发展，也带动了整个行业的转型升级，甚至带动了产业链上下游的发展。"绿水青山就是金山银山，要充分认识并发挥好生态这一最大优势"。张天任说，他一直把这句话作为天能集团发展的指导精神，"发展工业和环境保护并不矛盾，所有产业自身要有生态文明建设的意识，要从事绿色生产，这样才能做到可持续发展"。

天能循环经济产业园采用全球最先进全自动机械破碎、水力分选工艺和纯氧低温转炉连续熔炼再生技术，对废旧铅蓄电池进行无害化回收处理，回收率可达99%以上，均优于国家标准。漫步在这个花园式的工厂里，映入眼帘的是绿水楼台，满目青翠，令人心旷神怡，这里既是节能环保的排头阵地、铅蓄电池行业的标杆样板，也是天能集团环保工作的一个样本。

情系绿色狠抓落实　按最严环保标准生产

不单单是吴山基地，天能集团在浙江、江苏、安徽、河南共有八大生产基地，每一个基地在设计环节就引入了"全生命周期"的概念，提前布局；生产环节，按照最严格的清洁生产标准，通过机器换人等手段，大幅提高生产标准；在回收和利用环节，通过闭环式的循环生产方式，不仅大幅降低能耗，减少排放，还提高了资源利用率。

天能集团重视环保工作，与张天任的"绿色情结"是分不开的。张天任是十二届全国人大代表，每年全国两会期间，张天任提交的建议和议案，相当大一部分都是围绕生态文明建设、绿色发展展开的。2016年全国"两会"上，张天任提交的16份建议和议案中，7份都与"环保"有关，包括"关于修改《循环经济促进法》的议案""关于加快规范铅蓄电池回收体系建设的建议"等，受到了相关部门的高度重视和积极办理。不少人对铅蓄电池行业存在误解，谈"铅"色变，认为这是高污染、高能耗产业，甚至对这个行业征收4%的消费税。张天任不止一次地代表行业呼吁，铅蓄电池应用广泛，是一种绿色、清洁、环保的新能源产品，从产品生命周期来看，目前的薄弱环节在回收体系上，他希望有关部门能够严格按照新环保法的要求，落实责任，建设和完善铅蓄电池回收体系，取消电池消费税，让铅蓄电池产业更加健康发展，为绿色发展做出更大贡献。

三、绿色管理的丰富

科学谋划发展战略　打造锂电制造"升级版"

2016年12月10日，天能集团对外宣布，投资30亿元的年产5GWh新能源汽车动力（储能）锂电池项目竣工投产；投资16亿元的年产1500万KVAh汽车动力（储能）用密封铅酸蓄电池项目已竣工，将于2017年1月进入试生产。天能集团科学谋划新能源发展战略，着力打造锂电制造"升级版"，在长兴建设年产5GWh新能源汽车动力（储能）锂电池项目。项目总投资30亿元，建筑面积达5万 m^2。项目全套引进先进的生产工艺和设备，锂电池生产实现全程数字化、智能化、精细化，园区锂电池总产能将达8GWh，每年可配套 30 万辆新能源汽车，年营业收入将达 100 亿元。此外，天能集团还斥资 16 亿元，在长兴打造"年产 1500 万 kVAh 汽车动力（储能）用密封铅酸蓄电池"项目。项目采用连铸连轧、全自动化铸焊、自动机械装配、自动包叠等先进设备、工艺，技术水平达到国际先进水平。产品主要为动力及储能用大型密封铅酸蓄电池，适用范围涉及低速电动乘用车、风光互补发电系统储能、通信、铁路、船舶备用电源等。

目前，项目一号联合厂房已经竣工，2017 年 1 月前后进入试生产。项目建成达产后，预计销售收入超 60 亿元，总利税达 7.5 亿元。天能集团还主办了"2016 中国（国际）绿色能源产业峰会"，发布《中国动力电池生态设计与绿色增长蓝皮书》，并进行了"生态文明与新能源产业发展"高端对话等。

勇于担当　带动就业　帮助百姓鼓起钱袋子

借力过去十多年电动自行车行业的爆发式发展，天能集团在电池领域确立了自己的龙头企业地位。在这个过程中，张天任认为最自豪的并非自己的上亿元身家，也不是上市公司董事局主席的称呼，而是自己的创业带动了上万人的就业。"我们不能为办企业而办企业，还要为老百姓创造增收条件，一个人好不算好，带动大家好，让整个社会都富裕起来，才是真的好"。工作繁忙的张天任还兼任新川村党支部书记。他搭建了一个"村企联姻"的共赢平台。天能集团通过技术帮扶、资金支持、就业支撑等途径，引导村民参与到村级资源开发和配套服务企业的致富链条中。据不完全统计，天能集团已经为新川村及周边村解决了 5000 多人的就业。如今，新川村近 2/3 的村民，都在从事与天能集团相关的工作，很多村民不仅是天能的员工，不少还是天能的股东，每年通过工资、分红，他们的钱袋子迅速鼓了起来。"这个大时代给我们这些普通人无限机会，才让我们梦想的种子得以生根发芽，生机勃发。我对这片土地心存敬畏，对时代心怀感恩"。说到这里，张天任的眼角有些湿润。

致力于全方位环保　智能制造培育新动能

工业和信息化部规划司副司长李北光表示，推进绿色制造，必须要做好绿色共性关键技术的研发、应用和推广，以智能制造推动绿色制造、优质制造、服务型制造。废旧电池的回收再利用，难度不亚于制造过程。在湖州天能集团循环经济产业园内，经过自动机械破碎设备和水力分选工艺技术设备的处理，再结合自主创新的纯氧助燃、精炼保锑、专利合金配制、废烟气处理等技术，废旧电池各项材料的回收率达到99%，处理过的水达到国家二级饮用水标准，可以用来浇花养鱼。天能集团董事长张天任介绍，废旧铅蓄电池年回收处理能力已达到40万吨。"我们希望通过技术改造，实现产品和生产方式的全方位环保"。张天任说。降低能耗、绿色循环生产已成为湖州的一道风景线。安吉县实现了竹子从根到叶的全竹开发与综合利用，以全国1.8%的立竹量创造了全国22%的竹产值，产业循环利用率为100%；南浔区加强旧木材回收和利用，原木综合利用率达到98.5%，是国家资源综合利用"双百工程"示范基地。

四、绿色管理的深化

转型植入"绿色基因"

2017年2月，天能集团"高性能铅蓄电池绿色设计平台建设与产业化应用项目"被列入首批工信部2016年绿色制造系统集成项目。这家传统型装备制造企业，近年来始终把"绿色"作为转型升级过程中的优先项，步伐越走越快，越走越稳。"一方面，我们通过产品的生态设计，从材料源头赋予电池更环保、更安全的特性；另一方面，我们还在行业内率先履行生产者责任延伸制，开展废旧电池回收，发展循环经济产业，实现了对电池的全生命周期管理"。天能集团有关负责人说。

天能集团斥资近30亿元建设的循环经济产业园，包括已建设的"年回收处理30万吨废铅酸蓄电池"及"年产2000万kVAh动力储能用密封铅酸蓄电池"两大项目，打造出铅蓄电池行业唯一一条集回收、冶炼、再生产于一体的闭环式绿色产业链。处处绿景的背后，是工业废水经过无害化处理后的成果。从这些废旧电池中提取的再生铅生产成本比原生铅低38%，能耗仅为原生铅的35%。相比于传统的原生铅生产方式，每生产1吨再生铅可节约标准煤60%，节约水50%，减少固体废物60%，减排二氧化硫66%，成为制造业节能减排、生态文明建设的现实样本。

生产迈入"智造时代"

2017年以来，天能集团着力推进机器换人、智能制造。目前，天能集团已拥有国内最先进的铅蓄电池全自动装配生产线，每班次装配线上的人数从原来的 51 人减少到 7 人，每 15 秒就生产出 1 节电池，人均产能提升 3.7 倍，生产效率和产品质量大幅提升。天能集团研发的智能"云电池"已经投放市场，这款电池通过"天能云网"将云电池、互联网和用户手机连接起来，从而给传统动力电池附加了定位、管理、防盗等功能。此外，天能集团的电动汽车用 PACK 与电池管理系统 BMS 也深受客户好评。天能集团"十三五"规划期间的互联网战略，就是要让互联网渗透到制造业，通过互联网与实业的结合，以流程再造、组织再造与转型升级，打造一个基于"互联网+"的平台型企业。近年来，天能集团围绕发展重心实施特色人才项目，培育了一批创新型人才和高层次人才。李文博士曾在美国知名企业工作 10 多年，深耕燃料电池、锂离子电池、储氢材料等新能源领域，先后主持完成 30 多项高端科研项目，其中 3 项为世界首创，并获得 28 项美国专利授权。2014 年回国后，李文来到天能集团担任首席科学家。到天能集团后，公司专门组建了一支团队，建立了实验室。

"一圈一链"驱动发展

近年来，天能集团通过"一圈一链"来促进企业的高质量可持续发展，为国家的生态文明建设做出贡献。一圈，就是循环经济生态圈。天能集团在浙江长兴发展循环经济产业进行了复制推广。通过在全国各地的 30 万个营销网点，将废旧电池分散回收、集中处置、无害化再生利用，形成了闭环式的循环经济生态圈。一链，就是绿色智造产业链。天能集团从绿色产品、绿色车间、绿色工厂、绿色园区、绿色标准、绿色供应链等入手，借助互联网、大数据、云计算等手段，把绿色智造这条主线贯穿到生产经营的全流程，引领产业向绿色、高端、智能方向发展。"这'一链一圈'将为行业的绿色发展和国家的生态文明建设提供方案"，张天任充满信心地说。2017 年工信部公布的第一批绿色制造体系示范名单中，天能集团就有 3 家公司榜上有名，其中 2 家被评为绿色工厂示范企业，1 家被评为绿色供应链管理示范企业。

我国新能源汽车发展已驶入"快车道"，2018 年产销量首次突破百万辆大关，分别达到 127 万辆和 125.6 万辆，同比分别增长 59.9% 和 61.7%，稳居全球第一。预计到 2020 年产销量将突破 200 万辆大关。而动力电池的使用年限一般在 5~8 年，有效寿命则在 4~6 年，这也意味着，第一批投入市场的新能源车动力电池基本处于淘汰临界点。天能集团董事局主席张天任表示，加强对报废新能源动力锂电池的再生循环利用，能够确保国家的战略资源安全，减少对外依存度。不过，新能源动力锂电池的再生循环利用还是一个新兴领域，目前处于起步阶段，面临着一些突出的问题和困难，建议有关部门加快制定报废电池的回收及再生利用的管理标准、技术标准和评价标准等。

为更好地推动新能源汽车动力锂电池的再生利用、循环利用，保护生态环境，确保国家战略资源安全，促进我国新能源汽车产业健康持续发展，张天任建议，有关部门应加快制定报废电池的回收及再生利用的管理标准、技术标准和评价标准，如电池余量的检测标准等。同时，鼓励具有产业优势的地方编制新能源锂电池监管、回收、循环利用的规划和实施方案，通过先行先试，探索出更符合产业实际、更具可操作性的国家层面的实施方案。此外，张天任还建议，要加快研究制定财税优惠、产业基金、积分管理等激励政策，研究探索动力电池残值交易等市场化模式，促进动力蓄电池回收利用；统筹现有的资金专项，对回收体系的建设，再生冶炼的科技攻关等，给予资金补贴；确定一批标杆企业和示范项目，优先推荐其申报绿色制造、节能环保等专项资金，发挥行业引领作用；探索建立政府资助引领、企业和社会资金多元投入、经济和环境效益共享的资金保障机制。

 案例延伸1

践行绿色发展理念　　不负绿色发展使命

从 5000 元白手起家到成为中国新能源电池行业领军企业的掌门人，从贫苦农村出生的打工仔到全国人大代表，天能集团董事长张天任始终对绿色发展格外重视。"长期以来，我一直坚持并努力呼吁绿色发展。让我兴奋的是，党的十九大报告对建设生态文明和推进绿色发展都有重要论述"。张天任举例说，如"建设生态文明是中华民族永续发展的千年大计""建立健全绿色低碳循环发展的经济体系"等，这充分体现了我党对经济社会发展规律认识的深化，回应了人民群众对美好生活向往的诉求，顺应了时代的发展趋势。"新能源电池是一种绿色产品，在国民经济和社会发展中起到支撑性作用，在我国走向新时代的伟大征程中，将有更大的空间和作为，这是最让我感到振奋和自豪的地方，也进一步激发了我们干事的信心和动力"。张天任在听完党的十九大报告后，就立刻把这一段体会分享给了天能集团的同事们。

　　党的十九大报告强调，加快建设制造强国，要在绿色低碳等领域培育新增长点。这更是说到了张天任的心坎上，他深有感触地说，随着资源、环境等硬约束条件的日益增强，"两高一资"行业的增长动能正在不断减弱，已经不能很好地支撑我国建设制造强国；相反，绿色低碳领域中的很多产业顺应了时代趋势，增长动能强劲，如光伏储能、新能源汽车等，形成了驱动经济增长的新引擎。尽管新能源电池是绿色产品，但是电池生产能耗很大，电池回收处置不当也会对自然环境造成污染。对此，张天任说，做制造企业和保护环境并不矛盾，所有产业都要有生态文明建设的意识，要绿色生产才能可持续发展。他介绍，2016年以来，公司累计计划投资70亿元，建设3大新能源项目和1个绿色制造产业园，全部围绕绿色低碳产业来做文章。特别是公司在浙江长兴、河南濮阳建设的两大循环经济产业园，年可处理废旧电池45万吨，节约标准煤3255吨，废旧电池金属回收率可达99%，处理过的水达到国家二级城市用水标准，实现了经济效益、社会效益、环境效益的统一，也验证了"绿水青山就是金山银山"。

 案例延伸2

动力电池市场前景广阔　　再生循环利用任重道远

　　据中国汽车技术研究中心测算，结合汽车报废年限、电池寿命等因素，2018~2020年，全国累计报废动力电池将达12万~20万吨，2025年将达到35万吨的规模。张天任表示，报废锂电池如果处理不当，随意丢弃，也会对生态环境造成很大的危害。如正极材料中的钴、镍等重金属元素，电解液中的有机物，负极中的碳材料等，都会对水体和土壤造成严重污染，特别是重金属一旦渗入土壤，数十年都难以恢复。如此规模的新能源汽车锂电池如处理不当，会对环境造成巨大的伤害，那么当它们面临退役，该去向何处呢？张天任说道，"目前主要有两个去向：一是梯次利用，被中国铁塔公司采购，用于电信基站的备电领域；二是再生利用，将报废电池拆解后，对其中的重金属提炼，再次使用。从全生命周期来看，梯次利用的电池在最终报废后，也需要进行再生利用"。一方面是即将大量涌现的报废新能源动力锂电池，另一方面则是锂资源严重依赖于进口。张天任表示，我国每年需要进口大量的锂矿，对外依存度超过85%。"中国需求"还推动了电池级碳酸锂价格的过快上涨，从 2015 年初的不到 5 万元/吨上涨到 2017 年底的 18 万元/吨，涨幅接近 3 倍，极大地加重了我国锂离子电池制造企业的采购成本，对我国的资源安全也提出了严峻挑战。在张天任看来，报废的动力锂电池是宝贵的"城市矿山"，且金属含量远高于矿石，将其中的锂、钴、镍等有价金属加以回收、再生利用，能够提高资源利用效率，减少进口，可以降低对外依存度，保护国家资源战略的安全。

我国对新能源动力锂电池的再生利用高度重视，但仍处于起步阶段。2018 年 1 月，工信部、科技部、交通运输部等国家部委联合印发《新能源汽车动力蓄电池回收利用管理暂行办法》，加强新能源汽车动力蓄电池的回收利用管理，规范行业发展，推进资源综合利用；工信部还在 2018 年 7 月出台《新能源汽车动力蓄电池回收利用溯源管理暂行规定》，提出建立"溯源综合管理平台"，对新能源动力锂电池的生产、销售、使用、报废、回收、利用等全过程进行信息采集，对各环节主体履行回收利用责任情况实施检测。张天任表示，"这些制度措施，对加强报废电池的综合高效利用起到了积极作用"。在张天任看来，新能源动力锂电池的再生循环利用仍是一个新兴领域，目前处于起步阶段，面临一些突出的问题和困难，主要体现在以下三个方面：一是回收体系尚不健全。汽车生产企业、电池制造企业、回收企业、再生利用企业之间尚未建立有效的合作机制，权责不够清晰；在落实生产者责任延伸制度方面，还需要进一步细化完善相关法律支撑。二是再生技术尚未成熟。在拆解环节，由于电池结构、材料体系、封装规格、电池余能等均没有统一标准，导致拆解难度大，自动化水平低，主要靠人工完成，成本居高不下；在冶炼环节，有价金属高效提取的技术不够成熟，经济效益不够明显，甚至出现再生材料的收益低于回收处置成本，制约了再生企业的科研投入。三是激励措施不够有力。锂电池再生利用目前尚处于市场培育阶段，需要有力的财税政策予以引导扶持，目前相关财税激励政策不健全，扶持措施还有待于进一步加强。

资料来源：李知政：《像守护生命一样守护绿色》，《浙江日报》2016 年 8 月 17 日，第 4 版；王恒利：《天能集团落实新环保法不打折扣》，《中国环境报》2016 年 8 月 23 日，第 2 版；钟兆盈：《天能集团打造锂电制造升级版》，《中国环境报》2016 年 12 月 15 日，第 11 版；白丽媛、张泽民、徐光：《天能集团张天任：打造一抹"天能绿"做百年老店》2017 年 1 月 3 日，浙商网，http://biz.zjol.com.cn/system/2017/01/03/021412652.shtml；黄平：《为"湖

州制造"植入绿色基因》，《经济日报》2017年7月11日，第14版；黄鑫：《坚守实体经济　坚持绿色发展》，《经济日报》2017年11月26日；谢尚国、邵鼎、王恒利：《天能集团践行绿色发展理念　工厂如同花园　产品全能回收》，《人民日报》2018年3月22日，第15版；李佳霖：《打造闭环式绿色产业链》，《经济日报》2018年4月9日，第14版；白雪：《动力电池将迎大规模报废　加强再生循环利用是关键》，《中国经济导报》2019年4月11日，第5版。

 ## 案例分析

　　天能集团致力于动力电池、电动车用电子电器及风能及太阳能储能电池等绿色动力能源的研发、制造和销售，经过30多年的不断探索和发展，不仅在电动车动力电池制造行业处于领先地位，更在绿色发展的道路上越走越稳，成为中国新能源动力电池行业的龙头企业，天能集团的绿色发展经验主要有以下几点：①坚定绿色发展理念，推广清洁生产，铸造行业标杆。天能集团重视清洁生产与集团领导的"绿色情结"密不可分，坚持走绿色可持续发展道路，生产绿色、清洁、环保的新能源产品，攻坚克难探索绿色生产和废电池回收处理。历经4年的转型阵痛，完成设备的调试和技术的革新，产业园终于在2014年扭亏为盈，守住了环境保护的生命底线。在绿色理念的指导下，积极开发铅酸类环保电池新产品，加快发展锂动力电池业务，兼顾发展其他相关业务，矢志成为全球领先的绿色能源供应商。天能集团成为铅蓄电池行业的标杆，也带动了全行业绿色发展标准的提升，充分践行了绿色发展的理念。②加大资金投入，助力绿色发展。天能集团不惜投入巨额资金，为绿色发展提供财力保障，有效推动了绿色产品的开发、生产和资源回收等。例如，天能集团5年间在技术改造、科研、环保上先后投入43亿元，在环保上累计投入了十几亿元，并且这一数字呈逐年递增态势，这从侧面印证了天能集团对环保工作的重视。天能集团坚持每年的研发投入不低于销售额的3%，历年来累计投入研发费用达10亿元以上，有力地保障了天能集团在新能源产业领域持续稳步快速发展。2016年以来，公司累计计划投资70亿元，建设3大新能源项目和1个绿色制造产业园，全部围绕绿色低碳产业来做文章，实现了经济效益、社会效益、环境效益的统一，也验证了"绿水青山就是金山银山"。③智能化技术赋能绿色制造。"践行绿色发展，科技创新是前提"。天能集团重视科技创新的驱动作用，聘请国内外行业顶尖专家，通过机器换人、智能制造等手段不断提高绿色生产水平，先后承担国家科技支撑计划2项，国家政策引导类项目35项等，牢牢把握行业绿色发展的契机，积极推进智能制造、绿色制造。在智能制造的支撑下，天能锂电的智能化工厂成为国家工信部的"智能制造综合标准化与新模式应用项目"，成为浙江省唯一入选的锂电项目。借助自动化工艺技术设备实现产品和生产方式的全方位环保。智能制造推动天能集团进一步提高了清洁生产的能力，废水、废气都得到了有效处置。这些成效印证了天能集团在智能制造和绿色发展上的成功实践。
④在战略转型中植入"绿色基因"，准确把握绿色发展的着力点。天能集团将"绿色"作为转型升级过程中的优先选项，通过产品的生态设计，从材料源头确保电池环保和安全的性能；在行业内率先履行生产者责任延伸制，开展废旧电池回收，发展循环经济产业，实现了对电池的全生命周期管理，绿色发展的步伐愈加稳健。同时紧跟行业发展趋势，面对新能源动力锂电池再生循环利用这一新兴领域进行长远规划，加快布局新型产业，探索废动力电池回收利用市场，把握绿色发展的契机。⑤构造循环经济"一圈一链"驱动发展。天能集团投资建设的循环经济产业园成为国内乃至国际先进的废电池无害化回收基地和再生铅示范工程。以"一圈一链"促进企业可持续发展，打造出了国内铅蓄电池行业的一条"生产—销售—回收—冶炼—再生产"的闭环式绿色产业链，提升资源利用率的同时推动了再生铅行业的转型升级，通过水资源多级利用以及废料回收打造节能产业园，通过"一圈一链"来促进可持续发展。天能集团建设循环经济生态圈并复制推广，打造绿色智造产业链，引领绿色、智能制造全产业链，全力打造回收体系"绿色能源循环产业领导者"的地位，确保了集团总体新能源战略实施，也带动了产业链上下游的发展。

天能集团紧跟时代潮流，响应国家政策，大刀阔斧进行企业转型改革，数次被评定为绿色工厂、供应链示范企业，为无数行业企业提供典型绿色范例，真正实现了转型发展、绿色发展，不仅创造了经济效益，更收获了社会效益和生态效益。

本篇启发思考题目

1. 新能源企业如何处理好高能耗与环境保护的矛盾？
2. 新能源企业进行战略转型升级需要哪些条件作为支撑？
3. 我国新能源企业当前发展循环经济主要面临哪些问题？

4. 科技创新在新能源企业绿色发展中发挥什么样的作用?

5. 新能源企业如何以绿色理念推动绿色生产?

6. 新能源企业如何在市场竞争中提升产品竞争力?

7. 新能源企业如何打造绿色产业链?

8. 新能源企业发展循环经济的着力点是什么?

第四篇
杭钢集团：去钢心似铁　逐绿志如山

 公司简介

　　杭州钢铁集团有限公司（以下简称杭钢集团）创建于 1957 年，是一家以钢铁为主业，多元化发展的大型企业集团。杭钢集团大力实施"钢铁主导、适度多元、创新应变、做大做强"的发展战略，目前已形成以钢铁为主业，房地产、贸易流通、酒店餐饮、环境保护、科研设计、高等职业教育等产业并举的发展格局。2015 年，杭钢集团实现了"三无"目标，成为全国去产能的典范，被业界誉为"杭钢奇迹"。半山钢铁基地的关停为杭钢集团转型升级开启了一个全新的时代。2016 年 8 月，杭钢集团在"2016 中国企业 500 强"中排名第 179 位。截至 2018 年底，杭钢集团拥有总资产 672.98 亿元，全资及控股一级子公司 38 家，其中杭州钢铁股份有限公司（600126）为上市公司。2019 年 9 月，杭钢集团位列 2019 中国制造业企业 500 强榜单第 79 位。

案例梗概

1. 杭钢集团联手"清华紫光"成立"富春紫光"，重点开拓城市污水处理市场。
2. 研发污泥深度脱水、污泥干馏制生物炭等环保核心技术，解决污泥处理难题。
3. 以并购重组、强强联合为实现手段，借助环保产业基金，迅速推动节能环保产业。
4. 明确提出实施"四轮驱动""创新高地"的战略思路，看好企业绿色发展的未来。
5. 关停半山生产基地，主攻节能环保产业，培育智能健康、检验检测两大产业。
6. 加强与行业领先企业战略合作，组建专业大气治理公司，拓展新能源产业。
7. 坚持核心技术支撑+金融平台支持"两条腿"走路，打造相对集中的产业生态圈。
8. 开发恶臭有害废气生物净化技术和设备，参与脱硫脱硝、工业烟粉尘治理。

关键词：并购重组；综合节能；全产业链；环保核心技术；节能环保产业

　案例全文

杭钢集团成立 60 多年来，大致经历了 3 个发展阶段：1957~1995 年，以生产钢铁为主的第一次创业；1995~2015 年，整合冶金集团后以钢铁和非钢产业共同发展的第二次创业；从 2015 年 8 月开始，以关停半山钢铁基地为标志的第三次创业。2016 年，杭钢集团在浙江省国有企业中利润排名第 5 位，实现了产能压缩、结构优化、效益倍增、平稳转型的阶段性目标。2016 年 10 月 10 日，由杭钢全资组建、承载着杭钢人转型升级期望的浙江省环保集团挂牌成立。2017 年，杭钢集团在土地减少 2862 亩、职工减少 1.2 万人的情况下，实现了营业收入 933 亿元、利润 25.04 亿元，为历史最高水平 2 倍多。从黑色金属冶炼业迈向绿色节能环保产业，杭钢转型的这一大步凝聚着杭钢人多年的探索、创新和积累，熔铸了杭钢人壮士断腕、凤凰涅槃的勇气和信心。历经近一个甲子岁月洗礼的杭钢，正翻开历史新的一页：上万名杭钢人，正用自己的汗水和担当，谱写新的人生华章。

成立于 1957 年 4 月的杭钢是浙江黑色金属冶炼业的龙头老大。浙江现代国有大工业的大幕从杭钢开启，长期以来，杭钢一直是浙江地方工业的骄傲，是全国冶金行业中型钢厂的标杆。但是，随着杭州城市的快速发展，原先地处远郊的杭钢逐渐被包进了杭州主城区。在早些年，杭钢已经主动规划 2017 年关停半山基地。但新的形势要求和百姓对进一步改善环境质量的期盼，让杭钢在浙江省统一部署下提前实施关停计划。

转型探索　鹭鸟为证

诞生于大炼钢铁热潮中的杭钢，也曾走过大发展、高污染的道路，但从 20 世纪 90 年代起，环保治理就开始成为杭钢的重中之重。过去 20 多年来，杭钢多次进行大规模环保改造：高炉、转炉加装多重除尘设备；炼钢、炼铁、炼焦产生的煤气被尽数回收；热电厂从烧煤炭改烧煤气、天然气……约 2000 年前后开始，每年都有大批鹭鸟来到杭钢厂区的马岭山安家。焦化厂一般是常规钢铁企业中污染排放最多的地方，但紧挨焦化厂的马岭山如今已成为杭州最大的鹭鸟栖息地，每年春天有数万只白鹭以及灰鹭、黄鹭来此栖息繁衍，一直到秋天才离开。伴随着杭钢环保改造发展起来的还有工业旅游，到杭钢参观的人不仅可以看到现代化钢铁生产的整个过程，还可以登马岭山赏落霞和群鹭齐飞的风景……也是在 2000 年，和白鹭一起新出现在杭钢的，还有浙江富春紫光环保股份有限公司。2015 年，杭钢环保产业板块实现营业收入49.13 亿元，利润 1.9 亿元。以污水处理领衔的环保产业蓬勃发展，不仅让杭钢明确了未来发展方向，也让众多杭钢人找到了人生新起点。

有序关停 真情安置

2015 年 3 月 3 日，浙江省委、省政府决定 2015 年底关停半山钢铁基地后，杭钢上下众志成城，陆续完成了水、电、气等社会职能的移交，解决了十几个历史遗留问题，完成了重大资产重组，制订了半山钢铁基地关停方案。有序关停，更要真情安置。杭钢在职工分流安置方案起草过程中有一个非常明确的指导原则——既依法依规，又合情合理。为此，杭钢集团先后召开 57 次会议，听取各方意见，最终于 2015 年 11 月 23 日公布职工分流安置草案，在广泛听取员工意见、反复修改后于 2015 年底经职工代表大会高票通过方案。最后通过的分流安置方案中，每位分流职工都有 12 个安置选项，选择服务输出、自主创业还有 6 年的过渡期；各类员工群体之间做到了相对平衡、公平；工龄补助标准在省属国企及全国同行业领先；针对 700 多名 45~49 岁从事高温等艰苦岗位特殊工种累计满 9 年的职工，还有特殊政策。杭钢小轧公司维修青年工人万登峰，分流后选择了自主创业，投入 2 万多元在长兴包了 10 亩地，种下了中药覆盆子，还在网上卖土鸡。"杭钢给分流员工自主创业有 6 年的过渡期，五险一金公司帮着交，趁现在年轻正好闯一闯"。小万对未来信心满满。"感谢杭钢分流员工识大体、顾大局的奉献精神"。杭钢集团党委书记、董事长陈月亮说，"关停意味着很多人的个人利益要受影响，但即使这样，1.2 万名分流安置员工没有一人越级上访，的确不容易！"

2016 年 1 月 22 日，杭州大雪纷飞，46 岁的杭钢一号高炉值班工长杨杭明，冒雪来到杭钢人力资源开发服务有限公司，签下了一份劳务派遣合同。根据协议，他将赴上海一家民营装修企业从事人事管理工作。至此，杭钢半山钢铁基地关停后的职工分流安置工作基本完成。上万名杭钢工人和杨杭明一样，从此开始新的人生。

钢厂停产 提早"预谋"

据统计，2014 年，杭钢半山生产基地全年 SO_2、NO_x、烟（粉）尘、

COD 和氨氮等排放量分别为 6205 吨、4547 吨、25844 吨、41.9 吨和 2.6 吨。"十里钢城"关停后，杭州城区环境质量得到全面改善。然而，对于杭钢集团来说，半山生产基地关停后怎么办，集团业务将走向何方？杭钢集团党委书记、董事长陈月亮给出了明确答案："我们根据省委、省政府要求，经过大量调研与论证，将推进转型升级的主攻方向定为环保产业。"2015 年 9 月以来，杭钢集团确定了"高端、创新、绿色、特色"的发展方向，主攻节能环保产业。"作为省属国有企业，杭钢集团理应主动担当，将省委、省政府以'五水共治'为重点的环境保护重大决策和浙江经验转化为先进的商业模式"。陈月亮表示。其实，从黑色金属冶炼迈向绿色节能环保，杭钢集团早有行动、准备充分。在从事钢铁生产的同时，杭钢集团自 20 世纪 90 年代就开始探索发展环保产业，早在 2000 年就成立浙江富春紫光环保股份有限公司，涉足污水处理行业。经过 16 年的发展，富春紫光环保公司已成为浙江省最大的污水处理企业。台州临海市城市污水处理厂、衢州市常山县天马污水处理厂、温州中心片区污水处理厂，都是由富春紫光环保公司承接运行的。

浙江富春紫光环保股份有限公司重点开拓城市污水处理市场，把黑色污水变清，从中培育杭钢发展的新产业。浙江第一个污水处理 BOT 项目临海城市污水处理厂、第一个污水处理 PPP 项目常山天马污水处理厂、亚洲最大半地下式污水处理项目温州中心片污水处理厂，都是富春紫光环保公司建设运营的。目前，富春紫光环保公司在全国各地运营的 30 家项目公司中，浙江省内公司有 16 家，运营污水处理厂 19 座、自来水厂 2 座。多年的环保生产营运实践，让杭钢集团具备较强的环保核心技术。比如，在污水处理厂污泥处置方面，成功研发了污泥深度脱水、污泥干馏制生物炭等核心技术，有效破解了污泥处理的难题。除此之外，杭钢集团旗下的新世纪再生资源公司、浙江省冶金研究院、浙江省工业设计院等企业和科研院所均长期从事环保业务。2015 年，杭钢集团仅环保产业板块就实现营业收入 49.13 亿元，利润 1.9 亿元，总资产 34.4 亿元。

力去产能　全国典型

2015 年 3 月，浙江省委、省政府做出了当年底关停半山钢铁基地的决定。在明确关停半山钢铁基地后的半年时间里，出现了许多新情况、新问题。杭钢集团在浙江省委、省政府的坚强领导下，在省国资委等有关部门和杭州市的大力支持下，壮士断腕、攻坚克难、主动担当，圆满完成了省委、省政府交给杭钢集团的重任。在从 2015 年 8 月 24 日到 2016 年 1 月 22 日的 150 天里，以"五加二""白加黑"，平均每天工作在 16~17 小时以上的超常规工作状态，化解了涉及 2 万人次的 19 个历史遗留问题，全面安全关停半山钢铁基地 400 万吨产能，平稳有序分流安置 1.2 万人，实现了"无一人到省市区政府上访、无一人到杭钢集团恶性闹访、无一起安全生产事故发生"的目标。2016 年 7 月 26 日，钢铁行业化解过剩产能现场经验交流会在杭钢召开，23 个国家部委、全国各省对口政府领导参加。国家发展改革委、工信部、人社部、国资委等部委分别先后到杭钢调研指导，45 家钢铁企业来杭钢学习参观。

筑巢引凤　改善环境

半山钢铁基地关停后，杭钢集团根据"创新高端绿色特色"的定位和"产城融合、创新高地"的要求，重点做好资产处置、战场打扫、历史遗留问题处理、风险资产和困难（僵尸）企业化解等工作，营造良好的投资环境。

加快推进资产处置和土地移交。杭钢集团坚持"依法依规、国有资产不流失、处置效益最大化、不留历史遗留问题"的工作原则，切实做好半山钢铁基地资产评估、挂牌招标、谈判签约、方案审核、安全交底、现场监管等各项工作。用时 250 天，全面完成半山基地移交地块原值 43.57 亿元、净值 13.91 亿元，共计 26 个资产包的公开挂牌和对外处置工作，处置总回收价值为 4.64 亿元，远高于评估公司对外转让资产的评估价。完成了约 22.26 万平方米的无证房产和部分土地的确权工作。做好新世纪钢铁市场关停工作，针对新世纪钢材市场商户情况错综复杂、期望值高、清退时间紧、工作难度大等情况，专门研究、成立班子、明确方法、确定目标、现场驻点办公，发扬"蚂蚁啃骨头精神"，历时 120 天左右，完成了 371 家商户、涉及近 3000 名从业人员的有序清退工作。2017 年 10 月，杭钢集团全面完成 2862 亩土地及工业遗存建筑的移交工作。

加快困难（僵尸）企业处置化解和历史遗留问题处理。杭钢集团积极推进风险资产和困难（僵尸）企业处置化解工作，成立了杭钢集团总经理任组长的风险资产和困难（僵尸）企业处置化解工作领导小组，制定《关于推进困难企业（僵尸企业）处置和风险资产化解工作的若干意见》和《杭钢集团风险资产化解工作年度考核方案》，落实责任领导、责任单位，建立"一企一策、一笔一策"的化解方案。对僵尸（困难）企业采取扭亏为盈、股权转让、清算注销等方式，穷尽一切办法予以化解。目前，26 家困难（僵尸）企业已完成 22 家，其中 7 家僵尸企业已完成 6 家，未完成的 1 家正在处置中。加强责任落实与考核，截至 2017 年底，累计收回风险资产金额 3.29 亿元。加快推进历史遗留问题的化解，用一年多时间完成了宝钢集团有限公司遗留给宁波钢铁有限公司 12 个历史问题的处理。处置杭州移交土地上的 5 家历史遗留问题企业，转出土地 3000 余亩，节约能耗 220 万吨，压缩资金 29 亿元，实现了资源有效配置。

加快半山基地"创新高地"建设。围绕"产城融合，创新高地"的要求，坚持"创新、高端、绿色、特色"发展理念，充分结合半山基地自身资源和杭州市相关规划实际，完成了半山特色基地规划的编制工作，进一步明确了半山基地今后的发展方向。解放思想，走出半山，主动出击，加大新产业项目引进力度。通过人才选拔、组建项目组、集中力量加大招商引资力度等方式，既锻炼了队伍，又积累了一批优质项目。加快实施决战半山行动计划，全面推进启动区基础设施建设，加快实施浙江智能健康创新园（薄板区域）建设项目，与多家园区运营商和入驻意向企业保持密切沟通，积极探索园区运营和商业模式，努力发挥半山基地窗口和平台作用，助推"创新高地"建设。

明确规划　打造亮点

在制定企业"十三五"规划时，杭钢集团明确环保产业是推进转型升级的主攻方向。新上任的省环保集团总经理吴黎明介绍，杭钢集团已制定节能环保产业发展规划，不但涵盖"五水共治"，还包括清淤土、治渣土、消毒土、除弃土、利废土的"五土整治"，以及控烟气、降废气、除臭气、减尾气、消浊气的"五气合治"。除了组建浙江省环保集团有限公司，杭钢集团还要成立浙江节能环保产业基金，组建浙江省节能环保技术研究院、浙江省节能环保产业学院、节能环保装备制造公司，建设智慧节能环保信息平台，设立环保医院等。省环保集团要成为浙江省经营规模最大、竞争力最强、经济效益最好、品牌价值最高的国际性综合节能环保服务商。

在新编修的"十三五"规划中，杭钢集团提出构建"2+2"产业架构：主攻节能环保产业、做强做优钢铁制造及金属贸易产业，培育智能健康、检验检测两大产业。同时，以半山基地 1700 多亩自留土地为基础，按照"创新、高端、绿色、特色"的理念，通过引进创业团队和大项目、大公司等途径，把这里建设成以快乐健康、智能环保产业为主导，产城融合的创新基地，努力打造全国城市钢厂关停实施转型升级的样板、全省国有企业转型升级的示范、杭州北部城区经济发展的新亮点。据悉，目前已有 5 个项目正在实施中，正在洽谈的重大项目还有 15 个。陈月亮说，环保事业是民生事业，环保产业是朝阳产业。建设"美丽中国"、打造"两美浙江"，都对发展环保产业提出了重要命题。作为省属国有企业，杭钢集团理应主动担当，将省委、省政府"五水共治"等重大决策和先进经验转化为先进的商业模式，带头做"两山"理论的践行者。从黑色冶炼积极转型绿色环保的杭钢集团，目前在产业转型升级路上迈出了新的一步，成立浙江环保集团有限公司，成为国内城市钢厂关停实施转型升级的样板。浙江环保集团成立之后，除在污水治理方面继续发力之外，还将涉足土壤治理、大气治理等方面。同时，杭钢集团提出了"十三五" 3 个百亿目标，即努力在"十三五"规划期间组建 100 亿元环保产业基金，完成 100 亿元环保投资，实现 100 亿元销售收入。

寻求合作　力求突破

杭钢集团坚持目标引领，认真贯彻党的十九大和浙江省委第十四次党代会精神，顺应新时代绿色发展的要求，大力发展环保、智能健康、教育与技术服务产业，先后成立浙江省环保集团、浙江杭钢职教集团、中杭检验监测中心、智能健康有限公司、浙江省数据管理有限公司、幸福之江资本运营有限公司等 7 家公司。

节能环保产业取得新突破。作为省属国有企业，杭钢集团带头做"两山理论"践行者，勇当浙江绿水青山的守护者和捍卫者。2016 年 10 月 10 日，杭钢集团成立浙江环保集团有限公司（以下简称"环保集团"），除了在污水治理方面继续发力外，还将涉足土壤治理、空气治理等方面。目前，环保集团围绕水、固废、装备制造等重点领域拓市场、谈项目、抓落实，储备了 170多个优质项目。2018 年初，"钱水建"等三家公司无偿划转进入环保集团，迅速壮大了环保集团的产业规模。后期，杭钢集团计划设立 100 亿元环保母基金，以此撬动 1000 亿元环保产业投资，兼并收购一批节能环保项目；加速推进以城市垃圾处理为重点的固废处置、以水处理设备为中心的装备制造、工程技术等环保业务板块的开拓；全力拓展水务市场，计划到"十三五"规划末达到 1000 万吨日的水处理能力。

教育与技术服务产业激发新能量。职业教育产业围绕"弘扬'工匠精神'，打造'工匠摇篮'"的总要求，坚持抓合作促发展，努力探索职业教育产业化、市场化、国际化的发展道路，积极寻找接洽各类教育合作项目，通过与多个职业院校、政府部门、教育机构及国内外企业进行对接考察，签订了一批涉及职教方面的合作意向或协议，形成了以节能环保、健康护理、检验检测、中外合作办学等一批既符合全省经济发展和产业布局，又具有较强可行性的教育合作项目，其中下沙培训基地项目、杭钢圣西尔军拓项目已投入运营。2018 年初，职教集团与德国北德集团强强联手，正式签约联手培养检验检测人才。

提质增效　加快升级

杭钢集团按照党的十九大提出的加快建设现代化经济体系的要求，坚持质量第一、效益优先，以供给侧结构性改革为主线，推动经济发展质量变革、效率变革、动力变革，提高全要素生产率。

打造循环经济。杭钢集团按照"高端、绿色、特色"的要求，投资 20 亿元，集中实施更新、改造、新建宁钢环保改造项目，将宁钢打造成以"循环利用、绿色清洁、高端高效"为重点的全国钢厂循环经济标杆企业。宁钢紧紧围绕"奋斗两个五年，再建一个杭钢"的总体要求，以"调结构、提质量、增效益、促发展"为工作主线，牢牢把握国家供给侧结构性改革、全面整治"地条钢"等有利条件，狠抓提质增效，经营业绩实现跨越式增长。2017 年，实现销售收入 220.8 亿元，报表利润 20.86 亿元，同比分别增长 37% 和 165%。其中，全年特色产品开发总量和效益均达到新的历史水平，成功研发优特钢、汽车钢、深冲钢等系列新产品 17 个。同时，完成了宁钢 200 万吨短流程技改项目的产能交易和产能置换工作，为钢铁制造产业持续健康发展创造了条件。

金属贸易产业打造新优势。杭钢集团积极整合金属贸易产业内部资源，有效汇聚上下游及相关辅助产业，通过信息、资源、人才共享，打造新载体，迸发新实力。成立浙江钢联控股有限公司，对原有分散的贸易类、钢铁相关公司进行有效整合，推进资源共享，着力防控风险、增加效益。加强集团内同质化竞争行业的整合，将浙富春、宁钢国贸、杭钢外经贸整合成新杭钢外贸。浙江省冶金物资公司、杭钢工（国）贸公司以及杭钢外贸等贸易公司面对商贸流通领域新形势，继续保持稳健的经营思路，切实加强风险管控，扎实推进管理思路、经营模式、品种渠道开拓以及服务等方面的创新，主动参与杭州市亚运经济和"大湾区、大花园、大通道"建设机遇，努力提高经营管理水平，提升经济效益。

提高其他传统产业发展质量。积极推进科技创新，冶金研究院着力加强科研人才队伍建设，进一步提高科技创新能力建设，加大在国家、省重点工程领域的市场突破，开发出钎焊材料并获得科技部二等奖。工业设计院积极开拓商业模式，由简单的民用设计扩大到小城镇及特色小镇的整体规划设计和总承包，并建立风险可控的管控机制。房地产业在做好现有房产项目转让相关工作的同时，进一步理顺内部管理，积极探索企业转型发展之路。酒店旅游产业找准切入点，发挥协同效应，在做足存量的基础上，有效开拓市场，不断推进新理念、新模式、新业务发展。两所学院积极发挥自身优势，深化校企合作，进一步推进产教深度融合。

 案例延伸1

三个百亿如何实现？

以并购重组、强强联合为手段，核心技术支撑+金融平台支持"两条腿"走路。对于今后的发展，杭钢集团已有明确的节能环保产业发展规划。陈月亮表示，发展目标为实现"三百计划"，即通过"十三五"规划期间，组建100亿元环保产业基金、完成100亿元环保投资、实现100亿元销售收入，打造成为位于浙江的国际性综合节能环境服务商。据介绍，杭钢集团将充分发挥集团产业基础、人才技术、资金实力、融资平台、土地资源以及国企品牌、社会影响力等优势，拓展水处理技术、水处理运营管理、环保装备制造、大气污染治理、固废处理等业务，努力构建"1+3+N"节能环保产业格局。其中，"1"即一个"共治、共赢、共享"的经营理念。"3"即涵盖治污水、防洪水、排涝水、保供水、抓节水的"五水共治"，清淤土、治渣土、消毒土、除弃土、利废土的"五土整治"，以及控烟气、降废气、除臭气、减尾气、消浊气的"五气合治"的"三五联治"发展体系。"N"即打造N个创新发展平台，主要包括：组建浙江环保集团有限公司；搭建资本运作和投融资平台，成立浙江节能环保产业基金；组建浙江省节能环保技术研究院，设立浙江省节能环保产业学院，成立节能环保装备制造公司，建设智慧节能环保信息平台，组建环境医院等。

杭钢集团发展节能环保产业的路径和切入点也非常明晰——以并购重组、

强强联合为手段，借助环保产业基金，迅速推动节能环保产业做大做强。围绕浙江"五水共治"，浙江环保集团将以治污水为核心业务，通过"重组并购+运维""环保+互联网"模式，形成水务全产业链。在"五土整治"上，以清淤土和治渣土为重点业务，积极开拓河道修复、污泥处理、土壤治理、垃圾处理等市场，探索发展贵稀金属、钢铁等再生资源循环利用业务。在"五气合治"上，以控烟气为重点业务，加强与行业领先企业的战略合作，组建专业大气治理公司，积极参与脱硫脱硝、工业烟粉尘治理等业务，开发恶臭有害废气生物净化技术和设备，并积极拓展新能源产业。

陈月亮介绍说，杭钢集团将坚持核心技术支撑+金融平台支持"两条腿"走路，积极拓展针对各类园区和特色小镇的环境综合治理业务，发展以环保装备为主的装备制造业，打造相对集中的产业生态圈。而退出钢铁生产的杭钢集团半山基地，将围绕杭州市 26.7 平方公里的杭钢新城规划，以半山基地1700 多亩自留土地为基础，按照"创新、高端、绿色、特色"的理念，有效激活厂区的空间更新和文化遗存价值，把半山新产业基地建设成以快乐健康、智能环保产业为主导，产城融合的创新基地。

杭钢集团晒出 2016 年成绩单：销售收入 702 亿元、利润 13.27 亿元。在半山钢铁基地关停一年后，杭钢一手抓稳定，一手抓发展，从黑色冶炼转型绿色环保，已实现钢铁产能压缩、产业结构优化、经济效益倍增、转型升级平稳过渡的目标。作为一家以钢铁为主业、多元产业协调发展的国有企业，半山基地自 1957 年建厂以来，累计生产铁 4903 万吨、钢 6265 万吨、钢材6136 万吨，近 60 年为浙江经济建设和社会发展做出了重要贡献。而面对环保压力和行业困境，2015 年，浙江省委、省政府做出当年年底关停杭钢半山基地的决定。"职工误以为'关停半山钢铁基地就是关停杭钢'，涉及 2 万人次的 19 个历史性遗留问题在一段时间里集中爆发"，杭钢集团董事长陈月亮表示，在关停产能过程中，妥善解决职工分流安置问题是重中之重，也是企业转型升级的前提和基础。召开 57 次专题会议、单独听取 2500 多名员工的意见、对各条政策进行上百次的定量分析与测算……杭钢集团历时 5 个月，完成了半山基地 400 万吨产能全面安全关停、1.2 万人平稳有序分流安置，实现了"无一人到省市区政府上访、无一人到集团公司恶性闹访、无一起安全生产事故发生"的目标，成为全国性去产能典型，被誉为"杭钢奇迹"。

平稳安置员工是杭钢集团转型升级的第一步。与此同时，杭钢集团加速发展绿色环保产业，其环保企业在全国运营污水处理厂 30 余家，是浙江省污水处理规模最大的企业。2016 年，节能环保、智能健康、检验检测等新兴产业发展势头趋好，销售收入与利润同比分别增长 34. 12%和 23. 67%，非钢产业利润约占 55. 5%。中杭监测技术研究院的前身是中轧厂礼堂，也是"杭钢人"曾经的电影院。依托原有的高中低压完备的供电设施和电气工程员工，杭钢和一家民营企业合股开办了短路检测容量省内第一、国内领先的中低压电器实验室，负责家电等电器产品检测。这是杭钢转型升级的第一个新产业，2016 年经营额已达千万元。浙江省冶金研究院是隶属杭钢的国家高新技术企业，先后开发的 9 种金属 3D 打印材料，为我国金属 3D 打印产业发展提供了材料支撑，其下属亚通焊材开发的"钎料无害化与高效钎焊技术及应用"成果获 2016 年度国家科技进步二等奖。公司总经理顾小龙介绍，2016 年，共销售金属 3D 打印材料 10 吨，收入达 500 万元，比钢材贵 100 多倍，利润约占一半。半山钢铁基地关停后，杭钢面临着新与旧的交替、破与立的交织、兴与衰的博弈。唯有解放思想、改革创新，才能推动杭钢集团第三次创业实现新跨越。

 案例延伸2

开辟从"黑"到"绿"的转型之路

黑色污水 孕育希望

杭钢所属的浙江省工业设计院、冶金研究院等科研院所长期从事污水处理设施设计等环保业务。2016 年，杭钢集团污水处理领衔的环保产业的蓬勃发展，污水处理规模达到每天 400 万吨，年利润过亿元，让转型升级中的杭钢集团看到了未来发展的方向，也让众多因钢铁产能关停而面临分流安置的杭钢人找到了人生的新起点。

40 岁出头的马为卿如今是"富春紫光"的工程师，在杭钢炼铁厂综合站工作了 20 来年的她，经历了转岗分流的考验。"在炼铁干了 20 年的自动化，我们的自动化在业内同类炼铁厂中也算小有名气，但也习惯了每天按部就班的工作，突然说要提前关停分流，着实有些迷茫"。马为卿说，"正值上有老下有小的年龄要分流离岗，谁都着急啊"。"富春紫光"厂内招聘，让马为卿看到了希望，多年的自动化生产经验让她成功应聘。"污水处理厂也需要自动化，'富春紫光'五六百员工，现在管理营运着 30 个污水处理项目，大量的要靠自动化提高生产效率"。马为卿说，"离开炼铁厂进入环保水务行业，发现这里的天地很大"。

多年的环保生产营运实践，让杭钢集团积累了较强的环保核心技术。如在污水处理厂污泥处置上，研发出污泥深度脱水、污泥干馏制生物炭等核心技术，解决了污泥处理难题。同时，多年的污水处理设施建设运营维护经验，也让"富春紫光"积累了相当的市场信誉，抢占了不少市场份额。目前，"富春紫光"最远的污水处理项目已远到河西走廊。

绿色发展　引领未来

杭钢决策层更看好绿色发展的未来。在杭钢新编修的"十三五"发展规划中明确提出，实施"四轮驱动""创新高地"的战略思路。"四轮驱动"，即形成"2+2"产业架构，也就是：主攻节能环保产业、做强做优钢铁制造及金属贸易产业，积极培育智能健康、教育与技术服务两大产业。"创新高地"，即把半山基地和宁波基地打造为"创新高地"。杭钢董事长陈月亮说，环保事业是民生事业，环保产业是朝阳产业。从火红的冶炼之光到黑色烟尘、污水，到关停分流夜的皑皑白雪，到如今主攻绿色节能环保，斑斓色彩的变幻，昭示着已历经一个甲子岁月洗礼的杭钢，在壮士断腕、凤凰涅槃后，正迎来绿色发展新希望。

资料来源：张帆：《去钢心似铁　逐绿志如山——杭钢去钢铁产能转型升级纪事》，《浙江日报》2016 年 10 月 13 日，第 9 版；晏利扬：《十里钢城停炉　环保新星升起——杭钢转型升级组建浙江环保集团，打造国际性综合节能环境服务商》，《中国环境报》2016 年 10 月 25 日，第 9 版；黄全斌、徐燕飞：《杭钢转型绿色环保　2016 年盈利超 13 亿》2017 年 2 月 10 日，中国经济网，http://district. ce. cn/zg/201702/10/t20170210_20115038. shtml；张帆：《甲子杭钢　焕新生》，《浙江日报》2017 年 6 月 11 日，第 F0014 版；张一凯：《杭钢集团：壮士断腕去产能　矢志不渝添新绿》，《中国经济导报》2018 年 8 月 2 日，第 11 版。

 案例分析

在国家鼓励传统重工业绿色转型的背景下，浙江示范钢铁龙头企业杭钢集团明确将环保产业作为推进转型升级的主攻方向，从黑色冶炼积极转型绿色环保，经过不断地探索、创新和实践积累，开辟出了一条环保节能的绿色经济之路。杭钢集团以创新的绿色发展模式，丰富绿色生产冶炼和排放技术，减少资源浪费的同时获得了绿色经济效益，以下几个方面是针对杭钢绿色转型的具体解读：①树立"共治、共赢、共享"的绿色经营理念，主攻节能环保产业。例如，杭钢集团努力构建"1+3+N"节能环保产业格局，在绿色经营理念的指引下，以"高端、创新、绿色、特色"为发展方向，建立多个环保绿色研究基地，引进创业团队和大项目、大公司等，主攻节能环保产业，开展钢铁的绿色生产加工，通过核心环保技术全方位控制"三废"排放，打造全国城市钢厂关停实施转型升级的样板，并为社会带来绿色经济效益，这充分证实了杭钢集团对"两山"理论的深刻认识和实践创造的成效。②打造相对集中的产业生态圈。杭钢提出"五水共治""五气合治""五土整治"的方针，充分发挥集团产业、人才、资金等优势，积极拓展各类环境综合治理业务，发展以环保装备为主的装备制造业，打造绿色产业生态圈。围绕"五水共治"打造水务全产业链，在"五土整治"上，探索发展贵稀金属、钢铁等再生资源循环利用业务，在"五气合治"上，开发恶臭有害废气生物净化技术和设备，并积极拓展新能源产业，形成了治水、治气、治土全方位环境治理体系，有效推进了节能环保产业规划的实施，不仅补全环保生态链，极大减少污染排放，还促进了再生资源循环利用和经济效益的提升。③积极谋求绿色节能转型。例如，杭钢依托集团产业基础、国企品牌、过硬技术等进行新城规划，激活半山基地厂区的文化遗存价值并加入环保智能元素，同时通过金融平台规避价格波动风险并持续打造生态圈，创造持续稳健的经济效益。杭钢集团作为浙江传统企业转型的典范，通过投资并购、金融保值、新城规划等方式成功完成绿色节能转型，兼顾经济效益和环境效益，值得众多工业企业学习借鉴。④并购重组，强强联合，壮大环保产业。杭钢集团制定清晰的环保节能战略规划，联手"清华紫光"成立环保企业，主营城市污水处理业务。经过10多年的发展，目前"富春紫光"在全国各地运营着30家污水处理厂，是浙江省最大的污水处理企业。借助环保基金通过并购重组、强强联合的方式推动企业环保转型。在治污水业务上，通过"重组并购+运维""环保+互联网"模式，构建水务全产业链。在治气业务上，以控烟气为重点业务，加强与行业领先企业战略合作，组建专业大气治理公司，开发恶臭有害废气生物净化技术和设备，积极拓展新能源产业，有效推动了企业的绿色转型。⑤创新驱动绿色发展，注重环保技术研发。杭钢集团在生产和处理污染方面研发和引进各类环保技术，例如，关于污水和污泥处置，研发污泥深度脱水、污泥干馏制生物炭等环保技术以降低污染。战略方向定位为主攻节能环保产业，做优质钢铁和金属贸易。把半山基地和宁波基地打造为创新高地而非普通钢厂。打造创新发展平台，组建浙江环保集团有限公司，搭建资本运作和投融资平台，成立浙江节能环保产业基金等，有效实现了以创新技术驱动企业绿色发展。

作为浙江钢铁制造业的代表企业，杭钢集团主动担当，树立标杆。面对如今多元化的挑战灵活调整企业战略，带头做"两山"理论的践行者，将浙江省委、省政府以"五水共治"为重点的环境保护重大决策和浙江经验转化为先进的商业模式，勇当浙江绿水青山的守护者和捍卫者。从粗犷的生产发展到追逐绿色化、环保化的发展，将绿色生产制造、高效处理污染排放物作为最高战略定位，迎接绿色发展的未来，也一直引领着浙江钢铁产业的新时代发展。

 本篇启发思考题目

1. 如何理解绿色发展是现代钢铁企业转型升级的必由之路？
2. 传统钢铁企业探索绿色转型升级的阻碍有哪些？
3. 现代钢铁企业如何提升绿色生产的智能化水平？
4. 现代钢铁企业绿色管理中应注意哪些问题以规避环境污染风险？
5. 现代钢铁企业如何以创新驱动绿色发展？
6. 现代钢铁企业在转型升级中有哪些绿色管理思路？
7. 现代钢铁企业发展环保产业有何机遇和挑战？
8. 现代钢铁企业怎样做好"三废"综合利用？

第五篇

红狮集团：节能减排　绿色为先

 公司简介

　　红狮控股集团（以下简称红狮集团）是国家重点支持的12家全国性大型水泥企业之一，拥有水泥、环保、投资三大板块。截至2018年底，总资产406亿元、员工13000余人，是中国企业500强、中国民营企业500强和中国最大民营建材企业。红狮集团是由中国民生投资股份有限公司（注册资本500亿元）作为主发起股东、杭州银行（股票代码：600926）等四家银行作为主要股东共同成立。通过资产配置，实现资产增值，增强企业资信和防范风险能力，促进持续发展。红狮集团以高质量发展为中心，秉承"敬天爱人、至诚笃行"的信念，弘扬"专注、创新、敬业、感恩"的精神，坚持"追求全体员工物质精神幸福、推进水泥制造低碳安全环保"的使命，抓住水泥行业新阶段机遇，实现高质量发展，致力于成为国际一流的绿色建材企业。

 案例梗概

1. 红狮集团累计投入近20亿元用于环保设施建设、环保治理和厂区绿化。
2. 建设水泥窑协同处置固废系统项目，处置危险工业废物和一般工业废物。
3. 整合线下销售网点，通过与线上融合打造"水泥+互联网"，上线运营水泥项目。
4. 加大环保资金投入，推广应用先进工艺，实施电收尘、袋收尘、脱硝等环保技改。
5. 投资绿色金融和类金融行业，走产融结合发展之路，引领水泥行业转型升级。
6. 定制开发基于现有中控OCS的高级应用软件包，稳定窑况，节能减耗。
7. 依托现代信息技术，开展熟料生产线EOC智能专家优化辅助操窑系统的改造项目。
8. 考察海外市场，成立海外区域，积极开展项目前期工作，抓住"一带一路"商机。

关键词：绿色发展；技术创新；线上线下融合；"一带一路"；产融结合

 案例全文

浙江兰溪，曾因工业名噪国内。当中国经济发展进入新常态阶段，兰溪传统行业该如何转变发展方式以求突围？"红狮答案"是兰溪转变增长方式的"重头戏"之一，同样也为传统企业转型升级提供了一份可供借鉴的样本。

立足本土　精耕细作成全国 500 强

红狮集团，是一家年轻的企业——1994 年，章小华等 8 位股东创立兰溪市第六水泥厂。至 1999 年，年产能力达到 86 万吨，总资产达 1.36 亿元。进入 21 世纪，红狮集团在石灰石资源丰富的地区建设大型新型干法熟料基地，并投资建设大型新型干法回转窑生产线和大型水泥粉磨站。2007 年，可以说是红狮集团迎来的第一个转折点。当时恰逢中国建材旗下南方水泥收购潮，红狮集团不仅没有将资产变卖，反而奋力扩张，将步伐从浙江拓展到国内众多地区，包括江西、福建、四川等 10 个省。

事实上，一般的水泥厂销售半径是在 200 公里之内，但红狮集团却反其道而行之，在国内布局了 14 家子公司。也因此，其年产规模从 1994 年的 10 万吨，扩大到 2015 年底的 8000 万吨；总资产从 1995 年的 2600 万元，发展到 2015 年底的 260 亿元，由此可知红狮集团的成功，可很多人不知道的是，当时兰溪水泥行业正经历一番"洗礼"，红狮集团顶住了许多压力才站稳脚跟。兰溪市经信局党委书记、局长童永生回忆，20 世纪 90 年代，兰溪最多时拥有 37 家水泥生产企业，但出于落后工艺与先进生产线并存、水泥厂密度过大等原因，2005 年兰溪集中拆除机立窑，此后又将一些企业进行整合。"现如今只剩下了三家水泥企业"。童永生说，红狮集团就是在经历大浪淘沙的浪潮之后留下"发光的金子"。

练好内功　写好融合发展文章

近年来，为积极响应国家减排号召，红狮集团在统一组织、安排下不断进行生产线环保技术改造。红狮集团的做法是"练内功""修外功"，20 多年来秉持"一心一意做水泥"的理念，以此成就了中国最大的民营建材企业。武侠小说中，享誉江湖的武林高手均有相同的习武心得，即外招精妙，内功深厚。武侠世界如此，现实社会亦如是。在大多数人的印象中，高消耗、高污染、高排放是水泥生产企业头上的三顶大帽子。但红狮集团的厂区却整洁干净。截至 2017 年，红狮集团累计投入近 20 亿元用于环保设施、环保治理和厂区绿化。在厂区监控室，一旦相关生产线上的污染物排放数值波动异常或接近排放设定限值，电脑会自动发出提醒。"随着国家宏观经济从高速转向中高速增长，企业只有通过创新驱动，才能打造核心竞争力"。红狮集团董事长章小华说，红狮集团经营的核心策略，就是使水泥制造的每个环节都达到最前沿水平。首先是坚持技术创新，即重点研究改善水泥性能、提高烧成技术、粉磨技术等，将技术优势转变为成本优势。其次是坚持绿色发展，2014年，红狮集团投资 2.3 亿元建设了水泥窑协同处置固废系统项目，每年可处置危险工业废物和一般工业废物近 30 万吨。与此同时，实施"传统产业+互联网"，推进水泥制造与互联网深度融合。"如今水泥电商、供应链仓储、无车承运人、优煤网、供应链金融等 6 个互联网项目已上线运行"。据浙江红狮物流有限公司副总经理何军介绍，以"购水泥网"为例，企业整合线下 5000余家销售网点，通过与线上融合打造"水泥+互联网"。截至 2016 年底，用户数达到 6418 人，移动下单率达 96.7%，发货量 5911 万吨，在线交款总额 1.2亿元。此外，红狮集团还投资金融和类金融行业，走产融结合发展之路，苦练"内功"，成为了水泥行业中的佼佼者。

修好外功　进军海外扩张版图

从浙江这个红色战场的枪林弹雨中走过来的水泥企业，更具生存和竞争意识。作为传统水泥工业企业，红狮集团在发展过程中已深刻认识到产业发展的周期性，因此积极在海外寻求发展空间。"一带一路"是中国未来十年的重大发展红利，是否能充分利用好这一契机，决定着红狮集团未来的持续发展，章小华如是说道。据浙江红狮集团项目管理部副部长高山介绍，自 2012年起，企业就开始考察海外市场，2013 年专门成立海外区域，积极开展项目前期工作。目前，红狮集团已在老挝、尼泊尔、缅甸、印度尼西亚 4 个国家取得 5 个大型水泥项目。如位于万象省横河县的老挝项目，总投资 3 亿美元，建设 1 条日产 6000 吨生产线，年产高标号水泥 230 万吨。在章小华看来，随着"一带一路"倡议的实施，沿线国家基础设施投资大幅增加，水泥市场前景将更加广阔。从一家普通的民营企业逐渐成长为兰溪数一数二乃至国内有影响力的水泥企业，红狮集团使的是久久为功的韧劲，下的是艰辛深耕的苦功，靠的是"内外兼修"。在兰溪主政者看来，工业强则兰溪强，在借鉴红狮集团为推进兰溪工业经济转型服务的过程中，要根据新的形势和要求，继续促进工业经济转型升级。

"2018年2月8日，老挝万象红狮5000吨水泥生产线点火投产；2018年5月18日，尼泊尔红狮6000吨水泥生产线点火投产。红狮的'走出去'战略，既壮大了企业自身实力，又推动了目标地经济社会发展，还为兰溪带回了可观的总部税收，开创了传统产业转型升级的新模式"。这是2018年7月18日，兰溪市委书记朱瑞俊在《浙江日报》发表的题为《推动产业转型，提升亩均效益》调研报告中对于"红狮水泥"的定位。"红狮水泥"的发展为兰溪传统行业转型升级提供了一份可供借鉴的样本。而它从"灰色产业"到"绿色发展"的过程，更深入有力地践行了习近平总书记提出的推进清洁生产的绿色理念。

思路决定出路。红狮集团的成绩单是耀眼的。从2013年到2017年，红狮集团的营业收入总额依次达到了143.9亿元、187.5亿元、241.8亿元、220.4亿元、256.38亿元，总体呈上升态势。2013~2017年，该集团在中国民企500强榜单中的排名分别是第210位、第214位、第177位、第211位、第217位。在当前经济发展新常态和水泥行业去产能的大环境下，红狮集团连续五年荣登500强榜单，彰显了企业稳健的发展步伐和产业实力。融入"一带一路"，实施"走出去"战略。走出国门赚大钱，这在以前，恐怕很多企业家都未曾想过。红狮集团灵敏地嗅到了"一带一路"市场的商机。尼泊尔时间2018年5月18日上午，尼泊尔红狮希望水泥有限公司日产6000吨新型干法熟料水泥生产线点火投产，这也是继红狮集团老挝项目建成投产后，第二个建成投产的红狮集团投资的"一带一路"项目。据悉，红狮集团在缅甸曼德勒的2条日产6000吨新型干法水泥生产线和在印度尼西亚的4条日产8000吨新型干法水泥生产线正在紧锣密鼓准备中。待前期工作完成后，主体工程立即开工建设。

红狮集团将国际一流的水泥工艺、技术、装备和管理带到海外，既提升所在国水泥工业整体水平，也为当地百姓创造新的福祉。从中不难看出，红狮集团作为民营水泥企业"走出去"的排头兵，丰富的经验也将为即将走出去的广大民营企业提供参考和帮助。从立窑到新型干法，从浙江走到全国，从国内走到海外，从传统产业走向产融结合……红狮集团低调潜行，坚持走出了独有的企业成长道路，它取得的成绩也令行业刮目相看——主要有水泥、环保、投资三大板块。截至 2017 年底，总资产约 351 亿元，员工 12000 余人。在国内 10 多个省拥有 40 余家大型水泥企业，成为中国民营 500 强、中国制造业 500 强和国家重点支持的 12 家全国性大型水泥企业之一。

红狮集团始终坚持"凝聚成就未来"的核心理念，弘扬"专注、创新、敬业、感恩"的企业精神，一直坚持创新驱动和绿色发展。"我们公司水泥生产线设备先进、工艺领先、环保一流，可以说是在国内同行业中处于领先水平"。诸葛明说。"水泥产业是高耗能产业，降低耗能、实现绿色发展才能走得更长久"。在成绩面前，红狮集团没有满足于现状。诸葛明说，作为传统的高耗能产业，只有创新发展，实现科技、环保等方面融合发展，才会有更好的未来。要降低能耗，实现清洁生产、淘汰落后工艺、改造技术必不可少。红狮环保水泥窑协同处置固废项目采用国内领先的 SMP 预处理技术，实现了"资源化、减量化、无害化"终端处置，具有适用范围广、无二次污染、资源综合利用等优势。"我们的项目主机装备都是从瑞士、丹麦、德国等国家一流企业引进"。诸葛明说，预计实现年销售收入 10 亿元，每年可以解决 50 多万吨工业废渣用于生产，解决当地劳动力资源 800 人和其他产业人力资源，带动地方运输、机械加工、服务等相关产业的发展。

技术支撑 节能环保行业领先

2018 年 10 月 31 日，全省新型干法水泥窑协同处置现场推进会在兰溪召开，红狮集团水泥窑协同处置固（危）废等绿色发展经验受到与会人员的点赞、推崇。新型干法水泥窑协同处置是一种新的废弃物处置手段，可处理危险废物、生活垃圾、工业固废、污泥、污染土壤等。这项技术的主要原理是利用水泥高温煅烧窑炉来处理固废和危废，水泥窑煅烧时温度可高达 1400 ~ 1600℃，窑内呈现碱性环境，能有效避免酸性物质和重金属挥发，在这样的焚烧环境下，二噁很难形成，有机物被彻底无害化处理。在供给侧结构性改革、水泥行业去产能的大背景下，水泥窑协同处置技术成为红狮集团转型升级的新路径之一，推进节能减排和资源综合利用，加快企业转型升级和绿色发展。据了解，红狮首个水泥窑协同处置固（危）废项目于 2014 年 7 月投产，年处置能力达 33 万吨，主要依托浙江红狮 2 条日产 2000 吨、1 条日产 4000 吨回转窑生产线，实现固废"资源化、减量化、无害化、终端化"处置，为解决固废处置难题开辟了捷径。

"不仅水泥窑协同处置技术走在前列，而且企业精细化的管理、智能化的控制，也让我们大开眼界，红狮走出的绿色发展路子值得我们借鉴"。当天上午，在参观红狮控股集团及红狮环保水泥窑协同处置生产线后，江山市何家山水泥有限公司总经理助理周斌感慨不已。现场与会的不少水泥企业负责人饶有兴致地交流起来，深入探讨红狮经验给水泥企业转型发展带来的启发。"目前，我们已有 5 个水泥窑协同处置项目投产，已处置固废近 60 万吨"。当天下午的会上，浙江红狮环保科技有限公司总经理范黎明在发言时说，到2018 年底，红狮集团还将有 7 个水泥窑协同处置项目投入运营。届时，红狮集团的固（危）废处置总规模将达到每年 220 万吨，成为国内固废处置规模最大的企业之一。

在水泥窑协同处置领域，红狮环保的技术也达到了国内先进水平，经核准的危废经营类别有 25 类，可实现工业固废、城市污泥、生活垃圾等终端处置。企业建立的生产控制互联网化、生产现场视频化、生产经营信息化和固废营销集中管控化"四化"体系，更是实现了固废从收集到最终处置各个环节的安全、环保。"目前来说，我认为，在全省新型干法水泥窑协同处置领域，红狮是做得最优秀的一家企业，所以我们选择把红狮作为此次会议的现场参观点，让全省的水泥企业来参观学习"。浙江省经济和信息化厅建材冶金行业办公室主任戴迪荣说，实现水泥企业的转型，就要像红狮这样，推进企业从资源消耗型向环保产业型方向转化，加快绿色发展。会上，省经济和信息化厅副巡视员丛培江部署了推进新型干法水泥窑协同处置工作，兰溪市副市长胡作滔致辞。

浙江红狮水泥股份有限公司是一家生产高标号水泥为主的大型企业，是红狮控股集团的核心企业。走进浙江红狮水泥股份有限公司，蓝天白云，青草绿树，环境幽雅，办公室窗明几净，感觉这是一家高科技的现代化企业，其实，这是一家非常传统的水泥企业。公司现有 2 条日产 2500 吨、1 条日产5000 吨新型干法水泥生产线，年产高标号水泥 500 万吨。先后被授予浙江省"诚信示范企业"、浙江省 AA 级守合同重信用企业、浙江省绿色企业、浙江金华市非公有制经济双文明企业和金华市、兰溪市纳税大户等荣誉称号，并通过了 ISO9001 质量体系、ISO14001 环境体系和 OHSMS18001 职业健康安全体系和产品质量认证，"红狮牌"水泥是国家免检、浙江名牌产品，"红狮商标"是浙江省著名商标，是浙江、江西和福建等地市场上的强势品牌，拥有较高的市场占有率。红狮控股集团是国家重点支持的 12 家大型水泥企业之一，截至 2005 年底熟料产能列全国第六位。

绿色定位　谋求绿色经济增长

浙江红狮水泥股份有限公司成立以来，认真贯彻落实科学发展观，着力开展以"节能、降耗、减污、增效"为主题的节能减排活动，大力创建"节约型企业""绿色企业"，积极谋求经济增长方式的转变，实现了经济效益、社会效益和环境效益的和谐共赢。2006 年 8 月，公司投资 9500 万元，利用水泥生产过程中窑头窑尾余热资源，建设 2×75MW 纯低温余热发电项目。纯低温余热发电主要是利用窑头窑尾高温废气余温，通过窑头窑尾锅炉（窑废气及锅炉供水的热交换过程），使用锅炉供出的高温蒸汽冲击汽轮机组以达到发电目的。电厂共配置 2 台低温低压、装机容量为 7.5MM 的凝汽式汽轮发电机组，年发电量约 1 亿度（折合标准煤 35 万吨），可满足公司 1/3 左右的用电负荷，经济效果极佳。该项目于 2007 年 7 月并网发电，年发电能力达 1 亿度，不但可解决公司近 1/3 的用电需求，而且每年还可减少 10 万吨的二氧化碳排放。该项目被国家发改委列为 2007 年第一批资源节约和环境保护项目，给予中央预算内贴息 570 万元；同时被国家发改委批准为清洁发展机制项目（CDM 项目），并与卢森堡 MGM 碳基金公司签订二氧化碳减排指标出让协议，期限为 6 年，出让总价折合人民币约 5000 多万元。

浙江红狮水泥股份有限公司是国家"十一五"千家企业节能目标责任单位，与省经贸委签订了责任书，到 2010 年实现节能 25 万吨标准煤的责任目标。公司余热发电项目投产后，不仅可提前三年并超额完成国家节能减排目标，而且赢得了可观的经济效益，走出了一条可持续发展之路。红狮水泥公司采用的新型干法工艺，主机选用国内成熟设备，关键设备从国外引进，石灰石破碎、生料制备、熟料烧成到水泥制成等基本实现现代化、自动化及智能化，各项主要技术指标均达到国内同行领先水平。

节能降耗是实施可持续发展战略的重要组成部分，是实现经济和环境协调发展的重要举措，也是提升企业经济效益的有效途径。红狮水泥公司是国家"十一五"节能行动的千家企业之一，通过强化节能管理、落实目标责任、实施节能改造等多项措施，万元产值能耗等指标均逐年下降。据统计，2006～2009 年，该公司累计节能已达 6.9 万吨标准煤，提前一年完成了省政府下达的"十一五"期间节能 2.59 万吨标准煤的目标。"公司除了在管理制度、奖惩机制、节能管理等方面做了完善外，更重要的是加大资金投入，淘汰落后产能，应用先进的节能工艺、技术和设备，实施节能技改项目，使单位产品能耗大幅下降"。徐培生从事能源管理工作已有五个年头，介绍了"红狮水泥"在节能方面的技术改造：公司三条生产线全部采用国际先进新型干法工艺，生产1吨熟料的综合能耗是102千克标准煤，而若是湿法窑和传统立窑，生产1吨熟料的综合能耗是130千克标准煤。生产线主机选用大型立磨、高效辊压机等节能设备后，1吨生料电耗比传统管磨下降4~5千瓦时，按一个月生料粉正常产量50万吨计算，一个月下来就能节约200万~250万千瓦时，折合标准煤0.072万~0.09万吨。另外，公司自2006年以来累计投入400多万元实施节能技改，在整条生产线陆续增加了一些新的变频装置，对窑尾废气风机等大型设备安装高压变频器，年节电约360万千瓦时，折合标准煤0.13万吨。"别看一项节能技改节约下来的数量小，但节能就是靠这样一点一滴节约下来的"。徐培生说。2006年上马的余热发电项目也是红狮水泥公司节能减排的"大功臣"。据介绍，根据生产能力，红狮水泥公司每年要耗电3亿千瓦时。该项目建成后，废气发电可以使其减少1/3用电量，每年节能折合标准煤约3.5万吨，还可减少10万吨二氧化碳废气排放。"以前，窑头熟料冷却机和窑尾预热器排放掉大量的350℃及以下的废气，如今它们都成了宝贝"。徐培生说，在窑头和窑尾安装的大型设备——余热发电锅炉，可以利用水泥生产线窑尾预热器及窑头熟料冷却机废气余热，通过低压过热蒸汽进行发电。这套设备一年可以发电1亿千瓦时，相当于减少了相同数量的用电量，节能减排的作用十分明显。

桐庐红狮水泥有限公司是由红狮控股集团为主体出资设立的大型企业，注册资金10080万元。桐庐红狮水泥公司依托现代信息技术，成功完成了熟料生产线EOC智能专家优化辅助操窑系统的改造项目。该项目的成功实施，不仅创造了巨大的经济效益，也使该企业加快转型升级、打造智能化水泥厂的步伐走在了行业前列。

智能优辅　走出绿色发展新步伐

桐庐红狮EOC智能专家优化辅助操窑系统是由南京中涨信息技术有限公司技术人员在充分调研桐庐红狮生产线工艺特点、设备现状后，定制开发的一套基于现有中控DCS的高级应用软件包。系统针对水泥生产中能耗最高、污染最严重的烧成环节，通过智能控制技术对烧成系统中的关键部分，进行多变量协调控制，以频繁而精准的自动控制代替传统的人工操作，实现窑系统关键环节的自动、优化控制。在稳定窑况以及提高熟料质量的同时，节约了能源的消耗，为企业的节能增效提供了有力的保障。作为烧成反应前最重要的环节，生料预分解一直为窑操所重视。由于生料高温分解反应主要发生在分解炉内，碳酸钙的分解率也间接反映在分解炉温度上，同时温度的稳定对分解炉的操作很重要，它不仅有助于下游窑的操作，而且可以有效地减少游离氧化钙的波动，因此对分解反应的控制主要表现在对分解炉温度的控制上。但是，目前中国绝大多数的水泥厂都是手动控制该温度，由于受到煤质、喂煤量、喂料量、三次风温、煤秤波动等多方面因素影响，即使操作人员频繁调整喂煤量，也无法很好地解决该温度波动幅度大等问题。而 EOC 系统针对分解炉温度非线性、滞后性等问题，提供了有效的解决方案。将模糊控制、自适应控制与专家控制相结合，将分解炉温度实现在理想范围内稳定波动，从而保证生料分解率。并且系统实时响应速度快，调节及时、精准，在提高熟料产量、质量的同时，也减少了煤粉的消耗和热量损失，使单位熟料的能耗降到最低，实现产能最大化。

与分解炉一样，烧成系统中另一关键环节是窑头篦冷机。篦冷机的作用是将高温熟料冷却并回收热量以降低煤耗，而对篦冷机控制的关键是使料层厚度分布均匀，由于篦冷机篦下压力一定程度上表征了料层厚度，因此将熟料厚度分布控制均匀就是通过控制篦冷机移动速度将篦压稳定在理想范围内，这也有助于提高二次风温和三次风温的稳定性。该过程是一个非线性的多变量过程，多个篦压与多个篦速相互关联，而且与二次游离氧化钙的波动有关。针对篦冷机的控制特点，EOC 系统采用预测控制技术与专家控制技术相结合的方式，通过先进控制算法的优化计算，对篦速实现自动、精确调节，以使篦下压力稳定波动。

EOC 专家优化辅助操窑系统将智能控制技术运用于大滞后、时变性和非线性的水泥生产过程中，改变了窑系统长期处于人工控制的状态，降低了窑操的工作难度和强度，同时该辅助系统的使用，操作人员可以通过人机配合更加全面地完成实时操作、精准调节，最终达到生产线窑况稳定、改善品质、提产增效、节能降耗的目的。

如果你来到桐君街道君山村，一定要到桐庐红狮水泥有限公司走一走，因为在这座钢筋水泥的围城里，可以感受到不一样的"柔情"。"你看这些树木成长得都很好，叶片也是干净油亮，漂亮得很"。该公司职工边走边笑着说，在这座"花园式工厂"里的每棵树、每片叶子都是他们环保工作的指示标，处处彰显着"铁汉"的"柔情"。该公司是红狮控股集团公司投资设立的大型水泥熟料生产企业，目前拥有 1 条日产 4000 吨新型干法水泥熟料生产线，并配套建有纯低温余热发电、矿山石灰石破碎及水运码头。"我们的生产工艺采用国际先进的新型干法技术"。该公司工作人员介绍，生产所需的关键设备都是从丹麦、德国等世界一流公司引进，生产自动化控制则采用 DCS 集散自动控制系统，窑尾采用布袋收尘，环保实施国家在线联网监测，这些在国内同行业中均处于领先水平。自落户桐庐县以来，该公司积极响应国家"创新、协调、绿色、开放、共享"五大发展理念，坚持把做好环保工作当作提升竞争力的重要手段，也作为企业应承担的社会责任。他们坚持推进创新驱动，加大环保投入，采用国际一流的工艺、技术和装备，实施水泥窑协同处置固废项目、节能环保技改等，强化环保基础管理，提升整体管理水平，用"安全、环保、低碳"方式制造产品，实现绿色发展。

众所周知，国家对水泥行业制定了严格的环保标准，但"桐庐红狮"却有一套比其更严苛的高执行标准，其不仅将二氧化硫、氮氧化物、粉尘、噪声等纳入环保考核指标，而且通过提高考核标准，提升企业环保整体水平。同时，为确保达标排放，该公司还加大环保资金投入，实施环保技术改造，推广应用先进的环保工艺、技术和装备，并实施电收尘、袋收尘、脱硝等环保技改。截至目前，"桐庐红狮"在环保方面已累计总投入资金 0.6 亿元。其中，最值得一提的是该公司实施的水泥窑协同处置固废项目，该项目利用水泥窑温度高、热容量大、停留时间长等优势，对城市污泥等一般工业废弃物进行无害化处置，不产生二次污染，成为城市净化器，为"五水共治"做出了贡献。

"以前，大家一提水泥企业就摇头，可是现在你看看，不要说厂区周边，就是厂区里面，空气也是清新的，面貌也是靓丽的"。一名职工说，为了守护现在的这些建设成果，红狮集团成立了"集团—子公司—车间"三级环保管理网络，明确分工，责任到人，做到事事有人管。集团每月开展环保专业审计，审计结果与考核挂钩，一旦发现问题要求及时解决。为此，该公司还将环保在线监测、现场监控等接入生产控制中心，中控操作员 24 小时有专人负责。同时，该公司坚持创新驱动，加大技术研发投入，掌握水泥制造各环保前沿技术。如积极开展创客工作，激发员工参与创新的积极性，完成电收尘自动振打、氨水喷枪雾化智能控制等创客课题研究，降低排放标准，目前已取得了较好效果。正是因为这一项项的节能减排项目，一次次的增产增效创新，让桐庐红狮水泥实现了"灰"变"绿"的长足发展。

案例延伸

湖南项目深度融合　创新驱动绿色发展

红狮集团通过永州莲花水泥计划投资 20 亿元的宁远新型环保建材产业园项目。2018 年 7 月 12 日下午，湖南省永州市宁远县冷水镇政府组织召开了该项目的建设宣传发动暨测绘队进场会议。宁远县委常委、县委办主任曹辉正出席会议并表示，宁远红狮集团是县委、县政府重点引进的中国民营企业 500 强和国家重点支持的 12 家全国大型水泥企业之一，项目的动工建设将进一步推动该县新型工业化转型升级，推动节能减排及带动经济发展。目前该项目已正式启动，希望相关部门行动上大力支持，确保项目早日建成投产，服务地方经济发展。红狮集团多年来坚持立足水泥主业，全部采用国际先进新型干法工艺，用低碳、安全、环保方式制造水泥，工艺、技术、装备和环保处于同行一流水平，在浙江、江西、福建等 10 个省有 40 余家大型水泥企业，实施传统产业+互联网化项目，水泥电商、智慧物流、共享仓库、供应链金融等项目取得较大进展。湖南作为红狮集团看重的市场之一，该项目的投产不仅是红狮集团用国际最先进的生产工艺与互联网深度融合的结果，也是红狮集团坚持创新驱动和绿色发展，强化精细化管理，提升管理水平，致力于成为国际一流的绿色建材企业的理念体现。

资料来源：佚名：《节能减排"红狮"的可持续发展之路》2007 年 8 月 14 日，中国水泥网，http：//www.ccement.com/news/Content/18438.html；佚名：《红狮水泥提前完成浙江"十一五"节能目标》2010 年 4 月 6 日，中国工控网，http：//video.gongkong.com/newsnet_detail/90341.htm；佚名：《桐庐红狮水泥节能增效又添"新武器"》2014 年 12 月 8 日，中国水泥网，http：//www.ccement.com/news/content/7722577641536.html；何好：《红狮水泥　节能环保显"铁汉柔情"》，《今日桐庐》2017 年 7 月 10 日，第 1 版；佚名：《总投资 20 亿，红狮集团又有大动作》2018 年 7 月 16 日，中国水泥网，http：//www.ccement.com/news/content/9585410031617.html；佚名：《红狮集团：内外兼修走实转型路》，红狮集团，2017 年 3 月 13 日；汪雅婷：《融入"一带一路"走绿色发展之路　红狮水泥：传统产业转型升级新模式》，2018 年 8 月 1 日，兰溪新闻网，http：//lxnews.zjol.com.cn/；王娅琳、杨玉婷：《用绿色发

展成就更好的未来》,《黔东南日报》2018年9月17日,第1版;佚名:《红狮集团绿色发展经验广受推崇》,2018年10月31日,兰溪新闻网,http://www.lanxi.gov.cn/zwgk/gzxx/ldhd/201811/t20181101_3310019.html。

 案例分析

　　浙江兰溪,曾因工业名噪国内。当中国经济发展进入新常态,作为兰溪传统工业代表性的民企红狮集团,20多年来秉持"一心一意做水泥"的理念,以此成就了中国最大的民营建材企业。在从"灰色产业"到"绿色发展"的转变过程中,深入有力地践行了习近平总书记提出的推进清洁生产的绿色理念,取得了绿色发展的成效。简单来说,红狮集团能成功转型升级的主要经验有以下几点:①明确绿色发展定位,立足本土精耕细作。红狮集团在发展上走清洁环保生产路线,坚持立足水泥主业,在本土市场精耕细作,积极拓展本土市场,从浙江发展到国内众多地区。采用国际先进新型干法工艺,投资建设大型新型干法回转窑生产线和大型水泥磨粉磨站,用"低碳、安全、环保"方式制造水泥,工艺、技术、装备和环保达到了国际一流水平,适时在市场转折时抓住机遇,拓展绿色产业版图,历经兰溪水泥行业的洗礼,在本土水泥行业站稳脚跟。②积极拓展海外市场。红狮集团深刻认识到产业发展的周期性,积极在海外寻求发展空间,充分利用好"一带一路"这一发展契机,实施"走出去"战略。积极考察海外水泥市场,2013年专门成立海外区域,开展业务。红狮集团已在老挝、尼泊尔、缅甸、印度尼西亚4个国家取得5个大型水泥项目。如位于万象省横河县的老挝项目,总投资3亿美元,建设1条日产6000吨生产线,年产高标号水泥230万吨。红狮集团将国际一流的水泥清洁生产技术工艺带到国外,不仅获得了商机,也造福了当地百姓。③坚持技术创新和绿色发展。随着国家宏观经济从高速转向中高速增长,红狮集团坚信只有通过创新驱动,才能打造企业的核心竞争力。红狮集团累计投入近20亿元用于环保设施、环保治理和厂区绿化。红狮集团在经营中掌握水泥制造每个环节的最前沿技术,重点研究改善水泥性能、提高烧成技术、粉磨技术等,将技术优势转变为成本优势;坚持绿色发展,大力投资建设水泥窑协同处置固废系统项目,每年可处置危险工业废物和一般工业废物近30万吨。技术创新和绿色发展使红狮水泥走得更加长远。④实施"传统产业+互联网",推进水泥制造与互联网深度融合。线上运作水泥电商、供应链仓储、无车承运人、优煤网、供应链金融等 6 个互联网项目，整合线下水泥销售网点，与线上融合打造"水泥+互联网"。红狮集团抓住了互联网时代的契机，成为了水泥行业中的佼佼者。红狮集团成功转型升级充分说明要实现传统产业在新时代下的发展，首先要有市场的前瞻性，立足于基础。其次坚持创新驱动，注重节能减排，时刻践行绿色理念。最后还要结合政府出台的有利政策，开拓更加广泛的市场，使产业发展更加美好。⑤实施精细化运作管理。红狮集团作为国家"十一五"规划期间节能行动的千家企业之一，实施严格的节能管理，强化环保基础管理，并在企业的管理制度、奖惩机制、节能管理等方面进行完善，提升整体管理水平。为了守护现在的这些建设成果，红狮集团成立了"集团—子公司—车间"三级环保管理网络，明确分工，责任到人，做到事事有人管。集团还将环保在线监测、现场监控等接入生产控制中心，同时每月开展环保专业审计，审计结果与考核挂钩，一旦发现问题要求及时解决。

在中国经济发展进入新常态的阶段，红狮集团践行绿色发展理念，将节能降耗作为提升企业经济效益的有效途径，把做好环保工作当作提升竞争力的重要手段，也作为企业应承担的社会责任，用"安全、环保、低碳"方式制造产品，实现绿色发展，为传统企业转型升级提供了一份可供借鉴的样本。

本篇启发思考题目

1. 现代水泥企业在绿色产品开发中如何兼顾投资与收益？
2. 现代水泥企业如何做好绿色产品开发？
3. 现代水泥企业如何做好节能管理以提升节能减排成效？
4. 现代水泥企业在绿色发展中如何做好"内外兼修"？
5. 现代水泥企业花大力气进行节能减排，对长远发展有何益处？
6. 现代水泥企业应从哪些方面进行转型升级？
7. 如何看待现代水泥企业技术创新与绿色发展的关系？
8. 现代水泥企业如何推进水泥制造与互联网的深度融合发展？

第六篇

时空电动：清洁能源在路上

 公司简介

　　时空电动汽车股份有限公司（以下简称时空电动）是国内领先的清洁能源出行集团公司，公司以电动汽车定制、城市高频出行和移动电网服务为核心应用场景，业务涉及网约车运营管理、动力电池制造、移动电网运营、电动汽车定制等领域。时空电动于 2009 年开始在纯电动汽车产业链上游布局。2013 年，集团公司正式创立于浙江杭州。公司创办以来，已建成并运营中国最大的电动汽车换电服务网络，希冀以城市交通出行全面升级为契机，通过全国化的业务部署，让科技力量造福城市生活，打造中国最大新能源出行产业集团。公司掌握纯电动汽车动力电池、电机、电控三大核心技术，拥有近百项专利，覆盖电动汽车全产业链，是东风汽车在新能源领域最初、最大的合作伙伴，也是滴滴出行全国两大运力合作伙伴之一。时空电动是新能源产业与城市交通出行体系的坚实衔接者，推动中国交通出行新能源化扎实落地。时空电动立足核心技术，无缝对接互联网出行平台，汇政策、技术、流量为全面解决方案，长期、深度、温情服务城市，锻造可持续的未来出行方式。时空电动的运力业务，以精选技术、标准服务、资深管理经验及彰显城市动力的品牌文化为核心竞争力。

案例梗概

1. 时空电动将电动汽车批量应用的国家战略落到实处，推广新能源电动汽车。
2. 建立近 30 个超级换电站，组成"时空移动电网"，保证蓝色大道司机换电需求。
3. 与滴滴、物产中大等开展合作，并吸引更多重量级合作伙伴加入蓝色大道计划。
4. 建立一个开放的体系——任何整车厂都可以与之合作，齐力推动生态出行革命。

5. 建立适应所有车型的充换电网络，让用户有传统车辆加油时一样方便、快捷的体验。

6. 与杭州外事旅游汽车集团有限公司合力向出租车领域进发，推动新能源电动车发展。

7. 抢先卡位新能源出行的基础设施服务，为高频运营车辆提供方便、快捷的换电服务。

8. 聚焦出租车和网约车两大城市碳排放大户，让更多的电动汽车跑在路上。

关键词：新能源汽车；蓝色大道；绿色能源；轻资产；生态革命

 案例全文

2017 年 4 月 20 日，不少杭州人都收到了同一条朋友圈广告：蓝色大道品牌线上发布。由浙江时空电动汽车策动的这一计划，首度完整地在公众面前亮相。"蓝色大道到底是什么？我们的口号已经基本说清楚了：清洁能源在路上"。时空电动董事长兼 CEO 陈峰说，"我们要用纯电动汽车和移动电网，在交通出行领域搞一件大事情"。此次线上发布透露的核心信息是一组数字：5125。这组数字正是时空电动的计划表：未来 5 年，在 1 张全国性的移动电网支撑下，推广 25 万辆纯电动汽车。经过与产业链和市场的七年"死磕"，陈峰说，蓝色大道才是时空电动真正找到的使命之路：在合理的应用场景下，用经过实战检验的运营模式，将电动汽车批量应用的国家战略落到实处，最终建设一张移动电网。

"蓝色大道"到底是什么？陈峰解释，它是一个解决方案：在一个中心城市，从电动汽车定制、专业运营管理直到移动电网建设，为城市管理者和公众提供高频出行清洁能源化的全面解决方案。它也是一个市场推广计划：用 5 年时间建设 1 张移动电网，推广 25 万辆电动汽车。它还是一张未来的能源网络：在推动电动汽车落地的同时，建设时空移动电网，不仅可以支撑当下的营运车辆，也为未来的私家车、物流车解决能量补充难题。"网约车加移动电网这个模式，我们在杭州已累计投放过 2000 余辆各品牌电动汽车，有近 1 亿公里的真实运营里程的实战累积"。陈峰说。而在杭州，贴着蓝色大道车标的东风 ER30 已经在路上接单往来。这样的车，在杭州已经有 1000 辆。据了解，蓝色大道全国首批启动的城市还包括苏州和长沙，这两座城市 2017 年的投放计划各为 2000 辆，之后扩展到全国 10 个以上的中心城市。

"蓝色大道"计划是否可行？5 年 25 万辆的计划能否实现？资料显示，互联网出行平台在全国至少有 1500 万注册司机，至少 500 万辆运营车辆，在城市环保诉求和网约车新政的复合作用下，其电动化进程已经启动。按每年 10% 的更迭速度计算，5 年的市场规模是 250 万辆。同时，中国约有 200 万辆出租车。其电动化进程也已被提上各地城市议事日程。按每年 10% 的更迭速度计算，5 年的市场规模为 100 万辆。也就是说，未来 5 年，网约车、出租车电动化总市场规模为 350 万辆。"我们定下 25 万辆的目标，只是要和众多合作伙伴一起，拿下这个市场 7% 的占有率并非天方夜谭"。而以换电模式为最大特色的时空移动电网，也将"顺便"完成布局，为多品牌的纯电动汽车的能量补充问题，提供终极解决方案。

"可持续发展已经超越 GDP，成为中国城市管理者的最大 KPI"。陈峰说，交通工具的电动化，是逐步改善污染现状，疏解民众情绪的高效路径。此外，"互联网+"的国家战略，最终也是希望互联网的流量能够真正带动实体经济的效率。而蓝色大道计划精准指向高频出行领域的营运车辆，符合政策面诉求。其次是市场面。在陈峰看来，电动汽车在中国推广遇到的两大难题，就是应用场景模糊和基础设施建设滞后。普通消费者接受纯电动汽车尚待时日，基础设施超前建设带给企业的风险更是巨大。谁能率先上量，谁就是赢家。"蓝色大道计划是从车到站，从线上平台到线下网络的全面解决方案，直指市场痛点"。第三个理由则是基于真实运营案例。陈峰解释，时空电动早在 2015 年 9 月就与滴滴出行建立了战略合作关系，曾经在滴滴平台上线产品"小滴"，跑网约车，建换电站。这些两座纯电动汽车，逐步升级成了现在的东风 ER30。"所有在时空移动电网里换电的各类车辆，现在已经累计跑出了近 1 亿公里的里程。这一模式的可行性、安全性是在中心城市经过实战检验的"。

雄心壮志　蓝色大道铺向全国

时空电动在产业上游布局始于 2009 年，集团公司正式创立于 2013 年。在电动汽车成为热门话题的这几年之中，时空电动曾经被贴上"电动汽车界的小米""10 亿美元独角兽""电动汽车全产业链"等标签。资本的青睐更令这一"浙江模式"的新能源汽车高频应用样本如日中天。除了滴滴之外，时空电动与东风汽车、浙江物产等"大牌"公司也有长期稳定的合作关系。事实上，蓝色大道计划，不仅是新能源车的市场化应用，更是"高频出行新能源化解决方案"的试水者。透过时空电动的发展路径和蓝色大道项目的运作轨迹，或许可以发现一些新能源的产业趋势。"以城市交通出行全面升级为契机，打造国内领先的新能源及交通出行产业集团"。陈峰如此描绘时空电动的规划。2017 年，"蓝色大道"计划全国拓展取得阶段性发展。到 2017 年 10 月底，继杭州之后，苏州、长沙两地将实现时空移动电网全城覆盖，进入正式运营阶段。

目前，杭州已经建起了近 30 个这样的超级换电站，组成了"时空移动电网"，保证了蓝色大道司机的日常换电需求。近 1.4 亿公里的真实运营里程，就是在移动电网的支撑下跑出来的。"网约车+换电站"的浙江模式，将时空电动的新能源产业链布局全盘市场化展示。首先，要有车：搭载时空电动的电池，并且有时空电动与整车厂合作研发的电动汽车；其次，要有能量补充网络：数十个换电站共组移动电网；最后，要能带动生态，大量的"小老板"可以通过汽车金融杠杆，参与到出行生意中来。2017 年 9 月，UBER 公司在伦敦提出，到 2030 年之前，将其平台上全部运营车辆替换为新能源汽车，不再使用燃油汽车。而在中国，蓝色大道已经在运营车辆的电动化方面，取得了重大突破。

破局样本　自带体系者先行一步

作为全球第一大汽车消费市场，中国在新能源汽车领域的政策也越发成熟和完善。2016 年，国家发改委联同国家能源局、工信部、住房和城乡建设部下发通知，要求推动解决居民区电动汽车充电难题，并有意在京津冀鲁、长三角、珠三角等地重点城市设立示范试点。2017 年 9 月 9 日，工信部相关负责人表示，已启动研究传统燃油车的退出时间表，同时备受关注的"双积分"政策也即将发布。在这样的态势下，时空电动探索出的真实应用场景和近 1.4 亿公里实战数据，显得尤为珍贵。在业界看来，时空电动发起的"蓝色大道"计划，是对"清洁能源与可持续发展""交通工具新能源化""互联网+"三大国家战略的承接；它聚焦于出租车和网约车两大城市碳排放大户，让更多的电动汽车跑在路上；同步建设技术领先又解决实际问题的移动电网；高效、顺畅、安全地完成城市交通新能源化迭代。

如此庞大的市场，将有三个军团加入战团，即传统车企、新势力出行企业及互联网造车公司，以及外资或合资品牌。有消息称，合资品牌将会在 2019 年以后大规模进入中国市场，届时中国消费者对新能源出行消费环境、基础设施建设基本成形，跨国企业适时而入。本土企业将如何应对？在获得各中心城市与资本市场青睐的同时，蓝色大道计划也冀望于为产业模式创新和中国智能清洁城市的建设贡献一分力量。在滴滴、物产中大、美都能源、中电投的平台合作、财务投资与合作推广之外，更多重量级合作伙伴，也即将以多种形式加入蓝色大道计划。网约车（出租车）、换电模式、能源互联网，5 年 25 万辆的巨大目标，时空电动和众多合作伙伴已经启程。本土的新能源出行生态运营商的成长和突围，才刚刚开始。

电动汽车是开启未来出行的钥匙，所谓网络化、智能化、无人驾驶事实上只要有一点就足够了，就是路权，比如说在杭州，从星期一到星期五非电动汽车总有一天是限行的，周六和周日中有一天景区是不能进入的，但是电动汽车没有问题，因为其一周 7 天都可以开，多了很多赚钱机会，杭州限行是早高峰、晚高峰，在北京就是一整天限行，这是完全不一样的。

时空电动的相关负责人表示，公司的定位是"新能源出行产业生态运营商"。公司最初有了换电网络，以后厂商在卖车的时候，2C 的车平时不大会快充的，晚上充白天跑，但是人总有急的时候，甚至有些人家里没有充电桩的时候，换电网络体验和家里是一模一样的，换一次电 30 分钟就可以了，有换电站的城市在销售时就没有能源供应的电力性问题。

蓝色大道核心商业逻辑就是以新能源的方式切入了加油站的市场，以网约车的方式切入了出租车的市场。陈峰表示，开始创业的时候叫作无知者无畏，后来发现千百年来商业逻辑都没有什么变化，时空电动干的就是出租车的业务，换电站就是一个加油站的业务，唯一改变的是技术发生了改变，通信工具发生了变化、交通工具发生了变化、效率提高了。所以创业到一定程度以后慢慢回归到商业本质，这个时候发现团队心里更加踏实，对未来更加有信心，时空电动的商业模式刚开始推出的时候还担心会不会赚钱，但是推出去以后发现真的是赚钱的。

在新能源交通领域，被业内称为"10 亿美元独角兽"的时空电动已成焦点。这注定是一场旷日持久的战争，时空电动 COO 马辉（花名"道长"）对此早有准备。"新能源汽车必定会成为未来交通出行的主要工具，但在此时此刻，与传统交通工具比起来，它还是个'新生儿'"。马辉表示。此时正是 2017 年 4 月，春光正好。距离 2017 年 2 月时空电动宣布获 IDG 资本 10 亿元投资不过月余时间。这是近一年内时空电动获得的第二笔投资，也是其自 2013 年创立以来，收获最大的一笔投资。上一笔投资消息公布于 2017 年 5

月，来自 A 股上市公司美都能源，这家上市公司选择了与时空电动旗下蓝色大道业务线签订 A 轮融资框架协议，当时的融资规模是 6 亿元。两笔投资，把这个将自己定义为新能源及交通出行产业公司的企业，推到了同行们艳羡的地位。在获得 IDG 资本的橄榄枝之前，有公开消息显示，时空电动的估值已达 58 亿元。不过，时空电动对新一轮估值保持沉默。

战略合作 新能源汽车大批落地

在蓝色大道计划中，时空电动主要做哪些工作？马辉介绍："第一，我们的商业模式从标准化的电池开始，在此基础上达成了与整车厂合作的条件；第二，作为时空电动生态闭环中的一部分，我们建成了一个开放的体系，任何整车厂都可以与我们合作；第三，我们正在建立适应所有车型的充换电网络，争取让使用新能源交通的用户有传统车辆加油时一样方便、快捷的体验。"在时空电动的"蓝色大道"上奔驰的，绝大部分是网约车这样高频出行的运营车辆。"按照目前的应用情况来看，运营车辆是新能源汽车大规模落地的重要场景"。马辉说。

严格来说，滴滴在新能源汽车领域的首个战略合作伙伴，其实是时空电动。双方的合作始于 2015 年，也是新能源汽车行业与互联网出行行业合作的最初模板之一。而时空电动 2017 年推出的"蓝色大道"计划，正是基于滴滴纯电动网约车领域的旺盛需求。截至 2017 年底，搭载时空动力电池、使用蓝色大道换电网络的各类纯电动车辆，总行驶里程超过 2 亿公里。2018 年初，时空电动还获得了来自滴滴出行的纯电动网约车的首笔订单，首期规模 2000 辆，原计划在 2018 年第二季度内发车到位。这批纯电动汽车将作为网约车，投放在广州、深圳、厦门、福州等地，后续还将不断增加投放城市和投放量。除了网约车之外，时空电动也开始向出租车领域进发。2018 年 3 月 6 日，时空电动与杭州外事旅游汽车集团有限公司在杭州外事出租车服务区举行了东风·时空 E17 出租车交车仪式。由此，上百辆蓝色大道出租车将正式投入运营。投放后，车辆将由杭州外事旅游汽车集团负责运营，时空电动旗下的蓝色大道提供换电服务。

创新模式 采用轻资产玩法

与其他新能源汽车玩家不同的是，时空电动选择了轻资产的玩法，蓝色大道的推行正是在这样的思路下诞生的模式。马辉介绍，截至 2017 年 11 月，已有 12 个城市的蓝色大道建站开城。"在选择布局时，我们会优先选择本身网约车市场比较大的城市，这些城市能消化新投放电动网约车的增量，以及这些城市本身有替换新能源车辆需求，而且量比较大。从 2016 年开始，我们逐渐在杭州把模式打透，2017 年底，苏州和长沙的移动电网也基本成形。目前，这三座城市总换电能力可惠及近 1 万辆快车运营。随着其他城市能源网络的逐步完善，实现'三网融合'的城市在 2018 年将更多"。

随着"三网融合"的到来，蓝色大道司机越跑越远，异地接单变得越来越平常。2018 年 4 月，从苏州出发前往江浙沪的异地换电次数超过了 50 起。最长单程距离达到 200 多公里。从无锡到苏州，从苏州到上海，再到杭州，时空移动电网覆盖下的江浙沪三地牢牢联结起来。长三角地区率先实现能源网络一体化。马辉表示："现在，蓝色大道在大连、上海、南昌、西安、成都、无锡等 12 座城市都在建站和开城。时空移动电网已经成为运营车辆非常重要的基础设施，很好地支撑着高频车辆像网约车、出租车等，以及中频车辆如城市配送的物流车等的运营。到 2018 年底，我们计划布局的城市数量将在 20~25 个。"

把握机遇　清洁能源在路上

2013 年，时空电动正式创立，并在纯电动汽车动力电池、电机、电控三大核心技术方面狠下功夫。据介绍，目前在电动汽车全产业链领域，时空电动已拥有近百项专利。在行业内看似已经成为佼佼者，但马辉所代表的时空电动人似乎毫不满足："我们有个口号，叫作'清洁能源在路上'。此刻我们谈论的新能源出行产业，就像在 2000 年时谈互联网电子商务行业一样，就是一个刚刚萌芽的新兴产业。与传统汽车的市场占有量相比，新能源汽车目前还像个'新生儿'。"这个"新生儿"的迅猛成长似乎指日可待。2017 年底，工信部启动了相关研究，制定停止生产销售传统能源汽车的时间表。继德国、英国、法国、印度等国之后，中国也将禁止销售加汽油、柴油的传统汽车。这项利好，对于时空电动这样的新能源汽车企业而言，无疑是"好风凭借力"。

"在未来可以预见的大趋势中，时空电动努力抓住机遇，是我们的目标"。马辉如是说。他的"花名"也隐约透露了一些信息。与许多互联网公司一样，时空电动也有一套花名系统，大多数时空人都选择了虚构作品中的人物作为花名："年青一代的花名里有三井寿、鲁西西、雅典娜，少量年纪大的同事喜欢《西游记》，所以花名里也有观音、唐僧、大师兄和二师兄。我们是创业公司，平时也经常用取经、八十一难、行李这些隐喻来激励大家。"而马辉的选择是"道长"，除了布道新能源这条大道坦途之外，也有"路漫修远，上下求索"之感。

抢先卡位　无忧异地更换电池

蓝色大道计划的关键词是"道"，一条条大道织成的超级大网正在缓缓向中华大地铺开，那就是时空的全国移动电网。据了解，在现有的电动汽车动力解决方案上，一般有充电和换电两种。由此，充电桩和换电站也成为服务这两种不同动力方案车辆的基础设施。时空电动采用的换电模式，车主可以在固定场所直接由机械臂辅助人工将电池换下，3～5 分钟后即可出行。这让车辆服务效率更高，帮助司机减轻负担多赚钱。在高频使用的运营车辆中，实践证明换电比充电效率快捷很多。而在建立换电站这件事上，不难发现，时空电动正在尝试抢先卡位新能源出行的基础设施服务。截至 2018 年 7 月，已有 12 个城市的蓝色大道建站开城。

蓝色大道　前程似锦空间无限

电动车在全球范围内的涨势，持续强劲。数据显示，2016 年全球电动车销量同比增长 41%，全球范围内的销量达 77.7 万辆。据 Bloomberg New Energy Finance 预测，截至 2040 年，电动车销量将占全球新车销量的 35%。截至 2016 年底，在美国市场上共销售 30 款不同的电动车，累计销量近 16 万辆。电池价格的快速下降，电动车续航里程的增长，基础设施的增加，这些决定电动车发展快慢的因素，正在逐步改善。而作为全球第一大汽车消费市场，中国在新能源汽车领域的政策也越发成熟和完善。2016 年，国家发改委联同国家能源局、工信部、住房和城乡建设部下发通知，要求推动解决居民区电动汽车充电难题，并有意在京津冀鲁、长三角、珠三角等地重点城市设立示范试点。

形势大好　"蓝色大道"道路宽广

庞大的市场和日趋完善的政府政策，都令新能源出行乘势而上。美都能源在投资时空电动的公告中称，"投资行为与估值充分考虑了蓝色大道业务线所处新能源汽车行业、网约车行业的发展态势、国家产业政策、其核心产品的市场发展前景及核心竞争优势"。"蓝色大道"计划聚焦于出租车和网约车两大城市碳排放大户，让更多的电动汽车跑在路上；同步建设技术领先又解决实际问题的移动电网；高效、顺畅、安全地完成城市交通新能源化迭代。

中国汽车技术研究中心撰写的《新能源汽车蓝皮书》预计，2020年中国新能源汽车市场规模将达145万辆，其中私人购买新能源汽车可达80万辆。以特斯拉落地上海为起点，外资品牌即将大规模进入中国市场。因此，时空电动等本土新能源企业，在此前形成"生态圈"，并以整个产业链布局的模式，参与竞争，其实是一场实力的积累与较量，好戏才刚刚开幕。

资料来源：黄云灵：《时空电动发布蓝色大道计划：未来5年推广25万辆电动汽车》，2017年4月20日，浙商网，http：//biz. zjol. com. cn/zjjjbd/ycxw/201704/t20170420_3488318. shtml；佚名：《时空电动陈峰：换电模式引爆出行产业生态变革》，2017年11月13日，国际新能源网，http：//newener-gy. in - en. com/html/newenergy - 2306056. shtml；金乐平、姚恩育、张亦男：《时空电动蓝色大道计划：25万辆纯电动汽车全国电网一网通》，《科技金融时报》2018年7月16日，第4版；佚名：《时空电动：探索新能源未来出行生态的实践》，《浙江日报》2017年9月19日，第12版；姚恩育：《时空电动：破晓时分》，《浙商》2018年总第286期。

 案例分析

交通工具新能源化已成为全球议题。在我国积极推动三大政策"清洁能源与可持续发展""交通工具新能源化""互联网+"的背景下，多个新能源汽车企业横空出世，其中，立于新能源时代浪尖的浙商企业时空电动提出并践行多个新能源企业生产、布点方案。实施的"蓝色大道"计划在全国拓展取得阶段性发展，高效、清洁、安全地使城市交通改革换代，推进了城市未来智能和环保出行的进程。"蓝色大道"的布点以及优势主要包括以下几个方面：①立足环保，聚焦新能源汽车市场。时空电动承接国家战略，提出"蓝色大道"计划。从标准化电池、打造新能源电动汽车生态网络、全城市移动电网布点三步抢占智能绿色出行的蓝海市场。时空电动将自身定位为"新能源出行产业生态运营商"，计划用五年的时间，在推动电动汽车落地的同时，建设一张时空移动电网，不仅可以支撑当下的营运车辆，也为未来的私家车、物流车解决了能量补充难题，改善城市交通污染现状，为杭州市民提供便捷和环保的出行服务。证实了电动汽车的未来发展空间，也对国家战略和全球议题做出了最新的贡献。②合作研发，长远布局。时空电动获国内顶尖风投机构平台与资金支持，与城市旅游局等政府机关合作。与滴滴开展新能源汽车领域的战略合作关系，在滴滴平台上线产品"小滴"，跑网约车，建换电站，基于滴滴纯电动网约车领域的旺盛需求提出"蓝色大道"计划，与东风汽车、浙江物产等"大牌"公司建立长期稳定的合作关系。与杭州外事旅游汽车集团有限公司开展出租车领域的合作，建设开放的合作体系，与整车厂合作研发电动汽车等，除此之外，还有更多重量级伙伴以多种形式加入"蓝色大道"计划，和上下游合作确保完整生态，加快城市绿色节能出行布局。③大胆创新，选择轻资产发展模式。在轻资产运营的思路下，全国优先布点网约车需求量大的城市，削减推广成本，实现快速返利。运用大数据与人工智能精准规划，避免重资产频繁变更带来的成本增加，从而推动企业可持续发展。"蓝色大道"项目诞生于轻资产模式玩法，重在市场推广，在杭州打透轻资产运作模式后，逐步在全国更多城市建设移动电网。时空移动电网覆盖下的江浙沪城市建立起紧密的联结，推动长三角地区率先实现能源网络一体化。"三网融合"战略使充电站的利用率逐步升高，产生更大的经济效益。④绿色和实干的企业文化。时空电动将"清洁能源在路上"作为企业核心文化和价值观，坚信电动汽车是开启未来出行的钥匙，把"蓝色大道"计划作为时空电动的使命之路，为城市提供"高频出行新能源化解决方案"。通过独特花名系统鼓励员工吃苦耐劳，在节能减排的电动汽车领域上下求索，共建未来美好社会的企业文化也是时空电动稳健发展多年的根基所在。⑤在交通新能源领域投入巨资。时空电动投入大量资金在杭州建立起近30个超级换电站，组成"时空移动电网"，满足蓝色大道司机的日常换电需求，通过融资等渠道获得了IDG资本10亿元投资，还与A股上市公司美都能源就蓝色大道业务线签订A轮融资框架协议，获得6亿元投资，为"蓝色大道"计划的推行提供资金支持。

时空电动将电动汽车批量应用的国家战略落到了实处，打造出了"浙江模式"的新能源汽车高频应用样本，蓝色大道的概念逐渐深入人心，市场前景广阔。时空电动探索新能源汽车市场发展，为城市提供清洁能源的全面解决方案，全力助推城市未来绿色出行，值得期待，更值得借鉴。

本篇启发思考题目

1. 新能源企业绿色技术创新何以可能?
2. 促进新能源企业绿色发展的积极因素有哪些?
3. 新能源企业如何建立全面的绿色生产管理体系?
4. 新能源企业如何将环保压力转变为绿色商机?
5. 新能源企业在推动城市未来绿色出行中可以做出哪些贡献?
6. 新能源汽车企业如何赢得市场份额?
7. 如何看待新能源是城市交通绿色发展的必由之路?
8. 新能源企业在发展中如何践行"两山"发展理念?

第七篇
菜鸟网络：快递盒争穿"绿"新衣

 公司简介

　　菜鸟网络科技有限公司（以下简称菜鸟网络）是 2013 年 5 月 28 日，阿里巴巴集团、银泰集团联合复星集团、富春集团、顺丰集团、"三通一达"（申通、圆通、中通、韵达），以及相关金融机构共同合作、共同组建而正式成立的"中国智能物流骨干网"（简称 CSN）。"菜鸟"小名字大志向，其目标是通过 5~8 年的努力打造一个开放的社会化物流大平台，在全国任意一个地区都可以做到 24 小时送达。2016 年 3 月 14 日，阿里巴巴旗下大数据物流平台公司菜鸟网络宣布已经完成首轮融资，融资额超百亿元，估值近 500 亿元。菜鸟网络专注打造的中国智能物流骨干网将通过自建、共建、合作、改造等多种模式，在全中国范围内形成一套开放的社会化仓储设施网络。同时利用先进的互联网技术，建立开放、透明、共享的数据应用平台，为电子商务企业、物流公司、仓储企业、第三方物流服务商、供应链服务商等各类企业提供优质服务，支持物流行业向高附加值领域发展和升级。最终促使建立社会化资源高效协同机制，提升中国社会化物流服务品质。菜鸟通过打造中国智能物流骨干网，对生产流通的数据进行整合运作，实现信息的高速流转，而生产资料、货物则尽量减少流动，以提升效率。

 案例梗概

1. 菜鸟网络面向杭州投放循环快递箱，替代传统纸箱，并向全国零售小店推广。
2. 确保循环快递箱整个生产过程绿色无污染，对破损的快递箱回收再造。
3. 主办全球智慧物流峰会，探讨智慧绿色物流的未来，成立绿色联盟。
4. 绿色联盟承诺争取达成行业总体碳排放减少 362 万吨，替换 50% 的包装材料等。

5. 在未来物流仓库配备机器人进行分拣、运输、配送，电子面单将替代传统纸质面单。

6. 成立 E. T. 实验室，完成有关末端配送机器人等多个项目的研发并投用。

7. 发起"绿色物流研发资助计划"，整合资源，调动社会力量推动绿色物流科研创新。

8. 打造全球首个全品类"绿仓"，首次实现循环箱全流程覆盖，实现"三个0"。

关键词：绿色快递；回收利用；包装减量化；减少白色污染；生物降解塑料

 案例全文

随着电子商务的飞速发展，火了一个产业——快递。有数据显示，2015年，全国快递业务量 206 亿件，同比增长 48%，最高日处理量 1.6 亿多件；快递业务收入 2760 亿元，同比增长 35%。然而，欣喜之外也有人开始担忧。数据显示，2015 年初步估算消耗了编织袋 29.6 亿条、塑料袋 82.6 亿个、包装箱 99 亿个、胶带 169.5 亿米、缓冲物 29.7 亿个。光是这些快递胶带接起来就可绕地球赤道 400 多圈。而这些塑料袋、编织袋、胶带绝大多数都无法降解。据国家邮政局消息，2018 年 12 月 28 日上午，中国 2018 年快递业务量突破 500 亿件。这么多包裹加起来，相当于绕地球 350 圈，给环境带来不小的压力。

一、绿色管理的探索

机器项目研发　探索未来仓库

在物流峰会的现场展区，最显眼的莫过于各种智能快递装备了。如韵达的"指环王"扫码神器，戒指一般大小，快递分拣员戴上它后，只要靠近包裹，就能将数据实时上传，能够提升不少分拣效率。未来物流仓库里会更洋气，分拣机器人、搬运机器人、配送机器人等将日日夜夜工作在快递一线。电子面单将替代传统纸质面单，在"双 11"当天就可以节省 26250 棵树。菜鸟网络内部成立的 E. T. 实验室已完成了有关末端配送机器人、仓内拣货机器人等多个项目的研发，已在 2016 年陆续投入使用。如首款无人配送机器人，适用于相对封闭的居民社区和企业园区、办公楼的最后几百米配送。接到指令后，它会去配送中心取件，并通过智能计算迅速选择最优路线将货物送至收件人手中。为了适应复杂的环境，菜鸟为机器人设计了包含自己乘坐电梯、给人让路、避开障碍物、自动寻找室内位置等功能。

纸盒循环利用　功夫用在平时

包装快递的纸箱、防水袋、胶带纸或者塑料膜，如何处理才是最科学、环保的？对于快递纸盒的循环利用以及胶带对于环保造成的伤害，采访中，越来越多的专业人士和普通居民认为，这不能仅仅靠几家电商平台的"公益之举"，而是一个需要长期改进改善、全民努力的过程，需要政府、商家、个人等社会各界的合力。

那么，其他国家又是如何解决快递包装问题的呢？首先是限制使用，日本、美国、英国、法国、德国等都有法律规定，限制的内容也很具体，如包装物的体积超过物品的体积必须低于1/10，包装物的重量不能大于被包装物，包装物的价值不能高于被包装物。其次就是循环使用，这个思路和做法在国际上比较通行，如在日本，快递的外包装都是由快递公司提供，发送快递者需要提前告知快递物的尺寸；快递员送完快递后，要当场把快递包装带走，并循环使用。而居民环保意识的提高，也是解决快递包装污染中很重要的一个环节。"很多商家为追求好评，必然会发给顾客全新的快递盒；有心人收货后，稍作处理就可二次使用；体积较大、质量较厚实的，还可以放在家中作为实用的储物箱"。杭州环保达人"糊糊爸"说，"我曾看到电视台播过一个节目，记录一个爱做手工的年轻女孩，如何花 20 分钟把一个废弃快递纸盒改造成精美相框的过程……就像垃圾分类、'五水共治'一样，希望会有越来越多的人重视快递盒的循环利用，从我做起，那么这个环保难题自然就迎刃而解了"。

绿色研发资助　开展公益项目

2018 年 5 月 16 日，首批获得菜鸟"绿色物流研发资助计划"的创新项目名单出炉，来自湖北光合、宁波霖华、金晖兆隆及上海秒开申报的四个项目获得公益基金支持。首批入选的科研项目年内可落地应用。据悉，菜鸟"绿色物流研发资助计划"是国内首个聚焦绿色科研创新的公益项目，计划投入千万元，面向全社会征集绿色解决方案，通过整合资源，调动社会力量共同推动绿色物流科研创新。该计划 2018 年 2 月启动后，收到科研项目 50 个，各大高校、科研机构及企业积极参与。"减量化、再利用、可循环是主要考量的因素"。中国塑料加工工业协会降解塑料专委会秘书长翁云宣表示，首期申报的项目主要集中在循环箱及原料创新方面，蓝牙智能锁、智能指示标签等新产品也让评审委员们眼前一亮，这也为绿色物流智能升级提供了新的思路。物流业绿色升级，首先要破解的就是成本问题。菜鸟绿色行动负责人牛智敬表示，绿色物流研发资助计划也会进一步降低环保包装成本。"以入选的项目为例，通过使用一种全新的原材料，单个环保快递袋成本可以降低近五成，更利于环保包装的推广普及"。2016 年开始，菜鸟围绕绿色包裹、绿色回收、绿色智能、绿色配送不断加码投入，发起业内最大规模的联合环保行动。截至 2018 年，超过 2500 万个绿色包裹送到消费者手中。通过智能箱型设计与切箱算法，物流业每年可以减少 15% 包材使用，节约数亿元成本。在可循环领域，菜鸟计划年内在北京、上海、广州、深圳等近百个城市投放超过 3000 个绿色回收台，为大众参与环保提供更便捷的方式。此外，"绿色物流研发资助计划"也将再次开启申报通道，企业、研究机构及各界人士可以通过环保部下属中华环境保护基金会页面了解申报流程。

线上线下结合 深化绿色物流

2018 年世界环境日的主题是"塑战速决"，核心是应对塑料给全世界带来的环境污染。菜鸟绿色行动也在世界环境日当天"登陆"上海外滩，联合中华环境保护基金会发出倡议，希望全社会一起关注绿色物流，让中国的物流"绿"起来。与此同时，菜鸟也为杭州、厦门送出环保大礼。"这个快递袋不错，很结实不需要胶带再次加固，还印有西湖"。杭州的李女士通过菜鸟裹裹预约了上门寄件服务，这一次快递员给她提供的外包装与以往不同，是一种环保快递袋，以谷物、秸秆等可再生植物为原料制成，大幅减少石油等珍贵资源的消耗。据悉，菜鸟裹裹联合德邦、天天、百世、圆通、点我达等快递公司投放近 50 万个环保快递袋，覆盖杭州及厦门主要区域。今后，所有杭州及厦门的菜鸟裹裹用户都将免费享用环保快递袋。菜鸟绿色行动负责人牛智敬表示，杭州、厦门只是一个开始，未来将有 200 个城市全面实现环保寄件。2018 年菜鸟投入了更多资源推动绿色物流发展，联合天猫、淘宝、饿了么、盒马等阿里巴巴核心板块将绿色物流进行到底。天猫"618"期间，菜鸟驿站新增 1200 个绿色回收台，消费者捐赠纸箱后可以获得菜鸟裹裹能量累计，每捐赠 50 个纸箱，菜鸟会在敦煌绿色生态林种下一棵绿树。同时，菜鸟也把消费者购买绿色包裹的行为与支付宝的蚂蚁森林连通，鼓励全社会为环保出一分力。

2018 年 5 月 23 日，在"菜鸟绿色物流升级"发布会上，由菜鸟牵头，阿里巴巴新零售板块全面集结，共同宣布启动绿色物流 2020 计划。据了解，此番参与绿色物流 2020 计划的既有线上业务，也有线下板块，几乎囊括了阿里新零售全部八方大军。据菜鸟网络总裁万霖介绍，所谓的绿色物流 2020 计划，指的是到了 2020 年天猫直送将把快递袋全面升级为环保袋；淘宝和闲鱼的上门取件服务，环保快递袋将覆盖全国 200 个城市；零售通将实现百万小店纸箱零新增；城市配送新能源车将在 100 城开跑；盒马将达到物流全程"零"耗材；饿了么也将推广绿色环保外卖联盟……万霖表示，除了携手阿里巴巴各板块，菜鸟还将通过电子面单、智能路由、智能切箱等科技手段，进一步向行业开放绿色技术，助力行业绿色升级。到 2020 年，菜鸟将全部使用环保面单，一年覆盖 400 亿包裹；通过智能路由优化包裹里程，减少 30% 配送距离，实现物流降本增效；且将在所有菜鸟驿站小区实现快递回收箱覆盖。

环保寄件推行 数量成本博弈

杭州市下城区沈家巷 20 号，天天快递武林营业厅停放的几辆快递车里堆着不少有"浙就是我"字样的包裹。2018 年 9 月，环保快递袋陆续送达杭州各个快递站点，杭州市民通过菜鸟裹裹 App 下单，就有机会将这份带有江南特色的"绿色倡议"同包裹一起传递出去。这款快递袋"环保"在哪？据城市专属版环保快递袋的生产厂商、湖北光合生物科技有限公司总经理谢永磊介绍，市面上较常用的快递袋的主要原料来自石油，环保快递袋则以谷物、豆科、木质纤维素、秸秆等天然可再生资源为原料。因此，环保快递袋的普及可以有效减少对石油等不可再生资源的消耗，同时降低碳排放。据测算，一个中号环保袋可以减少 14.6 克二氧化碳排放。生物基快递袋可能更符合中国物流业的现状。"在中国，生物基原料来源充足，成本还不高，有很大的推广空间"。谢永磊透露，2018 年，电商平台、快递企业在公司采购的环保快递袋的总量将突破亿级。

绿色正成为物流新趋势。天天快递武林营业厅站长高峰表示，在使用这款城市专属版环保快递袋之前，天天快递就已经在采购和使用环保快递袋了。截至 2018 年，武林营业厅的业务覆盖杭州下城区七个街道，日均包裹超 3000 件，通过菜鸟裹裹下单寄快递的比例逐渐提升。而阿里巴巴 1688 的数据也显示，供应端和采购端都呈现出绿色趋势。与 2017 年 9 月同期相比，2018 年平台上绿色包装商品数增加 576%，绿色包装的采购买家也增长 339%。

回收创新行动　技术资源探索

在浙江大学紫金港校区的菜鸟驿站，2016 级浙江大学环境与资源学院环境工程专业的研究生平帆熟练地将泡沫塑料、纸箱等快递包装分类归放在回收台。一年多来，在回收台拆快递已经成为浙江大学师生的习惯。驿站站长林高瑜表示，驿站服务近 3 万名浙江大学学生，日均包裹数超 7000 件，每天站内可回收利用的快递箱有 200 多个。浙江大学学生来寄包裹时，工作人员会挑选尺寸最合适的箱子给学生免费使用。

除了资源回收利用，原箱发货、循环箱等方式也是绿色物流的创新方式。2018 年 2 月，菜鸟在杭州率先上马数千个循环箱。以天猫小店为切入点，这些循环箱服务于零售通小店的物流配送。据介绍，循环箱选用的塑料重量仅为普通材料的 1/4，更重要的是，每个箱子可循环使用两个月以上，破损后还可回收再造，减少纸箱、胶带等耗材的使用。以此为起点，菜鸟发布了绿色行动的最新成果：全球首个全品类"绿仓"已落地宁波。通过循环箱、原箱发货的模式，该绿仓内的数万 SKU（库存量单位）将探索物流链路全程零胶带、零填充物、零新增纸箱的全新模式，以达到环保和商业的双赢。这也将是物流界首次实现循环箱全流程覆盖。菜鸟商超供应链负责人李岩透露，据测算，这个绿仓一年节约的纸箱将超过 500 万个，3 年就可以节省出一个杭州植物园。

二、绿色管理的拓展

多个平台参与　推出绿色包装

就在共享快递盒亮相的同一时间，国家质检总局、国家标准委也在 2018 年 2 月发布了新修订的《快递封装用品》系列国家标准，根据减量化、绿色化、可循环的要求，对快递包装减量提出新要求。例如，快递包装袋宜采用生物降解塑料，减少白色污染；降低快递封套用纸的定量要求，降低塑料薄膜类快递包装袋的厚度要求以及气垫膜类快递包装袋、塑料编织布类快递包装袋的定量要求；对于快递包装箱单双瓦楞材料的选择不再做出规定，只要材料符合耐破、边压和戳穿强度等指标即可。明确提出快递包装箱的基础模数尺寸，以包装标准化推动包装的减量化和循环利用。

对此，各家电商平台也纷纷响应。菜鸟物流经过2个月的测试，将首批数千个循环快递箱面向杭州进行了投放。从庞大的菜鸟物流仓到全国零售小店的配送，将启用循环箱替代传统纸箱。接下来，菜鸟打算在100万家零售小店推广环保循环箱，预计使用量将超过1000万个，覆盖北京、上海、广州、成都等数百个城市。其中，每个箱子至少可循环使用两个月以上，破损之后还能回收再造，整个生产过程也是绿色无污染，是实打实的环保产品。而这项环保行动每年有望节省超过2400万个纸箱，以此可以少砍伐数百万棵绿树。

不光是菜鸟，苏宁推出的零胶纸箱也成了许多网购达人"一盒难求"的"网红产品"。这款快递纸箱纯粹借助物理力学原理，摒弃各种封箱胶带，不仅做到了真正零胶带污染浪费，在用户体验上也可圈可点。打开过程就像打开易拉罐一样方便。这种零胶纸箱，就是针对胶带纸污染推出的。据统计，2016年我国快递业共消耗超过100亿张快递运单、32亿条编织袋、68亿个塑料袋、37亿个包装箱和3.3亿卷胶带。如果将3.3亿卷胶带折合成长度，大约能绕地球赤道425圈。此外，胶带主要的材质是聚氯乙烯，需要近百年才能降解。这些可怕的数字加上过度的包装浪费以及随之而来的环境污染问题，让快递包装的"绿色化"迫在眉睫。所以，这种"零胶纸箱"的面市，就是摒弃了胶带纸这种环保杀手，锁箱和开箱都十分方便，还能循环使用5次以上。虽制作成本较一般快递纸箱高，但由于可以循环使用，所以单次使用成本大大降低。不过，这种零胶纸箱目前看来并未进入大规模商用阶段。在淘宝、苏宁易购等多个电商平台都未能搜索到出售该款纸箱的店铺。对于广大电商企业来说，若购置这种环保快递盒，自身成本肯定也将大幅增加。因此，零胶纸箱最终能否成为快递盒的主流产品，目前看来还是未知数。此外，像京东之前发起的"青流计划"以及尝试推出的数千个可降解循环包装袋，成本比普通的要高50%以上，巨额费用只能由快递公司和签约商家承担。

纸箱变环保了，那么塑料袋呢？据了解，目前，不少企业在生产设计由可降解材料制成的塑料袋。"我相信绿色、环保的材料，是每一家物流公司都希望去做的。但是无法避免现实问题——成本。我们做过分析，一个不可降解的塑料袋是8分钱，一个可降解的塑料袋价格是它的4~5倍。谁为这些环保材料埋单？我觉得，菜鸟作为平台，就得义不容辞要跳出来，牵头做这件事情"。菜鸟 CEO 童文红表示。

全新作业模式　物流质量提升

菜鸟打造的全品类"绿仓"已经在宁波投产，通过全新的作业模式，循环箱配送已经覆盖仓内数万 SKU①。这也是菜鸟推动物流绿色行动以来的又一项里程碑。"宝贝您收好，循环箱我带走"，成了宁波菜鸟天猫直送快递员最常说的一句话。全球首个"绿仓"是一个天猫超市的专属仓库，仓内商品 SKU 超过 5 万个。此前，物流行业对循环箱的使用只针对特殊商品、特定的物流环节。这是首次应用在商超类仓库，且覆盖了物流的全流程。从消费者下单开始，菜鸟绿仓内就是使用循环箱拣货、装货，之后直接封箱上锁，不需要二次包装、复核，拣货完成即可直接出仓，上线初期效率已经提升三成以上。交给配送环节后，快递员也是直接将循环箱送到消费者手中。当面签收开箱取出商品后，快递员会将循环箱带回。绿仓让物流效率更高的同时，物流成本也下降明显。每个循环箱可以使用 10 次以上，破损后还能回收再造。有消费者说，"以前收包裹，撕掉缠绕的胶带就要费一番功夫，填充物和纸箱也没什么用，用一次也就扔了，实在可惜。现在的循环箱结实、美观，还能为环保做贡献"。

据了解，菜鸟的循环箱采用的是环保材质，可以直接包装食品，在防水、耐热、抗压、防震等方面都优于同类箱子，且重量仅为普通材料的1/4，更加方便打包、装卸和运输。"以前一说快递，就是纸箱和袋子，以后循环箱也是一种常见的快递包装"，菜鸟绿仓负责人说，同样的模式还会在其他城市推行，以后菜鸟绿仓内除了商品原包装发货，将完全实现零胶带、零填充物和零新增纸箱。

2018 年 9 月，杭州市民小陈从菜鸟裹裹 APP 下单寄快递，见到了一款新包装。这是浙江新闻客户端和菜鸟网络联合制作的城市专属版环保快递袋，并陆续在杭州主城区投放使用，首批投放 50 万个。据菜鸟平台估算，50 万个快递袋相当于杭州市民 1 个月左右的使用量。作为中国物流业绿色发展的倡导者和引领者，菜鸟网络早在 2016 年就同中国主要快递公司共同发起菜鸟绿色行动。如今几年过去，中国物流距"绿色风景线"还有多远？

---

① SKU，即库存进出计量单位，如件、盒等。

三、绿色管理的丰富

在消费升级的大背景下，升级快递包装、推广绿色物流是大势所趋，但绿色物流是个系统工程，专家建议，在推动绿色物流行动中，商家应积极使用环保包材，从源头上绿起来；平台应发挥其优势，整合、撬动更多商家加入环保阵营；而前端生产者应当通过技术研发和革新进一步降低环保公益的成本，让更多消费者能够实现绿色消费。

5年时间里，我国快递行业的包裹量从90亿件快速增长至2018年将突破500亿件的规模，物流时效却在不断提升，从4天缩短到2.5天，在提升规模的同时不断提升效率和体验，整个智慧物流网络发挥着越来越大的效用。菜鸟网络科技有限公司正借助人工智能、无人机送快递等诸多尝试，成为中国智慧物流网络中一股重要的力量。马云曾在2018年全球智慧物流峰会上表示，菜鸟将投入上千亿元建设国家智能物流骨干网，用技术、智慧、机器，用各种各样的协同努力，把物流成本占国内生产总值（GDP）的比重降下来。菜鸟要建设的智慧物流怎么样？给企业和消费者将带来什么新体验？

借助人工智能　传统物流升级

"您好，我是菜鸟语音助手，您有一个快递，方便签收吗？""嗯，帮我放物业吧。算了，还是给我放到门口吧。""是放到门口吗？""喂，还在吗？给您放在门口可以吗？"在全球智慧物流峰会上，菜鸟语音助手的这段语音交互视频惊艳全场。菜鸟总裁万霖介绍，凭借人工智能技术，菜鸟语音助手能够在同一时间自动批量拨打巨量电话，帮助快递员派件前沟通消费者。目前，这一服务已在中通多个网点投入试用，后续将在全国推开。"现在快递员平均每天要派送150个快递包裹，很多人来不及打电话，如果全部采用菜鸟语音助手，预计每天可为全国200万快递员节省16万小时的通话时间"。菜鸟语音助手只是菜鸟推行智慧化物流的一项举措。从电子面单开始，成立5年来，菜鸟还致力于无人驾驶、自动仓储、自动配送、物流机器人等人工智能的前沿领域，为传统物流行业的智能化升级赋能。

在无人车领域，菜鸟发布了全球首款固态激光雷达无人物流车"G Plus"。"G Plus"定位于末端低速无人配送。菜鸟此前公布的数据显示，菜鸟无人车车速最高控制在15公里/小时，无人车运行过程中只要检测到周边行人车辆较多，会自动降速到 10 公里/小时，车辆制动距离可以控制在 0.5~0.3 米。据介绍，这款无人车还可以根据需求搭载不同的智能设备，将车辆变成快递车、移动自提柜、移动咖啡售卖车等，应用于多样的新零售场景。

在无人机领域，菜鸟也有诸多布局。菜鸟无人机进行编队飞行，帮助仙居果农运杨梅。菜鸟相关人士表示，仙居杨梅山山路崎岖，果农采摘后需要行车数小时，才能将杨梅送至冷库，使用无人机后，只需几分钟就可完成。物流业的智能化升级为降低成本提供了新的契机。以无人仓为例，在菜鸟的广东惠阳无人仓，这里单仓就拥有 100 多个机器人，远超普通智慧仓库的几十个机器人。无人仓实现了全自动的搬运和拣货，效率比传统人工作业模式高了 3 倍，大幅降低人工成本。在菜鸟武汉黄陂的无人仓，首次使用了机械臂，一台机械臂流水线一天可以轻松生产 5000 个包裹，如果换成人工，则需要至少 10 个工人工作一天。此举既提升效率，又有效降低成本。

智能算法发力　供应流程全托

除了智能化设备，大数据、智能算法也齐上阵，助力物流业继续提速增效，为企业供应链流程再造提供可能。传统商家通常采取线上线下多渠道独立运营模式，导致人员、数据、库存信息流割裂，无法整合全部的销售数据来优化供应网络，库存效率较低。对此，菜鸟推出"一盘货"服务，菜鸟网络仓配供应链负责人周轩榕介绍，利用大数据，"一盘货"服务可以把商家在天猫旗舰店、天猫超市及其他线上线下渠道的销售货品进行统一管理。"伊力特酒类旗舰店"加入菜鸟的"一盘货"后，2018 年"6·18"当、次日达的订单比例比 2017 年"6·18"提高了近 29 个百分点，库存周转天数比日常减少了 61%，节省了大量供应链成本。此外，菜鸟还更进一步推出了涵盖预测、分仓的供应链管理——"全托管"服务。中哲尚慕集团 2017 年加入了菜鸟"全托管"服务，将旗下 GXG 服饰品牌全国线上、线下所有渠道销售后的货品物流都委托给菜鸟来管理，由菜鸟仓提供发货、仓储、配送服务。"服饰与其他品类相比，款式型号多，但每个款式型号库存数量不多，要支撑全国线上、线下多渠道销售，对库存灵活性要求高"。菜鸟物流专家宋昌来说。

"'全托管'的秘诀就在这里，在货品入驻菜鸟仓时，采用的是智能分仓方式，利用大数据测算，合理安排货品，使货品的结构更加合理，减少过去因布货不准导致的频繁异地调拨情况"。中哲尚慕集团副总裁兼电商总经理吴磊说，"加入'全托管'服务后，GXG品牌库存的整体周转天数缩短30%，虽然有些货品库存反而增加，配送成本反而提升，但当、次日达提升率达到了行业水平的3倍"。万霖介绍，目前在中国，菜鸟整个物流网络的合作伙伴已经超过3000家，所协同的仓库、转运中心、配送站点，总面积超过3000万平方米，覆盖2700多个区县，而且有1500多个区县实现了当日达和次日达。

建设枢纽节点　商品出海更易

物流从来就不是区域性的事情，无论是"运进来"还是"送出去"，中国物流业已不可避免走向全球化时代，跨境物流日趋重要。在智能物流骨干网的建设上，菜鸟将这一动作推向了全球，在全球设立6个世界级数字贸易中枢，包含多种物流业务模式运作；另外，还牵头与Lazada、一达通共同打造了全新的eHub全球电商通关贸易服务平台，并与马来西亚数字自由贸易区建立了专门的对接窗口，能够实现多种模式快速清关。中小企业可以通过菜鸟与一达通联合打造的一站式服务平台，获得运费实时报价、快速在线下单、贸易便捷通关、货物全程跟踪等一站式服务。

借助全球物流网络，国内企业的商品"出海"变得简单多了。"以前，想把商品送到海外消费者手中，找物流的过程就像打仗"。左右家私出口事业部总经理黄浩表示，一套家具送到海外消费者手中，至少需要两个货代公司，光是寻找的过程就要耗时半个月，有时甚至清关、运输、搬运、安装等环节得各找一个。"现在，线上我们一键就能完成发货，线下只需将货物发至国内仓库，便可全程托管，由菜鸟解决海运干线的整合和目的国的配送"。解决了物流难题，企业跨境零售的规模效应逐步体现。"借助菜鸟的供应链方案，林氏木业在单量飙升10倍的同时，还降低了1/3的物流成本"。林氏木业电商负责人庞熙启说。目前，菜鸟所协同的物流网络可以提供到224个国家的配送服务，并且有200多个海外仓储。而且，通过与海关、其他合作伙伴一起，"5年来把我们B2B的跨境时效从70天缩短到10个工作日"。万霖说，在平均时效10天的基础上，希望未来能够将跨境时效降至5天，然后逐步实现最终的72小时必达的愿景。

升级"回箱计划"　带动公众参与

距"双11"还有两个月，但对物流行业来说，准备早已开始。2018年9

月 6 日，菜鸟网络召开媒体沟通会，公布在绿色物流方面的最新成果，并"剧透"2018 年"双 11"物流的花样玩法。"绿色"仍将是关键词。2018 年 9 月 6 日上午，菜鸟发布了一项绿色行动的最新成果，打造了全球首个全品类"绿仓"，这是物流业首次实现循环箱全流程覆盖。据菜鸟商超供应链负责人李岩透露，这个"绿仓"落地在宁波，能够对数万 SKU 实现循环箱配送，且覆盖物流的全流程，复杂程度是业内最高的。菜鸟提供的数据显示，这项新举措将带来每年 1000 多万元的物流成本降低。"循环箱的包装简化不光在耗材上，还在回收环节"。他表示，循环箱当前的标准是循环 10 次以上、破损率不能高于 1%，破损的循环箱回收后还将继续制成托盘，在全流程里循环。"据测算，这个仓库一年节约的纸箱超过 500 万个，这是什么水平呢？如果持续三年，就可以节省出一个杭州植物园"。李岩说，菜鸟网络希望这样的"绿仓"越来越多，每运营起来一个，就会增加一片森林。

还不能省去的纸箱怎么办？据菜鸟物流云业务负责人王攀透露，运用算法，2017 年，菜鸟在阿里体系内部试水菜鸟智能箱型推荐，提供商品的长宽高、调用智能箱型推荐服务，系统将实时推荐箱型，并提供装箱顺序和 3D 摆放图。据测试，2016 年，这套菜鸟自主研发的智能箱型设计和切箱算法为淘系优化了近 2.6 亿包裹，菜鸟仓也减少了 7500 万个纸箱的使用。菜鸟已将这一能力开放给全社会，2018 年预计至少覆盖 1 亿个订单。每年"双 11"是中国物流的大考，这也意味着，"双 11"是绿色物流的实践场。在 2018 年 9 月 6 日的发布会上，2018 年"双 11"的玩法也提前曝光：首先，在 2017 年"双 11"在全国 10 城开展"回箱计划"的基础上，2018 年"双 11"，菜鸟将启动全新升级的"回箱计划"，范围将拓展到全国百城 5000 个回收点。

升级后的"回箱计划"也迎来了新的参与伙伴。据介绍，淘宝、高德、支付宝、菜鸟裹裹等阿里线上线下的核心资源将从 2018 年"双 11"起全面支持该计划，带动数千万人参与到环保中来。"这次升级最大的亮点是为公众提供更加便捷和多元化的参与方式，将个人线下的环保行为，转化为线上绿色能量的积累"。菜鸟绿色行动负责人牛智敬介绍，公众可以在高德地图搜索"身边公益"，找到离自己最近的回收点完成纸箱捐赠。除了获得蚂蚁森林绿色能量，回箱计划菜鸟会对城市和站点做排名，通过绿色比拼，获得第一名的站点和城市的捐赠人将会获得绿色激励。"绿色物流在于每个人的主动选择，每个人主动一点，加速度会更快"。牛智敬表示。此外，阿里巴巴的 1688 平台专门开辟了绿色专区。上线后，众多快递包装上下游企业踊跃入驻，为商家购买绿色包材提供了便捷的通道和丰富的选择。

菜鸟也会将环保理念带到农村，加大绿色物流力度，通过完善24小时达的国内物流网络，为乡村提供都市的生活方式，享受高效的物流服务。截至2019年2月，菜鸟乡村物流已进驻29个省份近700个县，建立了近3万个村级物流站点。在全国有近700家合作伙伴，用2300多辆运输车连起乡村线路。每月仅农资农贸商品这一项，运输到乡村的就有近300万件。菜鸟的合作伙伴也在积极投身绿色行动。中通电子面单使用率超过了94%，全国68套自动分拣线全部使用可循环帆布袋进行集包。圆通上线了RFID系统，并在全国四个启用自动化设备的中心，批量使用可循环的RFID环保袋。申通累计使用超过1.2亿个可降解的快递袋；通过避免过度包装，定期回收再利用等措施，减少使用包装耗材10%。韵达正在大力推广使用无须纸张的电子包牌提升效率。

2018年12月17日，全国政协网络议政远程协商会上，菜鸟绿色行动再获肯定。这次会议专题聚焦"绿色物流"，15位政协委员围绕"推进快递行业绿色发展"建言资政。据悉，菜鸟"回箱计划"启动一年来，已经在全国设立约5000个绿色回收台，2018年"双11"线下回收快递纸箱近1300万个，线上点赞和捐箱人次突破200万，推动绿色物流逐渐深入人心。作为"最后1公里"的创新方案，菜鸟绿色驿站被全国政协委员建议复制推广。"双11"期间，生态环境部、国家邮政局两部委官方微博点赞菜鸟绿色行动，带动了更多人参与到环保行动中来。为推广回收台的利用率，菜鸟连续推出创新模式：联合全国近百所高校，发起纸箱循环使用绿色倡议，打开高德地图就可以搜索距离最近的绿色回收台，还可以通过菜鸟裹裹、支付宝等手机软件在线互动，参与线下植树等公益活动。这些方案多次获得官方肯定。2018年7月，国家邮政局领导集体考察菜鸟驿站，点赞绿色和末端创新。"纸箱回收不错，绿色发展值得倡导"，菜鸟绿色行动负责人表示，作为中国物流业绿色发展的倡导者和引领者，菜鸟正在通过科技创新、模式创新，协同全行业加速绿色物流升级。

菜鸟绿色行动通过技术和模式创新，带动行业"轻装简行"，引领世界绿色物流趋势。截至2018年底，菜鸟研发的切箱算法已经覆盖上万品牌，累计优化超过5亿个包裹；菜鸟智慧新能源物流车全国40城开跑，其中广深两地就投放了近1000辆。在菜鸟引领下，更多行业、商家和消费者加入绿色行动。

在菜鸟推动下，无胶带纸箱、环保袋、循环箱等规模化使用，切箱算法等物流环保技术向行业输入和开放，让包裹"瘦身"，让物流变绿，"减量化"不仅仅在包材上。菜鸟引领的科技和创新模式，正在更深层撬动整个行业向绿色转型，在更广范围、更大量级上加速物流绿色化，从一个一个纸箱替换、循环，到让一亿一亿个包裹绿起来。菜鸟联合厦门市政府，在国内率先启动绿色物流城市建设，2020年更多绿色省市有望落地。菜鸟还联手商家打造绿色供应链，实现包装全面减量化。原箱发货、门店发货等新模式，让配送环节"零"新增包装渐成趋势。据悉，2019年菜鸟将联手合作伙伴，加大绿色物流园、新能源物流车等布局，向全行业输出更多环保产品、创新模式和解决方案，打造绿色物流基础设施，加速物流业绿色升级。"绿色物流已经上升到国家行动。菜鸟作为全国最大的智慧、开放、绿色的物流网络平台，将通过开放性的网络平台和智慧技术，做绿色物流的基础设施"。菜鸟网络总裁万霖表示，菜鸟将持续开放绿色能力，提供绿色物流基础设施，携手合作伙伴、商家、消费者共建绿色生活。

 案例延伸

马云站台发声　支持绿色物流

2016年6月13日，由菜鸟网络主办的全球智慧物流峰会在杭州召开，1000余位嘉宾共同探讨智慧绿色物流的未来，成立了绿色联盟，马云亲自站台。主要物流企业一致承诺，到2020年，争取达成行业总体碳排放减少362万吨，承诺替换50%的包装材料，填充物替换为100%可降解绿色包材。2016年6月13日晚上，马云也现身会场，亲自解释了菜鸟要做的，以及他对国内物流行业的看法。"我们在过去的十年，超过了美国近一百年的积累，这是非常了不起的。全世界很少有一个国家，能够在短短的十年以内，包裹几乎无处不可以送到"。十年来，马云坚持阿里巴巴不应该做快递。"当时很多人挑战我，现在也有很多人问我，你自己不做怎么保证质量，怎么保证效率。我觉得中国市场上无数的创业者，无数优秀的年轻人，他们一定会做得更专业，一定会做得效率更高"。十年以后，中国每天的快递包裹将会达到3亿个，一年的包裹会突破1000亿个。未来的快递行业，不仅要有人的力量，还要用技术的力量、数据的力量、共享的力量，把全世界的物流联合起来。"我个人认为，物流行业必须参与到整个生产、经济的转型升级，必须要做到能够消灭库存。如果我们有最智慧的物流行业，能够把制造业和销售及消费体验结合在一起，替物流行业真正的客户，也就是制造业者们消灭库存，那么我们对社会的贡献远远超过了送货"。

马云通过"周游世界"，得出的总结是："中国物流快递行业的高速发展，引起了'一带一路'沿线各国的高度重视和敬佩。我去的时候，几乎没有一个国家的元首不提出来跟中国快递行业合作的。"对于绿色联盟提出的关于绿色物流的倡议，马云表示，大家要一同来研究，用绿色快递、绿色物流，让中国的环境更好。让中国的物流真正成为未来世界的物流，让中国的物流变成绿色的物流。

资料来源：朱银玲：《马云站台，要让快递"绿色"起来》，《钱江晚报》2016 年 6 月 14 日，第 A0017 版；傅静之：《快递盒争穿"绿"新衣》，《浙江日报》2018 年 3 月 20 日，第 10 版；佚名：《首批菜鸟绿色物流研发资助项目揭晓　绿色循环箱、智能锁等入围》，2018 年 5 月 17 日，新华网，http：//www.xinhuanet.com/gongyi/2018－05/17/c_129874811.htm；佚名：《阿里巴巴启动绿色物流 2020 计划　菜鸟包裹将全面更换环保包装》，2018 年 5 月 23 日，新华网，http：//www.xinhuanet.com/fortune/2018－05/23/c_129879117.htm；佚名：《菜鸟绿色行动 618 "登陆"外滩　展示绿色物流解决方案》，2018 年 6 月 6 日，新华网，http：//www.xinhuanet.com/gongyi/2018－06/06/c_129887801.htm；祝梅：《为绿色物流加速　菜鸟推出升级新"玩法"》，2018 年 9 月 6 日，浙江日报浙江新闻客户端，https：//zj.zjol.com.cn/news/1024728.html；佚名：《菜鸟发布全品类"绿仓"循环箱覆盖物流全链路》，2018 年 9 月 6 日，新华网，http：//www.xinhuanet.com/newmedia/2018－09/06/c_129948402.htm；祝梅：《物流包裹，何日换绿装》，《浙江日报》2018 年 9 月 10 日，第 6 版；李心萍：《新物流，长啥样（聚焦高质量发展）》，《人民日报》2018 年 11 月 22 日，第 10 版；佚名：《菜鸟引领绿色物流"回箱计划"获点赞》，2018 年 12 月 18 日，新华网，http：//www.xinhuanet.com/gongyi/2018－12/18/c_1210018155.htm；佚名：《科技为 500 亿包裹"瘦身"　菜鸟创新加速物流绿色升级》，2018 年 12 月 28 日，新华网，http：//www.xinhuanet.com/gongyi/2018－12/28/c_1210026421.htm。

案例分析

　　伴随着电子商务的飞速发展，快递行业也在近几年发展迅猛，带来经济发展的同时，垃圾污染的问题也不容小觑。马云在物流峰会现场号召物流行业要参加到整个生产、经济的转型升级当中，坚持绿色发展，体现了可持续发展理念和绿色消费理念，这对于未来物流行业的发展起到举足轻重的作用。菜鸟网络积极参与行业转型升级，不断探索创新，不仅走上了绿色发展之路，也推动了物流行业的绿色低碳发展。菜鸟网络值得借鉴的经验有以下几点：①成立绿色联盟，开展合作，减少碳排放量。国内物流行业的覆盖范围十分广泛，仅靠几家物流企业做到绿色生产和运输是远远不够的，所以以绿色联盟的形式凝聚整个物流行业，共同谋划绿色发展的方案，俗话说：众人拾柴火焰高，如若是整个行业都严格按照既定的规范执行，那么将会减少碳排放量，为保护环境贡献一分力量。菜鸟网络重视合作共享的力量，不仅在国内物流市场大展身手，更将眼光放在全球，菜鸟围绕绿色包裹、绿色回收、绿色智能、绿色配送不断加码投入，发起业内最大规模的联合环保行动。与国外企业 Lazada、一达通共同打造了全新的 eHub 全球电商通关贸易服务平台等，建立全球合作，共同努力减少物流碳排放。②科技带动发展，解决环保难题。未来的物流行业，仓库更加智能化，由机器人完成基础工作，电子化设备不仅提高效率，而且节能环保，例如，电子面单将替代传统纸质面单，在"双 11"当天就可以节省 26250 棵树；革新包装材料，使用可降解双面胶并且采用"拉链"设计方便拆箱，破解物流行业的包装和不可降解胶带带来的污染难题；菜鸟语音助手帮助快递员派件前沟通消费者；发布全球首款固态激光雷达无人物流车"G Plus"；等等。利用科技推动物流业发展的新飞跃，不再以污染环境为代价发展经济。③企业承担社会责任，主动为环保材料埋单，促进绿色产业发展。由于生产可降解塑料的成本远高于不可降解塑料袋的成本，菜鸟网络义不容辞跳出来牵头做这件事，起到了先锋模范带头作用，为物流行业的绿色发展打下经济基础，促进环保事业稳固发展，也为造福社会贡献力量。④融入"一带一路"建设，发挥大国作用，发展"绿色物流""世界物流"。立足当下，面向未来，将环保意识充分融入企业发展当中，在绿色理念的指引下制定长期性、全局性和前瞻性的战略规划，积极探索低碳环保的物流仓储、绿色快递包装、绿色回收、开拓绿色物流市场等。

跟随世界绿色物流新趋势，在企业的长远发展上布局，遵循人类共同体原则，向世界传达绿色理念。有效配置物流行业资源，不仅提供绿色快递，更带动了绿色消费和绿色快递需求，推动快递行业的绿色发展和共同繁荣。⑤开展绿色物流科研公益项目，整合社会资源。如菜鸟"绿色物流研发资助计划"是国内首个聚焦绿色科研创新的公益项目，计划投入千万元，面向全社会征集绿色解决方案，通过整合资源，调动社会力量共同推动绿色物流科研创新。菜鸟也把消费者购买绿色包裹的行为与支付宝的蚂蚁森林连通，鼓励全社会为环保出一分力，充分调动了公民积极参与绿色物流推进和环境保护的热情和力量。

　　菜鸟网络的绿色发展之路充分说明，要想追求企业的可持续发展，实施全方位的绿色管理和绿色探索是十分必要的。企业的绿色环保发展不仅需要绿色理念的指引，更需要绿色行动。

本篇启发思考题目

1. 现代物流企业与电商平台如何合作布局绿色物流？
2. 现代物流企业如何建立绿色市场发展机制？
3. 现代物流企业的绿色发展如何改变人们的生活方式？
4. 现代物流企业如何以科技创新推动绿色物流发展？
5. 现代物流企业如何打造绿色供应链？
6. 现代物流企业如何建立绿色管理体系？
7. 现代物流企业如何解决环境污染问题？
8. 现代物流企业怎样践行绿色环保理念？

第八篇
西湖电子：锁定低碳经济与绿色增长

 ## 公司简介

　　西湖电子集团有限公司（以下简称西湖电子）创立于 1973 年，公司总部位于杭州，是杭州市政府国有资产授权经营企业之一。西湖电子始终坚持走科技创新与管理创新之路，不断探索适合自身发展的产业道路，现已形成以新能源汽车产业为主业，智慧交通、智慧社区、通信信息电子、精细化工、新材料、科技创新园区建设、房地产开发等多种产业并举的综合性产业布局。公司旗下现拥有数源科技股份有限公司、杭州西湖新能源科技有限公司、数源移动通信设备有限公司等 20 余家全资、控股企业。公司始终坚持把技术创新作为企业发展的持续动力，高度重视企业自主科技创新，现拥有 4 家国家高新技术企业，先后创立了国家级企业技术中心、国家级博士后科研工作站、新能源汽车电子省重点企业研究院、浙江省西湖电子信息技术与新能源研究院等一批国家和省市级科研创新平台，在新能源充换电设备、物联网应用、网络集成等领域积累了大量的研究成果和核心技术，为公司技术进步与稳定发展奠定了良好的基础。近年来，公司充分发挥自身优势，加快产业转型升级步伐，已在新能源汽车、智慧交通、智慧社区、智慧园区等一批新兴产业领域实现了快速突破，初步走出了一条转型升级的发展新路子，为企业的持续发展增添了后劲。

案例梗概

　　1. 西湖电子通过新能源汽车与充电设施数据采集中心实现"人车互动"。
　　2. 注重将智能化交通技术用于纯电动公交车推广，顺应"绿色+智能"的交通发展趋势。

3. 积极参与 "5G 车联网""智能辅助驾驶"等未来科技项目，顺应绿色出行新趋势。

4. 注重消化吸收比亚迪在新能源汽车制造方面的先进技术，提高产品的 "杭州化率"。

5. 建立全国唯一的新能源专用车中央研究院，研发 "西湖"品牌的纯电动扫地车等。

6. 建设新能源汽车与充电设施数据采集中心，由专业技术团队 24 小时值守。

7. 自主研发车联网系统，实现车辆状态控制、移动支付、车联网等五大功能。

8. 车内安装 6 个智慧终端，可实现辅助驾驶、客流统计、智慧站牌、一键爆破等功能。

关键词：智慧化运营；新能源汽车；纯电动公交车；城市节能减排；低碳经济

 案例全文

2015 年 10 月下旬，作为和马云、李书福一道应邀出席在伦敦举行的第四届中英工商峰会的杭州企业家之一，西湖电子集团董事长章国经非常珍惜这次机会。"作为一家传统制造企业，多年来尽管我们付出了很多，但往往是突出了重围又陷入了困境，始终没有实现真正意义上的产业转型升级。而 2014 年的大胆一搏，跨入新能源汽车这一全新的领域才给西湖电子带来了前所未有的活力，实现华丽转身"。章国经这样说是有底气的：2014 年 4 月底，西湖电子与比亚迪汽车正式合作，开始全面进军新能源汽车产业，2014 年 6 月开始，"蓝天白云"新能源纯电动大巴开始在杭州逐步投入公交运营，目前已累计投放近 600 辆；2015 年 9 月，新一代 "绿水青山"西湖新能源纯电动大巴又在杭城 7 路等线路的公交线上率先投入运营。一家生产了 30 多年电视机的传统国有企业是如何脱胎换骨，完成跨界发展的？新经济形态下，传统制造业又该如何借 "互联网+"的势？西湖电子的强势转型，或对打造杭州制造升级版有着一定的借鉴意义。

一、绿色管理的探索

多方位进军新能源产业　拥抱杭州制造新的机遇

在西湖电子新闻发言人张平的微信朋友圈里，有一张照片转发率特别高，这张照片就是 2015 年在伦敦 Lancaster House 进行"首秀"的比亚迪 K10 纯电动双层大巴。而鲜为人知的是，位于杭州仁和的西湖比亚迪新能源汽车生产基地作为目前国内主要的电动客车出口基地，将承担起出口英国的 K10 电动双层大巴以及其他出口纯电动客车的制造重任。另外，此次比亚迪还与英国最大客车生产商 ADL 公司签署了合作协议，双方合作的第一个项目就是伦敦 51 台 12 米电动大巴的订单，这一订单，将由杭州余杭仁和基地负责生产。"在短短一年多的时间内，西湖电子能在新能源汽车产业取得这样的成绩，实属不易"。章国经说。

作为杭州的老牌国有企业、"西湖"电视机的制造商——西湖电子在传统电子行业中曾摸爬滚打了数十年，其间有过辉煌，也有过低谷，甚至一度到了濒临破产的边缘。但是，当它重新回到人们的视线中时，已经焕然新生，扬帆驶入新能源汽车的蓝海里。2012 年起，西湖电子开始在新能源汽车动力电池成组（PACK）、电池管理（BMS）、车载汽车电子装备等方面进行了多方位的研发应用，标志着公司在新能源汽车领域正式起步。2013 年，浙江省发改委通过专家考核论证，批准成立西湖电子新能源汽车电子省级重点研究院。而这在章国经看来，才算真正拉开了西湖电子多方位进军新能源汽车产业的序幕。"一直以来，业内有不少质疑我们转型的声音，说一个做电视机的企业怎么能跳到了新能源汽车这一全新的领域？"事实上，西湖电子这一"跳"并不是突发奇想，更不是无厘头的。随着全球能源和环境问题不断凸显，发展新能源汽车已经成为全球共识与国家战略。在杭州，更是将发展新能源汽车作为改善大气环境、提升城市品质的重头戏，并将此举作为当前产业转型升级的关键举措。"西湖电子正是敏锐地捕捉到了这一历史性的发展机遇，义无反顾地转型新能源汽车产业的"，章国经说。

站在"风口"浪尖上　老牌国企创造"杭州速度"

转型升级，不是光"转型"不"升级"。尤其是近年来，全国工业制造发生了前所未有的变化：增长率回落，在区域 GDP 创造中的贡献率也随之下降。在此背景下，如何打造杭州制造升级版，实现高品质、高水平的本土制造，是每一家不甘于平庸的制造企业亟须解决的课题。西湖电子通过这几年来的行业探索，发现要在新能源产业上有更大的作为，必须"借船出海，借梯上墙"，与国内一流企业进行合作。"在这一过程中，公司进行了大量的产业调研，最终瞄准了比亚迪新能源汽车"。章国经说，比亚迪是国内唯一同时掌握整车和电池、电机、电控三大核心技术的新能源电动汽车企业，具有十分突出的技术优势和市场优势，尤其是比亚迪纯电动公交大巴几乎占据了90%以上的国内外市场。俗话说："耳听为虚，眼见为实。"为了对比亚迪电动汽车有更深入的了解，2014年春节章国经甚至是在深圳过的。"记得我们刚下飞机，为坐上比亚迪纯电动出租车，在深圳机场整整等了半个多小时"。章国经一行在深圳待了8天，这8天，他坐了10次纯电动出租车，每次，他都要和的哥聊聊所坐车型的性能，并仔细感受。而这些努力，都为西湖电子和比亚迪合作奠定了基础。

2014年4月29日，杭州市政府与比亚迪正式签署新能源汽车推广应用和产业发展战略合作协议。同时，西湖电子作为控股方与比亚迪合资成立了杭州西湖比亚迪新能源汽车有限公司，并共同组建新能源专用车中央研究院。谈起这次改革，章国经的眼睛里明显闪烁着兴奋。他说，以前做电视机的时候，公司员工精神状态比较消沉，"就是精神气不足的感觉"。而现在，虽然大家经常要加班加点，但公司上下却时时洋溢着一种朝气蓬勃的气氛。"因为，这次的转型让员工看到了趋势，一种站在风口浪尖上的趋势"。实践证明，企业的活力同样也是不可忽视的生产力。在接下来的一年多时间里，西湖比亚迪新能源汽车推广应用工作取得了快速进展，一度创造了"杭州速度"和"杭州模式"。通过国内首创的租赁委托运营模式，2014年6月，第一辆"蓝天白云"款西湖纯电动公交车在K290公交线路载客运营，目前杭州纯电动公交车已达600辆左右，在30多条线路上运营。

二、绿色管理的拓展

从低端制造迈向中高端　和行业巨头合作倒逼成长

这一路走来，章国经的体会是，转型升级、"二次创业"是非常痛苦的，尤其是从低端制造迈向中高端，要跨越的不亚于"死亡之谷"。但是，和比亚迪这样的行业巨头合作，他们会逼着你成长：合作期间，西湖电子一方面注重消化吸收比亚迪在新能源汽车制造方面的先进技术，不断提高产品的"杭州化率"；另一方面不是简单地将自己定位为汽车制造商，而是通过商业模式创新助推产业转型和技术创新。"前期已经投放的这些被寄予了'西湖蓝'寓意的600多辆'蓝天白云'纯电动公交车是由西湖比亚迪提供，并不全是由杭州生产的"。张平介绍道，2015年9月底，第二代"绿水青山"款西湖比亚迪纯电动公交车正式在杭州投入公交运营，意味着真正杭州制造的纯电动公交车来了。据介绍，"绿水青山"版西湖比亚迪纯电动公交车不仅由杭州生产，而且还采用了新一代先进技术的新型磷酸铁锂动力电池，它的能量密度比指标和原来相比提高了30%以上。

30%是个什么概念？"配备该电池的新E6出租车车辆工况续航里程会从原来的300公里一下提升到440公里，完全可以媲美有'电动车标杆'之称的特斯拉"。章国经还透露，截至2015年9月底，已投入运营的西湖比亚迪纯电动公交车总行驶里程已超过1320万公里，节约柴油超过528万升，减少CO_2排放12260吨以上，成为名副其实的杭州节能减排生力军。"目前，我们还有约900辆车已完成生产，等待投入运营，2015年12月底前可累计完成1500辆的投放任务"。事实上，西湖比亚迪在杭州的产业布局，并不只有大巴车一项，还包括余杭仁和二期新能源专用车生产基地，全国唯一的新能源专用车，中央研究院还研发"西湖"品牌的纯电动扫地车、纯电动压缩式垃圾车、纯电动洒水车、纯电动物流车等。

西湖电子集团借鉴德国"工业4.0"新能源汽车与传统信息电子产业融合的经验。2015年10月22日，在杭州最新交出的前三季度经济"答卷"中，GDP增长继续保持双位数，增速位居副省级以上城市前列。与此同时，信息经济和智慧应用所蕴含的变革张力也在加速向传统制造业渗透，引导杭州工业和信息经济迈向"产业智慧化、智慧产业化"的更高层次发展轨道。如何像德国人"工业4.0"所做的那样，靠服务业和信息化来提升传统的工业制造？从传统汽车"升级"而来的新能源汽车，因为一头连着高端装备制造业，一头连着信息产业，发展潜力巨大。作为老牌的信息电子企业，西湖电子具有先天优势。其自主研发的汽车电子产品、智能充电桩、车联网、智慧交通等都取得了不少成绩。在西湖电子办公大楼里，有一间办公室很大，并由专业技术团队24小时值守，这就是公司已建成启用的新能源汽车与充电设施数据采集中心。在这里，初期可以实现运营车辆与充电设施的实时安全预警及监控、人流统计以及智慧调度等智慧化管理功能，并为客户提供车辆运营定位与监控、车载动力电池性能监控、上下客流统计、充电导航、安全救援服务、信息发布等全方位的双向交互信息服务。"简单来说，通过该系统平台就可以实现'人车对话'"，章国经说。例如，通过大数据采集与分析，可以知道杭州所有投放的西湖比亚迪纯电动公交车在各个时间段的客流情况、每辆车的实时运营轨迹以及动力电池运行状态，并进行实时显示和提示。

在杭州全力推进新能源汽车产业中，政府提出不仅要扩大杭州市新能源汽车领先地位，还要形成其与智慧应用的有机结合。而西湖电子在车联网的探索中已经初步尝到了这方面的甜头。"我们自主研发的车联网系统，可以实现车辆状态控制、移动支付、车联网、360度全景安全监控、远程信息发布和控制五大功能，从而达到车与车、车与路、车与网、车与人的互联互通，为城市公交与出租车提供一整套智能化的车联网解决方案"。目前，这一智能的"西湖芯"系统已在杭州所有投放的纯电动公交和出租车中得到批量应用，还成功输出到多家汽车厂商。习近平说："我们要建设天蓝、地绿、水清的美丽中国，让老百姓在宜居的环境中享受生活，切实感受到经济发展带来的生态效益。"这真正说出了全国人民和产业界的心声。西湖电子集团作为我国新能源汽车产业的一员，主动承担起社会责任，义无反顾地发展绿色和低碳经济，加大新能源汽车的推广应用力度，为节能减排、雾霾治理贡献自己的一分力量。

节能减排与经济增长结合　深度融入全球发展浪潮

"简单来说，通过该系统平台，我们可以轻松实现'人车互动'，时刻掌握运营一线的动态"，西湖电子集团董事长章国经。低碳、绿色与健康越来越成为当代社会生活主色调，世界经济发展主题也开始锁定低碳经济与绿色增长，其中，新能源汽车产业因全球能源和环境问题的不断凸显而迅速崛起。在2016年9月2日的B20欢迎酒会上，章国经与宗庆后、王水福、田宁等不少杭州知名企业家共同畅聊了G20时代的经济前景，并就今后企业之间在新兴领域的产业合作问题进行了具体交流，收获颇丰。他说："利用B20的平台，我觉得我们企业家应该更加积极地参与全球的贸易规则制定，能够使我们的核心竞争力，使我们的绿色经济得到更好的发展。"

章国经认为西湖电子正在从事的新能源汽车产业本身就是创新的产物。在其中，西湖电子不是简单将自己定位为汽车制造商，而是通过商业模式创新助推产业转型和技术创新，加快推进新常态下转型升级步伐。不仅实现了自身的转型升级，还为城市节能减排和大气污染治理发挥了积极作用。数据统计，西湖电子用两年不到的时间在杭州投放了1500辆纯电动公交车，占主城区公交车总量的26%。截至2016年7月底，纯电动公交车总行驶里程达6100万公里，节约柴油2440万升；在杭州运营的纯电动公交大巴和其他纯电动出租车、网约纯电动通勤客车和纯电动环卫专用车加起来，目前已累计减排二氧化碳达 7 万多吨。所以，针对 B20 六大议题，章国经对其中的"金融促增长"议题提出了自己的想法，他认为金融应加大对绿色低碳产业的支持力度，也希望能够和全球的工商界共同谋划绿色经济的发展模式，不仅要发展经济，还要更多地使用清洁能源，改善全球生态环境。"绿色+智能"是未来交通发展的趋势，像西湖电子在纯电动公交车推广应用的过程中，就十分注重智能化交通技术的应用。目前在杭州上路运营的纯电动公交车和纯电动出租车上都安装了西湖电子自主研发的智能化的车联网系统，可以实现车辆状态控制、车辆定位、客流统计、视频安全监控等多种功能，通过对车辆各类信息全方位的采集和掌控，保障了车辆的运营安全，为智慧运营创造了条件。目前，西湖电子还在积极参与研究"5G 车联网""智能辅助驾驶""城市智慧基础设施"等未来科技项目。届时，行车途中，车辆能自己识别道路信号，并第一时间告知车主做出相应反应……相信随着新型城市化建设的推进和智慧城市相关政策的落实，智能交通将有着广阔的发展空间。

适时把握 G20 峰会时机　勇敢跨界闯出一片天地

要发展也要蓝天的双赢之路在中国将如何实现呢？起码，杭州率先做到了——在 G20 召开前后，"杭州蓝"连续刷屏，火爆朋友圈。除了闻名遐迩的西湖，"颜值高、气质好、国际范"的西湖比亚迪新能源汽车也成为助力"杭州蓝"的一道亮丽风景。"构建创新、活力、联动、包容的世界经济"是本次峰会的主题，西湖电子集团有限公司董事长章国经也希望在 B20 峰会上发出浙江本地企业的声音：希望全球关注绿色低碳经济，在绿色经济的发展方向上达成新的共识。章国经在 B20 发声的背后，是有数据作为支撑的，杭州已经确确实实在服务绿色经济的道路上迈出了一大步。

据不完全统计，截至 2016 年 9 月，在杭州运营的纯电动公交大巴和其他纯电动出租车、网约纯电动通勤客车和纯电动环卫专用车合起来，已累计减排二氧化碳达 7 万多吨。"我们现在一天能够生产 15 辆的 12 米的大巴，一天的销售额都能够达到 3000 万元"。章国经谈起这些数据时显得异常兴奋。不得不提的是，在 G20 杭州峰会召开之前，一批零排放、无污染的纯电动环卫车车辆在杭州主城区上路运营，它们是杭州西湖比亚迪新能源汽车有限公司制造基地为杭州 G20 峰会赶制的新能源产品。据了解，采用新一代的新能源纯电动环卫车作业，每台车每小时作业时仅耗电 10 度，碳排放和污染物排放为零。

彩电车间变身"大数据平台"　"人车对话"实施智慧管理

通过大数据采集与分析，可以知道杭州所有投放的西湖比亚迪纯电动公交车在各个时间段的客流情况、每辆车的实时运营轨迹以及动力电池运行状态，并进行实时显示和提示。不得不提的是，新能源汽车的安全性和稳定性也是没得挑。新能源电动汽车不仅"新"在动力方面，车内的系统控制方式也实现了高度的信息化。这款大巴车的车身外部共设有 7 个摄像头，据介绍，这是为了解决行驶中的视觉盲区问题，全方位监控车身四周路况，将行车安全隐患降到最低。在西湖电子产品展示厅里，我们看到，传统的汽车中控台上的物理开关和按键已被一块用触碰方式操作的"平板电脑"所取代。汽车电子事业部总经理金昊玄介绍说，这就是与特斯拉类似的智能化触摸式车载中控屏，也是新能源汽车的用户终端。"我们现在已经在运营的车里装了 6 个智慧终端。它可以实现辅助驾驶、客流统计、智慧站牌、一键爆破等功能。一旦车身玻璃被智能破玻器打开，车上的信息化终端会将破玻信号无线传至数十公里外的系统后台，相关部门可以迅速判断、采取应对措施"。金昊玄表示。新能源汽车的推广和发展不仅是产业趋势，同时也是杭州发展智慧经济的重要抓手。随着充电场站等配套设施的完善，未来，新能源汽车会被更多普通家庭所使用。

三、绿色管理的丰富

持续创新推动转型升级　积极谋求未来多重转型

2016 年既是"十三五"开局之年，也是供给侧结构性改革的元年。汽车产业作为国家先导性产业，在增强内生发展动力、推进供给侧结构性改革等方面备受关注。供给侧结构性改革提出了创新、协调、绿色、改革、共享五大理念。为了搭上全球新能源汽车发展的快车，2012 年起，西湖电子开始在新能源汽车动力电池成组（PACK）、电池智能均衡管理（BMS）、车载电子装备等方面进行多方位的研发应用，标志着公司在新能源汽车领域开始起步。2013 年，浙江省发改委通过专家考核论证，批准成立西湖电子新能源汽车电子省级重点研究院。而这在章国经看来，才算真正拉开了西湖电子多方位进军新能源汽车产业的序幕。2014 年 4 月 29 日，杭州市政府与比亚迪正式签署新能源汽车推广应用和产业发展战略合作协议。同时，西湖电子作为控股方与比亚迪合资成立了杭州西湖比亚迪新能源汽车有限公司，并共同组建新能源专用车中央研究院。

在西湖电子与比亚迪合作后，就开始出现了突飞猛进的良好局面：位于余杭仁和的西湖比亚迪制造基地，年产能 3000 辆电动大巴的一期工程已于 2015 年上半年完成并开工投产，二期工程也很快开工投产。西湖比亚迪杭州基地投产后的第一年就实现了 50 亿元的销售额和近亿元的利润。"目前国产新能源大巴车的技术，已处于世界领先水平。西湖比亚迪生产基地生产的纯电动汽车，已经出口到全球上百个城市"，章国经自豪地说。另外，西湖电子还自主研发了智能充电桩系列产品，并在杭州投资建设运营了十余个大型充电场站，其中最大的拱康路场站可以容纳近 400 辆电动公交车同时充电。

有效结合智慧应用技术　争取未来发展大好机会

"创新是需要代价的，创新的常态往往是失败"。在不断的磨炼中，章国经已经牢牢把握住了公司未来的发展方向，就是把新能源汽车与配套基础设施变得更灵敏、更高效。"这也是供给侧改革的要求，我们不能仅仅是按照传统需求去研发生产产品"。章国经语重心长地说。目前，西湖电子在积极研究"5G 车联网""智能辅助驾驶""城市智慧基础设施"等未来科技。章国经认为，基于新能源汽车产业衍生的数据资源，也能为未来智慧城市管理贡献力量，同时也能为西湖电子带来新的经济增长点。"在智慧城市运营方面，我们在萧山做过实验，汽车的平均时速提高了 10%，如果政府各部门间的信息数据都能打通，将更进一步推动大数据的发展"。章国经对未来充满期许。

"面对即将来临的 5G 时代，我们已在开始积极布局中。我们已开始和阿里等公司进行 5G 相关项目的合作。今后，车与车通过基站，一次配对后，就可实现车车互联，车与交通设施的互通互连，目前这个 5G 车联网项目已经入选部省合作项目，我们公司是其中两个子项目的组长单位"。谈起未来，章国经变得激动起来，"未来 3~8 年的产品，我们也已开始在研发中，等到整个行业社会水平和公司技术水平相匹配的时候，就会适时推出。为保证车辆上路的安全，现在我们的定位系统采用的是国内自主研制的高精度千寻北斗系统，希望这次中国能够抓住新能源汽车发展的大好机会，并能够参与全球 5G

标准的制定，让中国企业在世界舞台上更有话语权"。"我国新能源汽车产业的发展，不仅可有效解决中国汽车产业的转型升级问题，还可有效解决二氧化碳排放、雾霾治理以及夜间多余电能有效利用等问题，甚至可以间接引致国际油价下降，有利于缓解马六甲海峡局势"。

随着大量新能源汽车的推广运营，西湖电子与阿里巴巴合作，给运营的2000多辆新能源汽车全部安装了智能车载系统，并建立了新能源汽车与充电设施数据采集中心，依托大数据采集和挖掘处理技术，对车辆数据进行采集和分析，可实现对车辆的实时安全监控、人流统计以及智慧调度等管理功能，并为客户提供车辆电池监控、充电导航、安全救援等双向交互信息服务。平台积累的大量新能源汽车数据为西湖电子参与杭州"城市大脑"项目奠定了重要基础，其也成为杭州"城市大脑"项目的主要发起单位之一。对于集团下一步想做的"云轨"项目，董事长章国经满怀信心。他介绍道，"云轨"更专业的叫法是跨座式单轨，它的主要优势包括：占地少、拆迁少、以高架为主，建造成本低，每公里造价 1.5 亿~2.5 亿元，总造价约为地铁的 1/5；建设周期短，整体建造周期约 1~2 年，仅为地铁的 1/3；安全性高，单轨从未发生过脱轨事故，全路段配有安全网设施，出现紧急情况可实现 30 秒内疏散乘客到安全网，列车自带电池可在车辆断电情况下支撑运行到下一站点。

在吸收国外企业跨座式单轨技术的基础上，正在推广阶段的新型跨座式单轨列车还需进行许多创新。比如，噪声更低，转向架采用橡胶轮胎及空气弹簧，运行噪声远低于钢轨系统，轨道架设可从建筑物中穿过；景观视野好，轨道梁窄，路面立柱直径仅为 1.2 米，整体结构纤细通透，空间遮挡小，能提供更充足的光照，可建在道路中央隔离带或较狭窄街道上，乘客视野开阔，乘车体验感好；环境适应性强，爬坡能力最高可达 100%，转弯半径最小能达到 45 米，可在复杂地形中建造。首个商业化云轨项目银川花博园段在 2017 年 9 月正式运营，总长 5.67 公里，从开工到通车仅用了 4 个月，运营效果很好。目前集团已和余杭区经过多轮对接洽谈，已就"云轨"项目初步达成合作意向，将在余杭区率先建设一条示范线，希望尽早在杭州设立车辆研发生产基地和轨道梁厂，加快中运量轨道交通在浙江示范布局，把"云轨"推向全省甚至全国，实现西湖电子转型道路上又一次质的飞跃。

一面几十米长、三米多高的巨型 LCD 显示墙，监控着杭州与外省某地2000多辆电动公交大巴和电动出租车的营运情况，各种图表和数据不断刷新，其中"运行总里程 151360568 千米、已减少碳排放 158929 吨、减少燃油

6054.42 万升"几个动态上升着的数字格外引人注目。据集团下属数源科技股份有限公司运营总监吕新期介绍，通过积极应用大数据技术的新兴产业技术，数据平台目前已经实现了运营车辆定位与轨迹监控、运营车辆与充电场站视频监控、车况性能参数监控、车载动力电池性能参数监控、电动公交大巴上下客的客流统计、充电设施实时数据的采集统计等一系列智慧化的数据采集统计和分析管理功能，为每天在城市运营的 2000 多辆新能源电动汽车提供了有力的安全保障，为杭城等地公共交通安全运营和治理交通拥堵提供了源源不断的基础大数据支撑。

从最初起步探索进军新能源汽车产业之路，到首批"蓝天白云"款和后续的"绿水青山"款西湖比亚迪纯电动大巴，自 2014 年下半年开始源源不断地投入杭州公交线路运营，西湖电子全面进军新能源汽车产业市场。截至 2016 年 9 月，西湖电子已在杭州成功推广了纯电动公交车、电动出租车、电动环卫车、电动通勤车等各类新能源汽车 2000 余辆。据不完全统计，这些新能源电动汽车已累计为杭州减少二氧化碳排放 15 万吨以上，节约燃油 6000 多万升。位于杭州余杭仁和的西湖比亚迪新能源汽车制造基地，生产的纯电动大巴车、电动环卫专用车等产品不仅应用到了杭州及周边市场，还出口到美国、英国和日本等发达国家；公司自主开发的多种系列的汽车电子产品、智能充电桩也实现了为比亚迪汽车、长江客车和新大洋汽车等多个国内汽车厂家的配套应用。西湖电子集团董事长章国经表示，"绿色+智慧"将是未来交通发展的大趋势，也是杭州发展城市国际化的迫切需要。通过信息化技术对传统产业的改造，将为产业发展空间提供无限想象力。目前，西湖电子还在积极参与 5G 车联网、智能辅助驾驶、城市智慧基础设施和新型绿色轨道交通等一批高科技项目的跟踪研发，让绿色智慧交通产业成为建设美丽杭州、加快国际化建设进程的助推器。

 案例延伸

西湖电子集团转型升级之路

提到"西湖电子"，很多杭州本地人肯定感到特别亲切，很多人家里的第一台黑白电视机和彩色电视机都是"西湖牌"的。而现在，西湖电子以另一种形式出现在人们的日常生活中，在马路上我们看到越来越多的新能源电动公交车和出租车，其中90%以上都来自西湖电子，绿色出行成为一种生活方式，得到市民和外地游客的高度认可。从传统家电行业成功转型到新能源行业，西湖电子的华丽转身让人们看到了杭州老国企改革创新的身姿。从电视机到新能源、智能轨道交通，作为一家制造企业在30多年的时间里，产品多次调整，却每一次都在新兴产业中领跑。

见证电子工业昔日辉煌　亲历传统制造业艰难突围

西湖电子从创立之初就肩负着改革创新的责任。20世纪60年代，当时的浙江省电子工业几乎还处于空白阶段。1969年，怀着创办一家本土电子产品企业、发展电子工业的理想抱负，"五七"干校的5名机关干部带着仅有的500元资金和10余名技术人员，来到杭州灵隐山上一间破庙里开始创业。1971年底，浙江省第一台37厘米（14英寸）黑白电视机诞生；四年后，全省首家电视机生产厂——杭州东风电视机厂宣告成立，由此开始了长达30年的以电视机生产为主营业务的发展之路。当年，企业还成功申请到了国家的"135"定点政策扶持，即年生产能力1万台黑白电视机，获得国家投资300万元，企业定编职工500名，同年企业更名为"杭州电视机厂"。1985年，企业又把目光瞄准了彩电产品，投资2400万元，从日本东芝株式会社引进80年代国际先进水平的彩电生产线。20世纪八九十年代，中国电子工业的支柱就是电视机产业，西湖电子在全国电子企业中排名第九，占到了整个杭州电子工业产值的70%。90年代后期，国内彩电市场开始进行价格大战，一些公司采取极端的营销手段和策略以求保持自己的市场份额，甚至不惜以短期盈利水平下降为代价。到2001年，这场价格大战到了"白热化"程度，彩电价格平均降幅超过18%，整个行业损失30亿元。在价格战的"暴风雨"中，经营品种单一的西湖电子自然是首当其冲，集团主营产品严重滞销，整个企业陷入半停产状态，经营跌入历史谷底，发展遭遇前所未有的困难，在全国520户重点扶持的大企业中，集团公司以亏损超亿元位列倒数第二。企业内部，职工人心浮动，业务骨干不辞而别，班子成员一筹莫展；社会上流言四起，集团即将破产或被兼并的传闻不胫而走；旗下的数源科技股票也因为连续亏损被证监会重点关注。一时间，这个曾经创造辉煌的国有企业成了省市国资委手中"烫手的山芋"，内外交困，危在旦夕。

提起当时的情形，临危受命的总经理章国经坦言刚上任的时候心态是很矛盾的，一方面彩电业经过十年的价格拼杀已无利润可言，整个企业濒临倒闭，继续生产电视机没有前景；另一方面又不能完全退出彩电业，否则杭州的彩电工业将就此消失。反复权衡后，企业决策层果断做出决定，将集团公司现存的54厘米（21英寸）至86厘米（34英寸）所有规格的彩电，均以更大的降幅、更低的价格抛售。到2001年底，集团13万台彩电库存产品清仓出货，产品低于成本价销售。尽管出现了巨额亏损，但事后证明，如果产品再压库半年，其货款回笼将不到一半。13万台库存清空后，企业压力减小，争取到了缓冲时间。章国经一方面对主业进行了一场从生产、营销、开发到管理体制上的大改革，另一方面开始千方百计想着发展其他新的产业。

2001年，西子电子抓住一次难得的机会，参加中国联通CDMA直放站竞标，在短时间内完成了联通公司所需要的直放站产品研发和生产技术准备文件，通过了国家无线电监测中心的检测和质量体系认证，获准进入联通CDMA移动通信网运行，同时为联通公司配套生产，这使西湖电子在国内移动通信行业获得一席之地。同年，在通信市场小试牛刀的章国经得知日本三菱电机株式会社准备将其三菱手机全球制造和研发中心向国内转移的信息，多次与三菱公司谈判，最终促使西湖电子与这家世界500强合作，合资成立了三菱数源移动通信设备有限公司，使企业高起点、快速地切入了手机生产领域。2002年7月，西湖电子成功推出了第一款自有品牌手机，逐渐在手机市场中站稳脚跟。"误打误撞"进入通信市场和手机行业使西湖电子的主营业务发生了彻底改变，从传统行业一跃跻身新兴行业，也彻底摆脱了倒闭危机，企业发展重现生机。2005年12月，西湖电子在下沙经济技术开发区兴建的5万平方米现代化信息产业基地落成并投产，为打造先进制造业基地奠定了坚实基础。西湖电子从原来单一生产电视机的企业转型成为了一家集彩电、IT、通信、房地产四大产业为一体的大型企业集团。

探索新旧产业深度融合　推进制造业数字化转型

信息化和智能化是制造业的方向。虽然集团成功完成了转型，销售收入、利税和出口创汇等主要经济指标连年迅猛增长，但整个企业还是以传统产业为主导。西湖电子早早意识到了这一问题，未来企业要想健康可持续发展，早日搭上新兴产业这辆"时代列车"，就必须推动新一代信息技术与制造业的深度融合，推进制造业的数字化转型。2014年，杭州市委十一届七次全会把发展信息经济推动智慧应用作为杭州的"一号工程"，西湖电子意识到这是一个以信息产业带动提升传统产业转型升级千载难逢的良机，同年，西湖电子与比亚迪公司签署战略合作协议，共同进行新能源汽车的生产研发；又联手市公交集团和市交通运输局大力推广新能源纯电动公交车和出租车。2015 年 1 月，杭州西湖比亚迪新能源汽车有限公司（简称"西湖比亚迪"）正式成立。

截至 2016 年底，西湖比亚迪已在城区成功投放运营 1900 辆纯电动公交车，涵盖 6 米、7 米、8 米和 12 米 4 个系列车型，占到了杭州市区公交车总量的 40% 以上，数量位居全国前列；推广运营近 300 辆西湖新能源纯电动出租车；在余杭区建立了新能源客车和专用车生产基地，由新能源客车基地生产的大巴除供应杭州及周边市场外，还出口到世界各地，由专用车基地研发生产的纯电动环卫车已经在杭州投入使用。集团在市区已建成 21 个充电站，配备近 4000 个交、直流充电枪。其中拱康公交充电站建有 400 个双枪交流充电桩，最大充电功率达 4 万千瓦时，可同时供 600 辆车充电，是当时国内最大的户外公交充电场站；阮家桥公交充电场站建有 320 个双枪交流充电桩，是当时国内规模最大的室内立体公交充电站。充电站 2017 年用电量达 1.5 亿度，其中 80% 使用的是谷电；推广应用的近 2300 辆各类新能源汽车累计行驶里程已达 2.37 亿公里，减少二氧化碳排放 25 万吨，相当于 3.7 万公顷森林或 4 个西湖景区一年吸收的二氧化碳，节能环保效益显著。

资料来源：阮妍妍、徐晨杰：《经济新常态下　看老牌国企西湖电子集团如何"惊险一跳"》，《杭州日报》2015 年 10 月 29 日，第 A11 版；阮妍妍、郑贝格：《开始锁定　低碳经济与绿色增长》，《杭州日报》2016 年 9 月 4 日，第 A11 版；梁颖睿：《西湖电子：成功转型新能源汽车　业绩表现亮眼》，2016 年 9 月 6 日，凤凰网，http：//biz.ifeng.com/a/20160906/44447889_0.shtml；金乐平、张平：《不做彩电的西湖电子进军绿色智慧交通！4 年减少碳排放 15 万吨、节约燃油 6000 多万升》，《科技金融时报》2017 年 6 月 28 日，第 1 版；佚名：《"西湖电子"的数字化转型之路》，2018 年 8 月 6 日，搜狐网，http：//www.sohu.com/a/245567079_100020953。

 案例分析

习近平说："我们要建设天蓝、地绿、水清的美丽中国，让老百姓在宜居的环境中享受生活，切实感受到经济发展带来的生态效益。"这真正说出了各国人民和产业界的心声。西湖电子作为我国新能源汽车产业的一员，主动承担起自己的社会责任，义无反顾地发展绿色和低碳经济，加大新能源汽车的推广应用力度，为节能减排、雾霾治理贡献一分力量。西湖电子在锁定低碳经济与绿色增长中，有以下几点值得借鉴：①新能源汽车智慧化运营管理。在西湖电子的新能源汽车与充电设施数据采集中心，可以随时查看到运营车辆与充电设施的实时安全预警及监控情况等一系列智慧化运营数据采集管理功能。通过该系统平台，可以轻松实现"人车互动"。通过大数据采集与分析，掌握城市所有投放的纯电动公交车在各个时间段的客流情况、每辆车的实时运营轨迹以及动力电池运行状态，并进行实时显示和提示。西湖电子还积极研究"5G车联网""智能辅助驾驶""城市智慧基础设施"等未来科技，为未来智慧城市管理贡献力量，同时也能为西湖电子带来新的经济增长点。②企业家积极参与，发展绿色低碳经济。西湖电子集团董事长章国经敏锐地捕捉到新时代的发展机遇，义无反顾地转型新能源汽车产业。与宗庆后、王水福、田宁等不少杭城知名企业家共同交流G20时代的经济前景，并就今后企业之间在新兴领域的产业合作问题进行具体沟通，充分利用B20平台，积极地参与全球的贸易规则制定，与全球的工商界共谋绿色经济的发展模式，使用清洁能源，增强企业的核心竞争力，使企业的绿色经济得到更好的发展。章国经在春节期间到深圳调研，8天时间坐了10次纯电动出租车，每次他都要和的哥聊聊所坐车型的性能，并仔细进行感受，这些努力为西湖电子和比亚迪合作奠定了基础。③创新驱动企业绿色发展。西湖电子通过商业模式创新助推产业转型和技术创新，加快推进新常态下转型升级步伐。西湖电子自主研发了智能充电桩系列产品，并在杭州投资建设运营了十余个大型充电场站，其中最大的拱康路场站可以容纳近400辆电动公交车同时充电。"绿水青山"版西湖比亚迪纯电动公交车采用了新一代先进技术的新型磷酸铁锂动力电池，它的能量密度比指标和原来相比提高了30%以上。模式创新和技术创新不仅实现了自身的转型升级，还为城市节能减排和大气污染治理发挥了积极作用。④强调智能化交通技术应用，顺应"绿色+智能"的未来交通发展趋势。西湖电子在纯电动公交车推广应用的过程中，十分注重智能化交通技术的应用。可以实现车辆状态控制、车辆定位、客流统计、视频安全监控等多种功能。自主研发的5G车联网系统，可以实现车车通信、车与人及道路设施的通信、运营轨迹控制、移动支付、智能辅助驾驶等功能，从而达到车与车、车与路、车与网、车与人的互联互通，为城市交通出行提供了一整套科学的智能化解决方案。随着新型城市化建设的推进和智慧城市相关政策的落实，智能交通将有广阔的发展空间，也将促进低碳经济发展和绿色增长。⑤与行业巨头开展合作，积极转型升级。西湖电子和比亚迪这样的行业巨头开展合作，在新能源汽车领域获得了成长。西湖电子作为控股方与比亚迪合资成立了杭州西湖比亚迪新能源汽车有限公司，并共同组建新能源专用车中央研究院，通过合作，西湖电子消化吸收了比亚迪在新能源汽车制造方面的先进技术，不断提高产品的"杭州化率"；同时注重自身的转型升级，通过商业模式创新助推产业转型。面临即将来临的5G时代，西湖电子积极布局，争取在新能源市场获取更多的话语权。

西湖电子的绿色发展实践说明企业走绿色发展之路，不仅节能环保、效益显著，而且发展前景一片光明。企业应当顺应新能源时代发展形势，拥抱时代新的发展机遇，走转型升级的道路，开启持续发展的新模式。

本篇启发思考题目

1. 电子企业应如何顺应"绿色+智能"的趋势推动绿色智慧交通发展？
2. 电子企业进行绿色技术创新的关键要素是什么？
3. 电子企业在绿色产品开发中如何展现社会担当？
4. 电子企业如何守护新能源交通领域的"绿水青山"？
5. 电子企业在绿色转型升级中需要做哪些努力和尝试？
6. 对于电子企业，传统制造与绿色制造的区别是什么？
7. 老牌国企怎样面对绿色发展的机遇和挑战？
8. 电子企业在绿色发展中如何做到持续创新？

第九篇

农行浙分：以绿色金融支持
浙江产业绿色发展

 公司简介

　　中国农业银行浙江省分行（以下简称农行浙江省分行或农行浙分）是中国农业银行的一级分行，在浙江银行业中拥有最多的服务网点、最大的电子化网络、最广泛的客户群体，以及优质的服务团队和卓越的信誉。到 2012 年底，全行总资产 7393 亿元，各项存款 7379 亿元，各项贷款 5596 亿元，各类客户 3000 多万，在岗员工 22817 人，营业网点 928 家，ATM 和自助银行 5875 个，与全球 5000 多家境外银行建立了代理行关系。在全国农行系统，各项主要经营指标名列前茅，综合绩效考评连续 8 年位居省级分行第一。在浙江同业中，2012 年，农行浙江省分行的储蓄存款总量和增量、中间业务收入增量和增幅、电子银行业务、代理保险业务、投行业务等指标均居四行前列，总资产回报率、经济资本回报率、经济增加值、成本收入比、贷款不良率、拨备覆盖率等核心指标持续保持优秀银行水平。经过多年的发展，农行浙江省分行已成为全国农行系统的旗帜性分行和浙江区域内的主流银行。一大批国内外知名企事业单位、优质中小企业、高端个人客户和"三农"客户进入重点客户名录，优质高端客户占比持续提升。

案例梗概

1. 农行浙江省分行以绿色信贷为核心，创新推出"治水贷"，破解绿色产业资金难题。
2. 探索创新绿色金融发展模式，谋求自身转型，为浙江经济发展持续"供氧""输血"。
3. 先行投入信贷启动建设，再用分阶段到位的财政专项补贴及水利建设基金还贷。

4. 建立一套绿色"标准"，将绿色信贷融入贷款全流程，主动调整信贷结构。

5. 推进绿色金融改革，重点加大对节能环保等新兴产业和民生项目的信贷投入。

6. 率先设立绿色金融部，专配人员、专设产品，为绿色企业提供"一站式"金融服务。

7. 探索建立涵盖投融资、基金、租赁、跨境服务等在内的绿色金融联动创新机制。

8. 着重支持优质企业兼并重组、转型转产、技术改造、节能降耗等需求。

关键词：绿色信贷；绿色金融；治水贷；政策支持；绿色发展

 案例全文

一、绿色管理的探索

作为全国绿色经济的先行区，如今，浙江正进行着一场场有关绿色的蜕变。近十年，浙江 GDP 总量及增速在全国名列前茅，GDP 含金量更足、绿意更浓；在经济转型升级组合拳下，落后产能不断淘汰，绿色产业持续壮大；"治水"集结号吹响，劣 V 类水质省控断面全部剿灭，人居环境大为改善……浙江经济"绿色引擎"高速运转的背后，离不开动力供给来源——绿色信贷的支持。绿色信贷是绿色金融的重要组成部分。近年来，农行浙江省分行以绿色信贷为核心，探索创新绿色金融发展模式，为浙江经济转型发展持续"供氧""输血"。截至 2017 年 9 月末，该行绿色信贷余额超 400 亿元，占总信贷规模比重快速提升。农行浙江省分行牢固树立绿色发展理念，把大力推进绿色金融作为对"美丽浙江，美好生活""绿水青山就是金山银山"战略思维的深化落实，开辟了一条生态效益与经济效益"同步共赢"的创新之路。

当好"发动机"　支持生态建设

在农行浙江省分行行长冯建龙看来，推动绿色金融发展，必须与国家、省委、省政府大的政策、经济背景相结合。当前，"五水共治""三改一拆""腾笼换鸟"等省委、省政府的组合拳实质上都与浙江的生态建设相关联。这传递了一个信号——浙江经济社会要实现绿色发展，生态良好是核心要求。因此，绿色金融发展首要是支持生态建设。2015 年前，农行浙江省分行在全省金融系统中，最先投身生态建设的一号工程——"五水共治"的金融服务。由一把手亲自带队，第一时间对接省发改委、水利、环保、建设、农办等职能部门，把支持"五水共治"确立为支持浙江经济转型升级、助力浙江生态建设的重中之重。到2017年，农行浙江省分行共投入"五水共治"专项信贷资金250多亿元，带动项目资金600多亿元，全省各地涌现了大量金融治水惠民生的经典案例。治污水，贷款3.2亿元支持嘉兴污水处理项目，工程实施后，嘉兴污水收集率达到了70%~75%；防洪水排涝水，贷款1.1亿元支持海宁尖山新区河道整治工程，解决了尖山区存在的河网布局不合理、排涝防洪能力差等问题；保供水，贷款8亿元支持新昌县钦寸水库建设，工程竣工可每年向宁波市供水1.26亿立方米。

2015年初，农行浙江省分行又与省水利厅签订战略合作协议，之后3年，农行浙分提供300亿元意向性信用额度，助力国家172项重大水利工程在浙项目、"五水共治"和农田水利项目建设。与治水齐头并进，农行浙江省分行扩大专项信贷规模，支持全省"三改一拆""美丽乡村""四边三化"等项目。近两年来，新增"美丽乡村"等专项贷款136亿元。

做好"过滤器" 有效配置资源

在冯建龙看来，绿色金融的内生机制具有替经济发展把关的作用。近年来，农行建立了"绿色信贷"管理机制，它将各行业的客户按政策导向分为支持、维持、压缩、退出四类，实施差别化的信贷管理策略。一方面大力"促新"，支持新能源、节能环保等新型战略产业，开辟"绿色通道"，优先准入、优先审批、优先支持；另一方面大力"改旧"，对有潜力提升改造的企业在污染源治理、节能减排等"增绿项目"上给予信贷支持；同时坚决淘汰落后产能，退出"两高一剩"行业。2013~2015年，农行浙江省分行已累计淘汰落后产能39.15亿元；退出"两高一剩"行业贷款72.58亿元；累计支持67户产能落后企业实施技术改造，发放贷款共84.2亿元；累计支持节能减排项目57个、贷款余额105.28亿元；腾挪出存量信贷资金用于支持战略性新兴产业，累计新发放贷款95.12亿元。一批环保型的企业、项目在农行的支持下快速成长。扶持绿色产业加速发展"做加法"——温州伟明环保能源有限公司和瑞安市伟明环保能源有限公司投资建设的"温州市垃圾焚烧发电项目""瑞安市垃圾焚烧发电厂工程"，通过走"绿色通道"得到了农行温州分行发放贷款累计2.49亿元。目前，前者已于2011年投入使用，年处理垃圾 40 万吨，后者于 2014 年底投产，年处理垃圾 37 万吨。

添加"绿色素"　构建共赢法则

如何破解绿色项目等类公益或准公益项目资金流不充分、还贷来源不直接、盈利方式不明晰等难题，冯建龙认为核心在于创新。近年来，农行浙江省分行将融资与融智结合起来，为受资金困扰的绿色项目建设方提供金融服务方案。如"苕溪清水入湖河道（安吉段）整治工程"，因河道整治主要由中央和地方财政安排建设资金，项目自身并无直接经济效益，按现行银行信贷政策较难解决项目融资需求。农行浙江省分行根据项目资金运营特点，创新推出"五水共治"专项贷款管理办法：治水工程上马需要资金，银行先行投入信贷，以后再用分阶段到位的各级财政专项补贴及当地水利建设基金用以还贷。这样一来，便解决了项目建设期资金到位时间错配问题。在当时，这一创新办法一经推开，成效显著。冯建龙表示，坚持绿色发展，是新常态下经济发展的主旋律。只有把握绿色发展机遇，才能在新一轮经济周期中，开辟更广阔的增长空间。

二、绿色管理的拓展

绿色是农行本色。为了深入推进浙江产业绿色发展，农行浙江省分行主动调整信贷结构，通过建立绿色信用体系、创新绿色信贷产品、支持新旧动能转换等措施，在服务地方供给侧结构性改革、推动"两美"浙江建设的同时，主动谋求自身转型，在既服务实体经济发展，又充满"绿意"的新道路上不断深入探索。

推出治水贷　全力引来活水

"2017 年的水压比较高，水大了许多，水质也干净，高峰期的时候，太阳能水送得上去了"。在嘉兴市南湖区余新镇，一户赵姓居民开心地聊起自来水改善情况。水压、水质的改善，得益于嘉源给排水有限公司饮水工程的落地。自 2013 年浙江省启动治水工程以来，余新镇的这一幕，在浙江已经不再是什么新鲜事。

政府在各地大力治水，其后有银行提供资金支持。苕溪清水入湖河道（安吉段）整治工程，是水利部 172 重点工程在浙项目之一，也是治水重头戏，涉及河道总长 54.34 公里，投资总额 18.56 亿元。按规定，河道整治要由中央和地方财政拨款才能建设，资金没到位，项目启动就慢了，周期变长。为什么不融资？因为项目自身没有经济效益，按银行现有的信贷政策放款很难。"还款来源是银行发放贷款的首要考虑"。据了解，治水项目一般都缺少现金收入，因为担心利息无法支付和没有还款来源，有些银行往往不愿放贷。工程启动迫在眉睫。根据项目资金运营特点，农行浙江省分行创新推出"治水贷"，一举破解了财政资金在水利建设上"先支后收"的困局，解决了绿色产业发展资金难题。怎么破解？治水工程上马需要资金，农行先行投入信贷，让项目启动建设，以后再用工程分阶段到位的各级财政专项补贴及当地水利建设基金进行还贷。这样一来，就解决了项目建设期资金到位时间与启动工期错配的问题。2015 年，农行按审批程序，发放苕溪清水入湖河道整治工程"治水贷" 7 亿元，项目顺利开工。江水清澈见底，两岸风景如画。在"治水贷"的支持下，全省各地的水利建设、治污项目不断上马，生态环境持续改善，绿水青山在浙江成为了最动人的美景。截至 2017 年，农行已累计支持浙江省治水类客户 190 家，项目 229 个，投放资金 360 亿元，带动项目投资 1351 亿元。

投放乡村贷　努力优化生态

在杭州，畲族"网红村"——戴家山村远近闻名。这个平均海拔 500 米高的偏远小山村里，坐落着多家精品民宿，其中有 2 家"十佳"民宿、1 家全球最美书店分店，慢生活味道十足。但在 2017 年之前，戴家山还是桐庐远近闻名的贫困村：人均收入不足万元，不通公交，村民下山得走 2 小时的山路，是一个相对封闭的小村落。得益于美丽乡村建设，戴家山村公路通了，良好生态环境和原生态的畲族文化，吸引了许多投资客的目光，他们想租古宅建民宿。没有停车场和公厕、道路没有硬化、污水处理设施处理能力也不够，要想把村里的旅游产业做大很难。戴家山村靠旅游带动村民就业增收，很快遇到了现实问题。环境得不到改善，民宿没有吸引力，游客也不会来。好在有政策支持。戴家山村前几年被纳入地方美丽乡村建设规划，如果村里先把环境整治好并通过验收，村里用掉的资金，就可以申请财政补贴。万事开头难。村两委算了笔账，环境整治至少需要 500 万元启动资金。这对于没有任何村集体经济、长期靠上级"输血"的戴家山村来说，无疑是个天文数字。"听说农行有'美丽乡村贷'，我们就上门了解，没想到很快就办下来了"。根据戴家山村纳入地方美丽乡村建设规划的实际，当地农行给该村集体发放了500万元启动资金。随着资金的投入，村环境整治工程全面启动，村里悄悄发生了变化——路宽了，树木绿化多了，停车场等配套设施也建起来了，俨然一座"小城市"。

由于项目投入与政策对接顺利，戴家山村申报并拿到了环境整治项目资金补助，不仅归还了农行500万元贷款，还换来了优美的人居环境，为后续引入旅游项目筑好了"巢"。像戴家山一样的村还有很多。尽管美丽乡村建设有财政资金补助，但村集体因为缺乏启动款，往往无法开工建设。农行浙江省分行推出"美丽乡村贷"，解决了这一"先支后收"难题，让村集体摘到了"美丽乡村建设"的果子。截至2017年9月末，农行"美丽乡村贷"余额138亿元，覆盖浙江191个乡镇。

提供小微贷　齐力共圆初心

发展科技新兴产业，是浙江经济转型升级、新旧动能转换的一个缩影，更是向绿色产业迈进的重要战略。在政府激励引导下，小微产业园如雨后春笋般快速在浙江大地冒出。照理说，供地、减税甚至下派专家指导，小微园对科技型入园企业可谓开足了绿色通道，但很多入园企业往往万事俱备，还缺"东风"——缺乏启动资金。"没有资金就没法建厂房，没厂房就没有抵押物，也就贷不到款"。据银行员工介绍，对于没有充足启动资金的初创企业来说，这是个问题。

在嘉兴科技城，情况却不一样。汉朔科技是科技城里一家生产电子价签的小微企业，2012年以来，这家企业就没为资金的问题发过愁。"我们用自己的知识产权做质押，从最初几百万元，到现在的几千万元，都是农行贷给我们"。行政经理徐佳丽的言语间，透露着一种自豪。用专利权、商标权这些"看不见"的资产替代抵押物去银行融资，是新兴企业与传统企业相比较的一大优势。这其中，自然离不开银行的绿色产品创新。汉邦科技的贷款，就来自农行嘉科支行的"嘉科通"。农行嘉兴科技支行成立于2014年，是一家专门服务于科技型小微企业的专营机构。该行行长阮萍介绍，截至2017年，全市已经有74家企业通过"嘉科通"解决了资金难题，贷款余额4.2亿元。"从传统转向新兴，企业资金缺口大，固定资产不够很正常，因此我们创新了'嘉科通'产品，无须抵押物，可以用专利权等质押办理贷款"。

像嘉兴科技支行一样的小微专营支行，农行在浙江还有14家。近年来，越来越多的企业投身到转型升级、新旧动能转换的浪潮中，探索中小微绿色融资多元化模式，成了农行头等大事。除"嘉科通"外，农行浙江省分行还相继推出税银通、数据网贷、连贷通等适合新兴小微企业融资的产品。到2017年9月末，浙江农行小微企业贷款余额近1552亿元，支持了5万多户小微企业"焕"新颜。

实干保供给　合力开辟绿道

旺能环保是国内垃圾发电龙头企业，仅南太湖一家垃圾焚烧发电厂每年垃圾处理就达50万吨，发电量1.4亿度，能节约标准煤7.5万吨。几年来，旺能环保发展迅速，目前已布局全国。"农行给予了我们大力支持，这些年授信5.75亿元，还有7.5亿元正在办理；有了农行，我们带头发展绿色经济更有信心了！"对未来，旺能环保总裁助理何国明自信满满。在经济高速发展的时候，将贷款投放到什么领域，很能体现一家银行支持实体发展的定力。早在2008年，农行浙江省分行就建立了一套绿色"标准"，将绿色信贷理念、方法融入贷款全流程，主动调整信贷结构，率先对钢铁、水泥等过剩行业制定差异化信贷政策。通过实施差别化管控，2012～2017年，农行收紧"两高一剩"行业贷款81亿元，腾出贷款规模，用于支持像旺能环保一样符合政策导向的绿色环保型行业和企业发展壮大。

三、绿色管理的丰富

浙江产业的绿色升级呼唤绿色金融的转型升级。推进绿色金融改革，农行浙江省分行真抓实干，丰富做法，探索改革的有效路径。2017年6月，该行与浙江省政府签订战略合作协议，未来5年内将专项安排2500亿元意向性信用额度，全力支持浙江绿色产业发展壮大，并先后与全国绿色金融改革试验区湖州市、衢州市政府签订了绿色金融战略合作协议，重点加大对节能环保、绿色能源、生态旅游、农产品基地、水环境治理、乡村改造等新兴产业和民生项目的信贷投入。"在浙江，农行是第一家设立绿色金融部的银行，我们将专配人员、专设产品，为绿色企业提供'一站式'金融服务"。据农行浙江省分行行长冯建龙介绍，除对优质绿色信贷项目开辟"绿色通道"，提高审批效率外，农行还将探索建立涵盖投融资、基金、租赁、跨境服务等在内的绿色金融联动创新机制，为企业发展打造"绿色氛围"。

落实两山战略 护航"五水共治"

浙江是著名水乡，水是生命之源、生产之要、生态之基。"五水共治"是一石多鸟的举措，从政治的高度看，治水就是抓深化改革惠民生；从经济的角度看，治水就是抓有效投资促转型；从文化的深度看，治水就是抓现代文明树新风；从社会的角度看，治水就是抓平安稳定促和谐；从生态的尺度看，治水就是抓绿色发展优环境。治水之难，难在统一思想、凝聚共识，难在改变人的不良生活方式。向污染宣战，就要向人们无序的、粗放的生活方式宣战。客路青山外，行舟绿水前。在整个浙江省金融系统中，农行浙江省分行最先投身"五水共治"，创新推出五水共治专项产品，切实解决省级以上重大水利工程存在的财政补贴资金拨付时间差、先支后收资金缺口的问题，研究确定可采用供水收费权、污水处理收费权等进行质押担保，丰富了水利建设项目的融资担保方式。到 2017 年，已累计支持"五水共治"客户 190 家，项目 229 个，投放资金 360 亿元，带动项目投资 1351 亿元。

苕溪清水入湖河道安吉段整治工程，是国家级重点水利建设项目，属 2014 年度水利部在浙江安排的 8 个重点项目之一，被列入浙江省"411"重点项目名单。该工程涉及河道总长 54.34 公里，是确保苕溪"水畅其流，清洁入湖"的重要工程，同时也是浙江省太湖流域水环境综合治理水利工程的重要组成部分。由于该项目主要由中央和地方财政安排建设资金，自身并无直接经济效益，按现行银行信贷政策规定较难解决项目融资需求。农行浙江省分行根据项目资金运营特点，以"五水共治"专项贷款予以对接，先行投入信贷资金，以后再用分阶段到位的各级财政专项补贴及当期水利建设基金予以还贷。这样对接，较好地解决了项目建设期资金到位时间错配问题。项目评估总投资约 205834 万元，商请银行借款 10 亿元，农行浙江省分行率先承诺提供 7 亿元贷款。2015 年 1 月，农行按审批程序同意发放固定资产贷款 7 亿元，贷款期限 18 年。

临海市杜桥镇富洋村，由于发展过速，忽视环境保护，一度乌烟瘴气。每到夏天，该村附近的下横塘河，河床上被生活垃圾填满，成了苍蝇蚊子臭虫的集聚地。为了早日还给老百姓绿水青山，杜桥镇决定对该村的生活垃圾、生活污水进行集中整治，在农行的大力支持下，2017 年 3 月，1500 万元项目贷款顺利到账，杜桥镇污水处理项目顺利启动。据了解，2014 年以来，农行台州分行响应省农行与省政府号召，连续三年派驻近百名干部、业务骨干到各乡镇担任挂职干部，成为"水上台州"建设中的农行力量。江水清澈见底，两岸风景如画……如今的浙江农村正在演绎着一场绿色蜕变。

瞄准"两高一剩" 实施差别管控

早在 2008 年，农行浙江省分行就率先对钢铁、水泥行业制定行业信贷政策并实施客户名单制管理，先后出台了钢铁、水泥、火电、纺织等 54 个行业的信贷政策，在行业信贷政策中，均嵌入了绿色信贷指标体系，具体涵盖效率、效益、环保、资源消耗以及社会管理五大类指标。

农行浙江省分行每年制定下发《信贷结构调整实施意见》，推进行业结构调整，明确"两高一剩"行业贷款占比的年度控制目标，并将信贷结构调整目标纳入信贷经营管理综合考核评价，确保不符合绿色信贷要求的"两高一剩"行业贷款占比逐年下降。将信贷资源向行业内先进企业和重点项目倾斜，着重支持优质企业兼并重组、转型转产、技术改造、节能降耗、向境外转移产能等需求，不断推进客户结构调整；大力退出国家压降淘汰落后产能名单企业客户和"僵尸企业"，主动参与企业落后产能关停处置等工作。建立信贷前后台联动例会工作机制，优化业务流程。会同公司部、农产部、房信部共同参与信贷前后台联动会议，通过联动例会平台，对绿色信贷业务提前介入、政策制度提前导入、风控措施提前跟进，提高业务运作效率。对优质绿色信贷项目开辟"绿色通道"，优先安排上贷审会审议，缩短审批流程，提高审批效率。对绿色信贷业务，在业务授权、风险定价、经济资本考核等方面实施差异化管理，并纳入年度综合绩效考核指标，有效完善激励约束机制，夯实绿色金融长效发展机制。

2012 年，嘉兴地区具备资质的预拌混凝土生产企业达 38 家，无资质自建站 9 家，另有 10 余个移动式站点。嘉兴地区预拌混凝土行业可谓鱼目混珠，布局失衡。行业中无序、恶性竞争的现象不绝如缕，极大地阻碍了嘉兴地区混凝土行业的产业升级和健康发展。为此，嘉兴南方水泥有限公司从对其自身产业战略性延伸的角度出发，拟对嘉兴市 3 家有一定规模实力的预拌混凝土企业实施收购，借此对下游行业进行整治和规范。农行了解到这一信息后，认为该并购行为有利于促进嘉兴地区预拌混凝土行业的产业升级和健康发展，于是主动介入。并购双方总交易价格为 1.75 亿元，须向农行申请并购贷款8700 万元。2012 年 12 月，经总行审批同意，这笔期限 5 年的贷款及时到位，大大促进了嘉兴当地水泥和预拌混凝土市场集中度提高和规模效应的形成，有力支持了嘉兴水泥行业的转型升级。

启动"三改一拆"　配套贷款保驾

"三改一拆"，是浙江省政府 2013 年启动的一项三年行动，在浙江省深入开展旧住宅区、旧厂区、城中村改造和拆除违法建筑，通过三年努力，旧住宅区、旧厂区和城中村改造全面推进，违法建筑拆除大见成效，违法建筑行为得到全面遏制。

围绕城镇化推进过程中"三改一拆"、旧城改造、安置房建设等金融需求，农行浙江省分行的身影随处可见。该行推出农村城镇化贷款、新市镇新农村配套贷款，配合当地各级政府大力推进的科创园、产业孵化器、梦想小镇建设，开办特色小镇建设贷款，向特色小镇建设和入驻企业发放固定资产贷款，为特色小镇创新创业者提供信贷支持。此外，该行还创新推出了排污权质押贷款、林权质押贷款、再生资源回收企业退税质押贷款等多个信贷产品；通过发放并购贷款、银团贷款、债券承销、理财融资等方式，支持企业兼并重组、转型转产、技术改造、节能降耗、产能转移等需求，促进产业转型升级；通过产业基金、PPP、政府购买服务等新型融资模式介入绿色金融领域基础设施建设。与五水共治齐头并进，农行浙江省分行还在全国农行系统中，首创美丽乡村贷，解决了农村生活污水治理、古村落保护和生态旅游等项目资金不足问题，累计投放贷款 300 多亿元，覆盖全省 191 个乡镇。将绿色信贷的理念贯穿到信贷准入、贷前调查、审查审批、用信与贷后管理的全流程，确保信贷资金投向符合技术升级要求、碳排放约束和绿色标准的领域。2014~2017 年，累计支持工业节能减排、清洁能源发电、环保设备制造、废弃资源综合利用等绿色企业 300 余家，累计投放贷款 400 多亿元。农行浙江省分行发展绿色金融态度坚决、措施有力，积极助推浙江绿色经济发展，如授信 18 亿元支持新昌钦寸水库建设，工程竣工后每年可向周边市县供水 1.26 亿立方米；授信 4 亿元支持中广核三门龙母山风电场工程项目。

做出千亿承诺　培育浙江模式

在 2017 年 7 月 31 日召开的湖州市国家绿色金融改革创新试验区建设动员大会上，农行浙江省分行作为唯一一家受邀出席大会的国有大型商业银行与全国绿色金融改革试验区——湖州市政府签署了绿色金融改革创新试验区战略合作协议，计划在未来 5 年提供 1000 亿元的意向性信用额度，重点支持节能环保产业基地、绿色农产品基地、绿色能源、水环境综合治理、乡村改造等领域。而此前，农行浙江省分行已先后与浙江省政府以及杭州、温州、嘉兴等地市级政府签署全面战略合作协议，承诺对绿色企业在信贷政策、信贷规模、业务办理等方面予以全面倾斜，目前绿色信贷余额已超过 400 亿元。农行湖州分行是湖州市绿色金融服务改革创新的示范银行，已被确定为农行浙江省分行绿色金融创新试点行。通过设立专营体系，配备专门人才，落实专项政策，探索与地方互利共赢合作方式，农行将在现有业务的基础上主动创新，打造更多可复制、可推广和可持续的绿色金融"湖州模式"。2017 年，农行惠农网贷、美丽乡村贷、全国首单农村集体建设用地使用权抵押贷款等很多产品都已在湖州先行先试，未来还将推出更多适合湖州发展的绿色金融创新模式。

根据《绿色金融改革创新试验区总体方案》要求，湖州市侧重金融支持绿色产业创新升级，农行将优先保障湖州地区重点领域、产业绿色资金需求。2017 年之后的 5 年，农行将以节能环保产业基地、绿色农产品基地、绿色能源、水环境综合治理、乡村改造等领域为重点，全力支持湖州绿色产业发展。同时，还将通过发债、并购、租赁、股权融资、产业基金等方式，支持打通绿色发展的多元化融资渠道。湖州农行以支持"生态+"产业及传统优势产业绿色升级项目为投放重点，2017 年绿色贷款余额已达 100.6 亿元，比年初新增 15.9 亿元，占总贷款增量的 31.6%。

绿色代表创新和优先。农行浙江省分行将赋予湖州分行更充分的创新权限，积极构建支持绿色发展的激励机制和抑制消耗式增长的约束机制，形成"绿色氛围"。同时进一步优化政策流程，对重点绿色项目开辟"绿色通道"优先审批，在信贷规模等方面优先倾斜。依托农业银行集团优势，建立涵盖投融资、基金、租赁、跨境服务等在内的绿色金融联动创新机制。据报道，在农行浙江省分行对重大绿色项目"优先办结"制度下，农行湖州分行 2017年上半年新增绿色信贷项目 7 个，授信总额 37.16 亿元，已发放贷款 14.46 亿元。创新试验区意味着先行先试，只能成功，不能失败。农行浙江省分行行长冯建龙表示，在积极践行"美丽浙江、美好生活"和"两山"战略，大力发展绿色金融，已经探索了一条经济、金融和生态平衡发展创新之路的农行浙江省分行将在浙江模式的建设中不辱使命，尽职尽责。

2013~2017 年，农行浙江省分行累计支持 78 户产能落后企业实施技术改造，发放贷款共 71 亿元；累计支持工业节能减排项目 66 个、贷款余额 123 亿元；累计支持核电、水电等清洁能源发电项目 89 个，贷款余额 93 亿元；累计支持环保设备制造、废弃资源综合利用等环保相关生产企业 75 户，贷款余额 23 亿元；五水共治专项贷款余额 183 亿元，累计发放贷款 350 多亿元，带动项目投资近 1000 亿元。

近年来，农行浙江省分行践行绿色发展理念，紧紧围绕总行支持乡村振兴"七大"行动部署，高质量推动金融服务绿色发展，全力打造绿色金融品牌。农行浙江省分行围绕县域经济转型升级，擦亮农业底色，通过做好信贷"加减法"，压降县域"两高一剩"和落后产能贷款，加大重点领域绿色信贷投入。农行浙江省分行呼应"两美"浙江建设重大部署，创新支持美丽乡村建设、五水共治、小城镇综合整治、"三区三园一体"等重点"三农"及民生工程，大力扶持现代农业经营主体，将信贷资源优先投向生态环境、清洁能源、节能环保、现代农业等绿色产业和农村类客户，助力绿色农业产业平台建设。2017 年末，"五新"客户贷款占比大幅提升至 28.7%，农户贷款余额 249 亿元，总量、增量均列全国第一。

农行浙江省分行深入推进总行党委"一号工程"，在创新绿色产品、优化融资模式等方面进行积极探索，进一步丰富"三农"绿色金融服务体系，持续提升县域市场竞争力。农行浙江省分行探索发展以"惠农 e 贷、惠农 e 通、惠农 e 付"为主体的"3e"工程，以信用数据库解决融资难题、互联网平台对接供应链渠道、特色支付场景实现圈客留客，推广首年"惠农 e 贷"突破 100 亿元，占全国农行的 87%；创新特色小镇贷、治水贷、美丽乡村贷、小微网贷、排污权质押贷等多个产品及融资模式，成功发行全国银行间市场首单"绿水青山"专项资产证券化（ABS），成功开辟了"三农"融资"绿道"，全面打响服务乡村振兴绿色品牌。

加大组织推动，着力完善"三农"绿色金融体制机制，为"三农"业务的战略传导、机制建设、措施落地提供保障。农行浙江省分行率先在同业设立绿色金融部，专设机构、专配人员，重点抓绿色信贷标准规范、制度建设和产品创新，构建了服务乡村振兴的绿色专营体系。健全信贷流程管控机制，对"三农"客户准入、贷后管理环节进行把控，凡是不符合绿色信贷要求、出现环保及安全生产问题的及时预警并适时退出，形成绿色约束，夯实"三农"绿色金融发展长效机制。先后与全国绿色金融改革试验区湖州、衢州市政府开展绿色金融战略合作，专配规模、加快创新，在支持绿色产业发展上先行先试，充分发挥"三农"绿色发展示范引领作用。

案例延伸

绿色金融为耕耘美丽浙江加注

美丽浙江，美好生活。浙江是改革开放的前沿阵地，是转型升级的中国样板，是绿色经济的先行区。国务院决定在浙江省建设绿色金融改革创新实验区，意义重大、影响深远。青山绿水，自与今朝长是醉。绿色金融既可以带动新的业务增长，又是以商业化的形式来履行社会责任的最佳结合。农业银行作为国有大行，将以此为契机，全方位综合性支持浙江绿色金融改革创新，为耕耘美丽浙江添砖加瓦。

服务，乃是不衰的主题

"客户至上，始终如一"是农业银行的服务理念。为发展绿色金融，培育新的业务增长点，不断增强市场竞争力，加快业务转型发展与信贷结构调整，农业银行不断强化服务理念，深化服务模式创新，在农行浙江省分行率先设立绿色金融部，专配人员、专设产品，提供一站式金融服务；在台州等分行开展小微企业信贷业务工厂化试点，试行"批量授信、工厂化运作、标准化作业"，实行专业化和集约化管理；截至 2017 年，已设立嘉兴嘉科支行等 12 家科技支行，试行科技型小微企业信贷业务专营。这些机构设立后推行"双绿"金融服务模式，专门为绿色企业开通绿色通道，优化内部报批流程，提高服务效率，并在利率上给予优惠，降低服务收费标准，切实减轻企业负担。农行浙江省分行还创新提供清洁发展机制顾问业务等综合性金融服务，全面提升绿色企业的金融服务体验。银行业是一个服务行业，不讲服务，就失去了生存的根，服务不好，就没有生命力，可谓荣辱与共。

资金，构筑不倒的长城

作为一种市场化的制度安排，金融在促进环境保护和生态建设方面肩负着义不容辞的责任。绿色金融，是金融机构使用以绿色信贷为主的金融手段，通过差异化的信贷管理支持环境保护和节能减排，通过金融手段加强对企业环境违法行为的制约和监督，通过落实绿色金融促进业务转型和结构调整，通过强化环境监管信息促进信贷安全和风险防控。因此，发展绿色金融是农业银行转型发展的必然要求。

2017 年 6 月 29 日在浙江省绿色金融改革创新试验区动员部署会上，农业银行与浙江省政府签约，安排了 2500 亿元意向性授信，全力支持浙江省绿色产业发展。对节能环保产业基地等信贷投向重点领域，制定专门的信用评级、客户准入、授信核定等相关政策标准。同时，通过发债、并购、租赁、股权融资、产业基金等方式，支持打通绿色环保产业的多元融资渠道。资金是企业兴衰存亡的关键所在，绿色战略是造福子孙后代的千秋大业，农业银行深知，好钢必须用在刀刃上。2013 年以来，农行浙江省分行与浙江省政府及杭州、温州、嘉兴、衢州等地方政府签署了全面战略合作协议，在信贷政策、信贷规模、资源配置上予以全面倾斜支持。

创新，永远不变的旋律

创新意味着改变，创新是一个民族进步的灵魂，创新是人类发展的不竭动力，创新是绿色金融发展的核心动力。农业银行作为一家国有大型金融机构，始终坚持创新理念，大力发展绿色金融。近年来，农行浙江省分行率先创新绿色信贷政策和制度，对节能环保产业基地、绿色农产品基地、绿色能源、特色小镇、水环境综合治理等信贷投向重点领域，制定专门的信用评级、客户准入、授信核定等相关政策标准；创新排污权质押贷款、林权质押贷款、再生资源回收企业退税质押贷款、合同能源管理未来收益权质押融资等多个信贷产品，着力解决绿色企业担保难、融资难问题。农业银行积极构建绿色金融创新长效机制，赋予农行浙江省分行更为充分的创新权限，积极构建支持绿色发展的激励机制和抑制高污染企业的约束机制；创新绿色金融产品，加快探索特许经营权、项目收益权和排污权等环境权益抵质押融资；充分发挥该行综合经营优势，建立涵盖绿色融资、绿色投资、绿色基金、绿色租赁、绿色保险等在内的绿色金融联动创新机制；继续发挥国有大行表率作用，与浙江各界携手，全力支持改革创新试验区建设，探索科学有效的绿色金融体制机制，创新绿色金融，共促绿色发展。可以预见，未来浙江的绿色金融改革创新对全国的示范引领效应将会越来越突出。

资料来源：刘梅、夏水夫：《以绿色金融支持绿色发展——农行浙江省分行全力支持浙江产业升级转型》，《钱江晚报》2015 年 12 月 29 日，第 A0015版；王锡洪、周象：《绿色发展　本色担当——农业银行浙江省分行践行绿色金融纪实》，《浙江日报》2017 年 10 月 26 日，第 12 版；孙宏兵、缪小艳：

《长风破浪会有时　农行浙江分行践行绿色金融纪实》，2017 年 9 月 22 日，新华网，http：//www. xinhuanet. com/money/2017-09/22/c_1121707717. htm；佚名：《农行浙江省分行高质量推动绿色金融发展》，2018 年 6 月 26 日，人民网，http：//zj. people. com. cn/n2/2018/0626/c186327-31744234. html。

 案例分析

　　浙江省作为全国绿色经济的先行区，在绿色金融的转型升级开发中，不断尝试新的变化，给各行业带来一大助力。近十年，浙江省在经济转型升级组合拳下，落后产能不断淘汰，绿色产业持续壮大；"治水"集结号吹响，劣Ⅴ类水质省控断面全部剿灭，人居环境大为改善。绿色信贷的发展和投放是浙江省绿色发展的一大重要因素，而农行浙江省分行以绿色信贷为核心，探索创新绿色金融发展模式，为浙江经济转型发展增添活力。农行浙江省分行的举措具有以下几点借鉴意义：①顺应政策变化，主动谋求转型。服务地方供给侧结构性改革，主动调整信贷结构，同时自身积极转型。农行浙江省分行通过建立绿色信用体系、创新绿色信贷产品、支持新旧动能转换等措施，来调整信贷的结构，以绿色信贷推动浙江省各领域绿色建设。农行浙江省分行的绿色金融发展紧密结合国家、浙江省委省政府大的政策和经济背景。在全省金融系统中，最先投身浙江省生态建设的一号工程——"五水共治"的金融服务，第一时间对接省发改委、水利、环保、建设、农办等职能部门，把支持"五水共治"确立为支持浙江经济转型升级、助力浙江生态建设的重中之重。先后投入"五水共治"专项信贷资金250多亿元，带动项目资金600多亿元，全省各地涌现了大量金融治水惠民生的经典案例。②确定绿色基调，创新支持绿色发展。例如，农行浙江省分行大胆革新，跳脱出先质押担保、后贷款的方式，提前放款支持治水项目、美丽农村等重点绿色发展项目。治水工程上马需要资金，农行先行投入信贷，让项目启动建设，以后再用工程分阶段到位的各级财政专项补贴及当地水利建设基金进行还贷。同时，美丽乡村建设也需要大量资金，截至 2017 年 9 月末，农行"美丽乡村贷"余额 138 亿元，覆盖浙江 191 个乡镇。又如，鼓励无形资产质押贷款。高新科技企业苦于有形资产不足的问题，贷款困难，此时接受知识产权等无形资产的质押，对双方来说都是一种方便快捷的方式。农业浙江省分行积极参与绿色金融改革，真枪实干，为浙江省营造"绿色氛围"出资出力。③构建绿色运营管理体系。例如，农行浙江省分行建立了"绿色信贷"管理机制，它将各行业的客户按政策导向分为支持、维持、压缩、退出四类，实施差别化的信贷管理策略。通过实施差别化管控，农行浙江省分行收紧"两高一剩"行业贷款，腾出更多的贷款规模，更好地用于支持符合政策导向的绿色环保型行业和企业。农行浙江省分行还率先在同业设立绿色金融部，专设管理机构，构建了服务乡村振兴的绿色专营体系，完善信贷流程管控，对"三农"客户准入、贷后管理环节进行把控，凡是不符合绿色信贷要求、出现环保及安全生产问题的及时预警并适时退出，形成绿色约束。④合作推动绿色金融支持。例如，农行浙江省分行与浙江省政府签订战略合作协议，安排 2500 亿元意向性信用额度全力支持浙江绿色产业发展壮大，并先后与全国绿色金融改革试验区湖州市、衢州市政府签订了绿色金融战略合作协议，重点加大对节能环保、绿色能源、生态旅游、农产品基地、水环境治理、乡村改造等新兴产业和民生项目的信贷投入；还先后与浙江省政府以及杭州、温州、嘉兴等地市级政府签署全面战略合作协议，承诺对绿色企业在信贷政策、信贷规模、业务办理等方面予以全面倾斜，支持浙江绿色发展。⑤完善绿色金融体制机制。例如，农行浙江省分行积极完善绿色政策制度体系，引导资金积极投向绿色农业、清洁能源、绿色交通、区域污染防治等领域，将绿色金融作为服务实体经济和自身转型发展的重要着力点。积极构建支持绿色发展的激励机制和抑制高污染企业的约束机制；充分发挥该行综合经营优势，建立涵盖绿色融资、绿色投资、绿色基金、绿色租赁、绿色保险等在内的绿色金融联动创新机制；继续发挥国有大行表率作用，与浙江各界携手，全力支持改革创新试验区建设，探索科学有效的绿色金融体制机制。

农行浙江省分行在支持绿色产业发展上先试先行，积极探索，走出了一条既服务实体经济发展，又充满"绿意"的新路子。在绿色金融发展的新时代，需要更多的银行等金融机构为绿色产业的发展提供助力。

本篇启发思考题目

1. 绿色金融如何实现对企业污染行为的约束？
2. 如何看待银行在推动金融服务绿色发展中的作用？
3. 银行如何实现环境保护与金融手段的有效挂钩？
4. 企业在绿色发展中有哪些绿色金融支持的需求？

5. 银行如何以绿色金融服务助推污染型企业转型升级?
6. 现代企业如何通过绿色金融降低污染风险?
7. 银行如何构建有效的绿色管理运营机制?
8. 如何创新绿色金融产品和服务?

第十篇
海正药业：开辟绿色发展新路径

 公司简介

　　浙江海正药业股份有限公司（以下简称海正药业）始创于1956年，2000年发行A股上市，2012年与辉瑞公司在品牌仿制药领域合资成立海正辉瑞制药有限公司。海正药业入选国家首批"创新型企业""国家知识产权示范企业""全国工业品牌培育示范企业"，被列入"全国医药工业百强企业""中国化学制药行业工业企业综合实力百强""2017年医药国际化百强企业"。海正药业总部位于台州，在浙江台州、杭州富阳以及江苏如东等地建有一体化制药基地，研发触角伸及知识、人才、技术密集的北京、上海等核心城市，形成了化学药、生物药、大健康三大业务群，营销网络覆盖全球70多个国家和地区，已发展成为由原料药、制剂、生物药、创新药及商业流通等业务组成的"医药产业集团"。海正药业建有国家认定的企业技术中心，省级院士工作站、省首家具有独立招收资格的博士后科研工作站，专职研发人员约1200人，其中"国千"8人，"省千"18人。研发及生产药品治疗领域涵盖抗肿瘤、抗感染、心血管、内分泌、免疫抑制、抗抑郁和骨科等。

案例梗概

　　1. 海正药业顺应国际化要求，采用EHS标准，相应增大环保配套设备、设施投入。

　　2. 专门建立环保研究室，引进环境工程方面的人才，致力于环保工艺的研究和创新。

　　3. 采用精准用料、节能减排的绿色制造方式替代不安全、有污染的制造方式。

　　4. 重点开展结构优化、工艺创新、装备提升、模式转型、清洁生产，建立绿色产业。

　　5. 大力应用新设备、新技术，建立生物技术药物研发、产业大基地，努力实现新突破。

6. 实施"腾笼换鸟、空间换地、机器换人、电商换市""四换谋略",加快产业升级。

7. 采用国际先进的隔离器生产装置,全程实行计算机系统控制,全程实现人药分离。

8. 在外沙厂区侧重实施"退与转",发酵和合成项目全部停产和退出,废气"零排放"。

关键词:上市公司;EHS 标准;环保整治;清洁生产;产业升级

 案例全文

提起医化行业,很多人都会皱起眉头,认为这些行业能耗大、污染重,但浙江海正药业股份有限公司通过不断强化社会责任意识,以及创新环保理念和手段,如今逐渐走出了一条与环境和谐相容的可持续发展之路。

一、绿色管理的探索

企业转制　聚焦现代制造

据 83 岁高龄的老厂长潘晓东回忆,海正药业始创于 1956 年,当时叫海门化工厂。1966 年,海门化工厂首次投资 20 万元,新建合成樟脑粉车间,年产 120 吨合成樟脑粉,实现了从林产化工向合成化工的历史性转轨。1969 年,当地政府同意以小额技改贷款形式投资 8.8 万元,建成了年产 2 吨的土霉素车间,海门化工厂第一个医药产品土霉素投产。从 1978 年开始,土霉素成为海正药业的主打产品。1986 年 2 月,国家级项目阿霉素工程首次落户海正药业,这是海门化工厂建厂以来的第一个大项目,决算为 2552 万元。1992 年,海正药业生产的妥布霉素获得美国食品药品监督管理局认证,成为第一个获得国际市场通行的药品。1993 年,由国家开发银行贷款 2797 万元,江苏省原计经委批准,投资 3838 万元,年产 1000 公斤阿佛菌素,海正药业成为世界第二个生产该产品的企业。1998 年 2 月 15 日,企业转制后浙江海正药业有限公司正式成立。当年投资上亿元,投资额是"八五"期间投入总和的 1.5 倍。1999 年技改投入又超亿元。"九五"期间,企业累计科研投入占同期销售收入的 8% 以上,投入之多列行业第 5 位,与此同时,企业又谋划投资 10 亿元,在岩头再建一个 700 多亩的厂区。"十一五"规划期间海正药业固定资产投入

30 亿元，相当于 1990~2005 年的投资总和。2009 年 9 月 25 日，投资 30 亿元的海正药业（杭州）公司投入运营，成为海正药业"十一五"规划最大亮点。进入"十二五"规划，海正药业又投巨资启动了海正药业（杭州）公司富阳基地二期工程、江苏如东项目、海正东外新区……拉开了在海正药业全面开启现代化技术制造药品的大幕。

承担责任　开启清洁生产

早期的海正，与国内其他企业相似，在发展经济之余几乎没有企业社会责任的概念。随着社会经济的发展和人民生活水平的提高，使得本来就已经短缺的资源和脆弱的环境面临着越来越大的压力，环境、安全、健康问题日益显现，在这样的背景下，海正药业要想真正实现跨越式发展，赢得社会的尊重与信赖，就必须要重视企业社会责任，而这种社会责任的最大体现就是实行清洁生产，实现效益与环境的协调发展。与很多同行不同，海正药业还在自己的企业内部专门建立了环保研究室，引进了一大批环境工程方面的人才，致力于环保工艺的研究和创新。用企业负责人的话来说，他们从来不把环保当成一种负担，而是想方设法变成增加效益的一种途径。

二、绿色管理的拓展

拥抱机遇　走进全新时代

我国虽然是世界原料药第二大国，但并非制药强国。国内虽然有数千家制药企业，但规模小、技术水平低，企业产品重复生产情况普遍，许多企业缺乏科研开发能力、技术创新能力和市场竞争能力。在海正药业发展的长河中，也曾遭遇过被跨国公司看不起、被外商嘲弄的尴尬场面。那是因为企业设备、技术太落后。海正药业正是在这样的环境中奋争、崛起。

作为一家有 50 多年历史的制药企业，海正药业十分清楚自身的历史定位和未来走向。海正药业总裁白骅多次表示，实施创新驱动战略，一个重要方面，就是要通过提升创新能力推动制造业的转型和升级，进而翻开海正药业装备现代化、智能化的新篇章。为此，海正药业在"十一五"规划和"十二五"规划期间，在制造模式的创新和发展中实现了跨越式的突破。在制造方式的创新上"双管齐下"：一是加快实施改造化学原料药的传统产业。重点开展结构优化、工艺创新、装备提升、模式转型、清洁生产，建立一个依靠新技术革命和新型制造方式来推动可持续发展的绿色产业。二是努力在新兴产业上有新的突破。大力应用新设备、新技术，发展生物技术药物。建立生物技术药物研发、产业大基地，以"绿色机器"引领医药产业进入一个全新的生物医药制造业时代。在制造方式的主攻方向上实施"四换"策略："腾笼换鸟、空间换地、机器换人、电商换市"，加快从原料药向制剂的产业升级，生产过程实现自动化、连续化、管道化、密闭化、信息化和可视化，实现工业化与信息化的两化深度融合，使生产更加清洁、更加安全和更加健康。在制造方式创新的总体思路和主要路径上：从产业选择、品牌选择到工业设计，遵循集约化、智能化、绿色化等原则，率先应用国际领先的生产工艺技术和全自动化装备，推广建设无操作工车间。10 年，两个五年规划，海正药业向技术密集型转变，向先进制造业转变，一个智能化、信息化、绿色化、网络化的新海正扑面而来。海正药业在一次次的装备升级中"脱胎换骨"，在一次次的技术"蜕变"中走向绿色制药。

建立基地　制造全新海正

2009 年投产的海正（杭州）公司富阳基地，是海正药业走向先进制造的新标杆。投资 3250 万欧元从德国博世、GEA 招标采购 5 条注射剂生产线设备，成为我国制药行业一次性招标规模较大、数量较多、装备先进的制药机械国际招标项目之一。关键检测仪器采用安捷伦、岛津等国际知名品牌。原料药生产的关键设备，如空压机、过滤、提取、层析等设备，采用目前市场上较为先进的设备，并配备机电仪一体化的计算机智能控制。海正（苏州）公司富阳基地以欧美主流市场为目标的国际标准制剂基地，从德国、美国、意大利引进 BOSCH、GEA、FITZPATRICK、IMA 等全球领先技术品牌设备，采用国际先进的隔离器生产装置，全程实行计算机系统控制，全程实现人药分离，现有 40 多条符合 GMP（药品生产质量管理规范）标准的原料药、口服制剂、注射剂等规模化生产线，可满足千亿级原料药与制剂的生产要求。该基地的创建成为当时国内最大、功能设施齐全、品种多样、综合性的医药制剂制造基地，为我国药品制剂出口起到了示范作用。

中国医药保健品进出口商会会长、中国驻英国商务参赞周小明在海正（杭州）公司投产仪式上表示："随着海正药业（杭州）有限公司的建成投产，可以预计在不远的将来，这里将是中国知名的'医药城'。海正药业发展定位高，战略目光远大，有着民族制药工业走向国际化的雄心壮志和实力，中国医药保健品进出口商会决定授予海正（杭州）公司富阳基地'药品出口示范基地'，希望海正药业开发更多优质产品，不断创造更多、更佳的社会效益和经济效益，为推动我国医药进出口事业的发展做出更大的贡献。"3 年后，周小明的期待变成了现实。

海正（杭州）公司富阳基地投产后，全球十大制药跨国公司先后有九家走进海正药业洽谈合作。海正药业在全球制药行业中令人刮目相看。2010 年，投资 6 亿多元的海正药业又一个高标准的生产基地——海正东外新区原料药与制剂一体化生产基地在台州启动。2012 年 9 月，全球最大的跨国公司辉瑞与海正药业合资成立海正辉瑞制药公司，成为辉瑞在中国医药行业投资的最大项目。海正药业的发展进入了一个新的里程。2013 年底，新项目投入试运行。该项目成为目前国内项目设计、技术装备先进，工艺水平一流的制药基地项目。高端设备的运用，使生产人员减少了 1/4，人均劳动生产率却提高 2 倍以上；年单位能耗下降 10% 以上。

海正辉瑞富阳生产基地于 2014 年 5 月顺利通过了原国家食品药品监督管理局新版 GMP 认证，并成为"国家 GMP 认证中心唯一一家制剂培训基地"。作为培训基地，富阳生产基地将为新版 GMP 认证检查员提供实习场地，成为药监管理部门与药品生产企业的技术交流平台，并为政府制定有关药品质量标准的政策提供参考信息。生产基地共耗资 15 亿元，拥有 6 条国际先进的生产设备，可同时生产片剂、胶囊剂、颗粒剂、肿瘤冻干产品、小容量注射剂产品及培南粉针等产品。其冻干粉针剂生产线年生产能力为 750 万瓶、小容量注射剂生产线年生产能力为 250 万瓶、培南粉针生产线年产量 2000 万瓶、口服制剂生产线年生产能力 15 亿粒。基地将每年接受辉瑞全球质量部门的全面审计，在无菌技术、缓控释技术、过程分析（PAT）技术等先进技术领域的发展方面与辉瑞保持同步，以辉瑞全球质量体系标准为中国市场及全球市场提供高品质的品牌非专利药。基地口服固体制剂生产线已有多个产品向美国食品药品监督管理局（FDA）递交了 ANDA（仿制药申请），并在近期迎来 FDA 的认证审查。预计，通过 FDA 认证之后，该生产线生产的各类药品将有机会打开出口美国市场的大门，为海正辉瑞走向国际市场打下良好的基础。

更新装备 抢占市场先机

一个小小的改变，就会产生完全不同的效果。例如，废气喷淋塔，从样式上看，它跟传统的废气处理装置并没有太大的区别，但现在经过海正科研人员的开发，他们在这个装置里头加入了一种叫作次氯酸钠的物质，结果就大不一样。浙江海正药业股份有限公司安全环保部经理余绍炯介绍说："老的设备当时处理了以后，效果不是很好，有时还闻到一点气味，那么新的装置上去以后，基本上就闻不到臭味了。然后我们采用韩国先进的仪器试了 2~3 个月，都没有闻出味道来。"对传统的废气处理装置加以改进，不仅彰显了企业技术创新的能力，而且更是企业环保理念的创新，以及一种社会责任感的体现。在海正厂区，放眼望去，矗立在厂房两侧的各种高大装置并不全是生产设备，更多的则是各类废水废气废渣的处理设施。浙江海正药业股份有限公司副总裁包如胜说："海正经过这么多年的投入跟环境的治理，我们在设施设备，整个固定资产上达到了 3 个多亿，占我们全公司固定资产总投入，应该接近 10% 左右。"

在海正药业微生物第二事业部，粉体输送加包装操作过程，原来全是靠员工扛送，小包装堆叠，一个月 600 吨左右的原料需要 20 个员工才能完成，劳动强度很大。现在整个过程自动化、密闭化、精细化后，只需 10 个员工就可以轻松完成原来的工作量。车间相关负责人介绍："通过密闭化输送，还使员工的工作环境得到改善，保证了员工的职业健康。现在员工工作内容从体力劳动为主转为以检查设备和生产情况为主。"过去采用人工操作，从发酵液的液固分离开始，到产品提纯、暂存、混合、分装，生产过程会有废气泄漏，现在生产过程全部采用自动化、全封闭化、管道化运行，从粉体输送、中间固体料仓暂存、自动上料到自动包装生产线，均在管道化、密闭化环境中完成，从源头上有效扼制了对环保的压力。海正药业进口英国的尾气质谱检测系统，发酵投料首次使用自动拆包破袋系统，将发酵培养基全封闭投入配料罐，对使用过后的包装袋采用自动打包机进行打包；建有集送包、破包、入料、收袋、清洗于一体的自动密闭投料站，杜绝了投料过程中粉尘的散逸。在颗粒剂制备流水线，核心机器均为进口设备，采购成本比国内同型机器高出 5~10 倍。但其单位水蒸发能耗仅为国产的 30%~50%，质量稳定，过程操作全密闭化、全自动化、全管道化。

如何抢占先机？如何在竞争中确立"中国制造"的优势？如何决胜未来？"机器换人"正在改变着海正药业的未来。2014 年 2 月 8 日，在海正药业首次召开的装备体系全体员工大会上，白骅针对公司富阳、如东、台州三大基地建设的新情况，针对国际化发展的新特点，以前瞻化的思维提出："公司装备安装部门要集中力量、整合资源，以装备的提升、体制的升格，为公司转型升级'强身健体'。"海正药业瞄准国际先进技术前沿，突出科技创新和体制创新相互融合，在全面提升夯实基础和引进高端设备和技术上"两头发力"，改造传统产业，催生和壮大新兴产业，海正药业步步精心，浓墨重彩，特色明显，可圈可点。海正药业紧跟国际先进制造的脚步，围绕制造方式革命这一主题，在新技术领域精心把握战略契机，精心开拓智能时代，一个"全副武装"的新海正展现在我们的面前。2014年7月24日，在第49届全国新特药品交易会"新药论坛2014"上，浙江海正药业股份有限公司第三次荣获"中国医药企业创新力二十强企业"称号。2014年7月14日，《财富》中文网公布了"2014年财富中国500强排行榜"名单。浙江海正药业股份有限公司以营业收入86.04亿元荣登财富中国500强排行榜，这是海正药业自2010年上榜后再次入选。站在新的起点上，海正药业正摒弃传统制药的旧模式，大步融入现代制造技术、智能制造大发展的新时期。

三、绿色管理的深化

投入近亿元　实施改造项目

海正药业外沙厂区"外沙制剂改造项目"被列入省重点技改项目、省领导联系重点建设项目和省"双千工程"，是在海正药业拆除三幢发酵厂房的基础上兴建的。海正在实施转型升级中，在外沙厂区侧重实施"退与转"，发酵和合成项目全部停产和退出。外沙厂区已提前实现了废气"零排放"。由于历史原因，外沙厂区转型升级前的2011年，废气排放为2708立方米。根据市区转型升级的要求，海正对外沙厂区的发酵实施了全部退出措施。2012年10月8日对三幢发酵车间进行了拆除，实施"外沙制剂改造项目"工程，新建年产20亿片固体制剂、4300万支注射剂项目。

2012年，海正药业累计环保投入近亿元，特别是2013年投入试运行的"外沙厂区原料药产品搬迁及结构调整技改项目"，两年来环保工程累计投入1.48亿元，占工程总投入6.1亿元的20%以上。该项目基本实现工业化、自动化、管道化、密闭化相结合。此外，海正岩头厂区实施产品结构调整，发酵体积从原有的4540立方米削减到2660立方米，减排41%。外沙与岩头两个厂区合计削减发酵体积4588立方米，与转型升级实施前的7248立方米相比，总量削减了 63%，现废气总量比转型升级前削减 85%，已基本达到了发酵总量每年递减 30% 的要求。目前，该公司废气处理效果达国际水平，国家标准要求为 2000 无量纲，目前海正排放仅为 500~800 无量纲，远低于国家排放标准。

2016 年 6 月 4 日，海正药业邀请了 20 多位来自市区的微联盟小编等走进企业，现场感受企业转型升级、环境整治带来的新变化。在外沙厂区的萃取间，6 台萃取离心机正在工作。据工作人员介绍，这些机器每天处理 200 多吨泰乐菌素药物中间体，只需 1 名操作人员就够了，而在 2012 年购入新设备之前，处理同样的量，每天需要 8~10 人，更重要的是新设备替代传统工艺后，接触溶剂全部管道化、密闭化，减少了废气无组织排放。海正药业微生物原料药第二事业部总经理熊正军说，海正通过高额的工艺装备投入，实现"腾笼换鸟、空间换地、机器换人"。2014 年，投资 8000 万元新建的日处理能力 5000 吨的污水处理站投运后，处理的废水远低于国家排放标准。2015 年 7 月新建成的制剂智能化车间是海正台州地区第一个智能车间，该车间引进了国际先进的设备和工艺，大大降低了废气、废水的排放量。

走进新建成的 EHS 大楼，检测人员严世煌正在对各个车间采集过来的气体进行成分、浓度分析。EHS 研究中心具有环境监测、职业健康检测、毒理评估、过程安全评估四大功能。"这幢 EHS 大楼 2016 年 3 月刚刚投入使用，建筑面积为 2100 平方米，投资 2165 万元，建有 EHS 研发实验室和结晶中心。2016 年，海正 EHS 环保部将采取八大措施确保天更蓝、水更清"。EHS 管理部总监卢炯说。

2016 年，海正药业投资 2300 万元，建立一套发酵渣焚烧系统，对固体发酵渣进行无害化焚烧处理，并承接椒江区一般工业固体废弃物的无害化处理。该设施投运后，对发酵渣的余热进行再利用，每小时可产生 15 吨蒸汽，每年将减排 11239.91 吨标准煤。

转型升级　树起"一面旗帜"

海正药业是椒江的龙头医化企业，这家以原料药起家的上市企业，目前已发展成为制剂、仿制药、创新药全面生产的国家高新技术企业。海正研制的国内首仿药——注射用替加环素，两年前就进入小批量生产。由原料药车间拆后重建的生产研发中心，设计年产能 2500 万支，可实现近 10 亿元产值。据介绍，海正药业的替加环素是国内首仿，可以直接代替国外进口药。除了替加环素，海正药业目前拥有的 30 多个"国千""省千"创新团队，正在研制 130 多个新药，其中 1 个已成功上市，20 个进入临床研究阶段。海正的一位研发人员表示，海正要实现五个转型升级：一是从生产向研发营销型转型升级；二是从原料药向制剂型转型，就是提高附加值，减少污染，做长产业链；三是化学药向生物药转型；四是从仿制药向创新药转型；五是从原来的单一产品经营向资本经营和产业经营转型。

海正药业是椒江乃至台州市医化产业进行全面整治后浴火重生的一面旗帜。2011 年以来，椒江在坚决关闭一批"低小散"医化企业的同时，积极引导和支持规模大、创新能力强、发展前景好的医化企业，依靠科技创新、产品结构优化推动医化产业向高端制剂、绿色原料药转型升级。椒江区发改局介绍，椒江医化企业转型升级已经取得阶段性成果。这几年，虽然有 142 个项目，20 家医化企业陆续退出合成生产，但是全区医化企业通过产品结构调整、技术提升和整治转型，行业总产值不降反升。2017 年，全区医化行业工业总产值达到 100 亿元。2018 年上半年，规模以上医化企业实现工业增加值 15.14 亿元，同比增长 14.3%；实现工业销售产值 44.9 亿元，同比增长 21.12%。

从 1966 年建成合成樟脑粉车间，到 2009 年投资 30 亿元建成现代化的富阳基地，再到 2014 年海正辉瑞制药公司国际化生产线投产，从自制土设备，到引进国外高端设备、高端技术，海正药业用装备+机器人的制造方式替代人工制造方式，用自动化的制造方式替代部分人工管控的制造方式，用网络化智慧的制造方式替代全部人工直接管理的制造方式，用精准用料、节能减排的绿色制造方式替代不安全、有污染的制造方式，切实从传统制药大步迈向现代制造、智能化制造。

 案例延伸

椒江实施医化行业转型升级战略

壮士断腕　淘汰落后产能

椒江的医化产业起步于 20 世纪 80 年代，90 年代后逐渐壮大，最终发展成为椒江的主导产业和支柱产业。医化企业在生产伊始，就伴随着废气、废水、危险固体废弃物等一大堆环保难题。随着医化产业的迅猛发展，环境污染问题日益突出，污水、恶臭直接影响了椒江的居住环境和营商环境，常年成为令椒江百姓痛心疾首的首要难题。从21世纪初，椒江就开始了对医化产业艰难的整治工作，虽有成效，但始终难以令人满意。2011年，是椒江医化产业整治工作具有里程碑意义的一年，这一年，椒江出台了《椒江区医化产业转型升级实施方案》（以下简称《实施方案》），区政府联合市环保部门，正式启动医化产业园区转型升级工作，以"2012年底主城区告别恶臭"为总体目标，以壮士断腕的决心和气魄，对椒江区外沙、岩头、三山区块医化企业进行了大刀阔斧的整治，彻底改变以往末端治理的保守方法，实施项目退出机制，关停了所有会产生恶臭废弃物和有毒废弃物的医化合成发酵项目，从根本上清除医化恶臭源。

据介绍，当时的椒江医化园区共有33家企业，其中绝大多数为工艺落后、产能低下、产品竞争力不强、污染严重的"低小散"企业，但这些企业已生产多年，并且手续齐全，要想关停这些企业，其难度可想而知。从《实施方案》出台开始，椒江区四套班子领导亲自带队，一家企业一家企业上门做工作，让企业充分明白其中的道理，理解政府的苦心。截至2013年，共有26家企业被关停，142个高污染的合成、发酵中间体项目被退出。随着一大批落后产能被淘汰，椒江区乃至台州市的空气质量明显上升。据环保部门提供的数据，台州主城区恶臭发生率从2010年的14.9%下降到2017年的1.3%，恶臭天数下降了91.3%。

2014年9月2日，在椒江外沙、岩头，只见天高云淡，白鹭起舞。"漠漠水田飞白鹭"这一古诗里的美景，在如今的椒江南北随处可见。数据显示，2014年上半年，台州市区空气质量（AQI）优良天数比例达80.7%，全省第二。而前几年，主城区的医化恶臭还困扰着当地百姓。空气质量变好，生态环境变优，源于椒江区坚持实施的医化行业转型升级战略。截至2013年底，椒江区共退出142个高污染的合成、发酵中间项目，以及26家工艺落后、产能低下、产品核心竞争力不强的医化企业。企业和项目变少了，医化行业的附加值却不降反升。2013年，该区医化行业工业总产值达97.88亿元，比2010年转型升级前的88亿元增长11.2%，产业含金量更高，制剂成药占比从2010年的10%升至2013年的30%。

木桶效应　巧补生态短板

业内人士认为，靠高投入、高消耗、高排放换取工业增长，靠低成本、低价格、低效益拓展市场空间，只能使医化发展的道路越走越窄。不能单以GDP论英雄，椒江毅然踏上医化转型升级之路。从20世纪90年代末开始，椒江坚持有"进"有"出"，控制总量。2003年，椒江区对产品污染重、无能力治理的企业进行治理、搬迁或关闭。虽经多次整治，但恶臭扰民现象难以根绝，这也成为市区每年"两会"上提及最多的焦点问题。

2011年，市、区两级打响医化产业转型升级战役，这是一场医化行业的"大换血""大整治"：与全区所有33家医化企业签订"退、转、升"协议，痛下决心采用长效机制和倒逼手段改善生态环境。经过两年的整治，2013年台州主城区化工恶臭发生率比2010年下降68.8%，实现主城区告别恶臭的目标。令人欣喜的不仅仅是生态环境的改善，还有医化转型升级带来的"木桶效应"。业内人士认为，主城区告别恶臭后，加上椒江二桥的开通，房地产从一路向西转为东西并进，台州主城区的城市功能布局更趋合理。

鲶鱼效应　激发产业活力

2014年初，椒江将医化转型办公室搬到了医化行业的腹地——岩头化工区内。恶臭项目退出任务完成后，医化转型办公室的工作重心从医化整治转向推进转型升级，而把办公室搬进化工区，有利于医化产业的监管。2014年4月，椒江制定出台《关于推进椒江医化产业转型升级的若干意见》，进一步明确医化行业发展思路、发展方向，加快空间规划、产业规划及规划环评的编制，旗帜鲜明地提出打造"绿色药都"的目标。2014年6月，召开专题会议，研究部署医化产业转型升级工作，细化目标，明确责任，落实方案。根据要求，椒江坚持"总量控制、项目筛选、强度投入、行业领先"，对医化项目进行合理调配，扶优扶强，支持海正等重点骨干企业在集聚区范围内建设企业园区；鼓励发展符合GMP标准且无恶臭物料的"精烘包"项目，允许发展无恶臭物料的纯精制或加氢类产品；鼓励医化企业间进行兼并重组，优化资源。"通过规划的完善，倒逼企业加快转型升级步伐，提升产业层次"。该区转型办一工作人员表示，加快各类规划编制，构筑良性竞争机制，将激发医化产业的活力与生机，加速转型升级。在政府的引导下，越来越多的医化企业通过重组、研发、改进工艺，在转型升级的大潮中，挺进更广阔的天地。

蝴蝶效应　推动绿色发展

作为椒江区医化龙头企业之一，海正药业近年来投入 3 亿元，提升环保工艺，更新环保设备。2013 年在东外新区投资 2000 多万元，建设发酵废气处理中心。通过这个三四层楼高的处理中心，海正药业实现 30 米高空内废气排放恶臭浓度达到 600 无量纲左右，大大优于国家排放标准。一个企业的高端化发展，引发一系列转型升级的"蝴蝶效应"。有了龙头企业做表率，其他医化企业也纷纷投入巨资引进环保设备，改进生产工艺。

椒江，这个曾经闻名全国的"华东第一原料药基地"正在经历脱胎换骨的变化，不久的将来，一个低能耗、轻污染、高产出、安全性能优的绿色医药产业集聚区将呈现在人们面前。

资料来源：佚名：《海正药业开辟绿色发展新路径》，2010 年 8 月 11 日，台州在线，http：//www.576tv.com/Program/140829.html；杨元梁、范高明：《海正药业：从传统制药迈向现代制药》，《中国高新技术产业导报》2014 年 8 月 25 日；缪丽君、陈律：《"凤凰涅槃"焕新生——椒江以"三大效应"推动医化转型升级》，《台州日报》2014 年 9 月 11 日，第 1 版、第 2 版；颜敏丹：《海正：转型升级绿色发展》，《台州日报》2016 年 6 月 7 日，第 5 版；齐航：《转型升级无止境　加快发展谋新篇》，《杭州日报》2015 年 9 月 29 日，第 A06 版；杨元梁：《海正药业外沙厂区废气实现"零排放"》，《台州商报》2013 年 8 月 6 日，第 2 版；徐祖贤：《浙江椒江：医化产业绿色发展赢得"浴火重生"》，《中国经济时报》2018 年 10 月 16 日，第 A08 版。

 案例分析

浙江是我国医药中间体生产第一大省，海正药业加快医化转型升级，开辟绿色发展新路径，其绿色管理发展的主要经验有如下几点：①抓住时代机遇，进行转型升级。在新的时代下，海正药业要实现五个转型升级：一是从生产向研发营销型转型升级；二是从原料药向制剂型转型，就是提高附加值，减少污染，做长产业链；三是从化学药向生物药转型；四是从仿制药向创新药转型；五是从原来的单一产品经营向资本经营和产业经营转型。加快实施改造化学原料药的传统产业，进行传统产业的转型升级，重点开展结构优化、工艺创新、装备提升、模式转型、清洁生产，建立一个依靠新技术革命和新型制造方式来推动可持续发展的绿色产业。以"绿色机器"引领医药产业进入一个全新的生物医药制造业时代。海正药业遵循绿色发展的原则，用两个五年规划向技术密集型转变，向先进制造业转变，在一次次装备升级中蜕变，走向绿色制药。②配备智能装备，开启智能制造。例如，海正药业微生物第二事业部粉体输送加包装操作，由原来全是靠员工扛送到现在整个过程自动化、密闭化、精细化后，只需 10 个员工就可以轻松完成原来的工作量。通过密闭化输送，改善了员工的工作环境，也保证了员工的职业健康。生产过程全部采用自动化、全封闭化、管道化运行，从粉体输送、中间固体料仓暂存、自动上料到自动包装生产线，均在管道化、密闭化环境中完成，从源头上有效扼制了对环保的压力。建成的制剂智能化车间是海正台州地区第一个智能车间，该车间引进了国际先进的设备和工艺，大大降低了废气、废水的排放量。③扩大清洁生产，增加绿色效益。目前企业投入大量成本进入清洁生产，但还未达到回报期。不过，随着社会对环保达成共识，企业只有真正做到了清洁生产才能取得市场、获得收益。浙江上市企业经历的"环保风暴"，让浙江省内的企业更加坚定了企业绿色生产经营的方向，让浙江省的企业走在绿色环保的前端。除了政府补贴资金外，海正药业在绿色发展上不惜大力投入绿色制造，如 2009 年投资 30 亿元建成现代化的富阳基地；作为椒江区医化龙头企业之一，海正药业近年来投入 3 亿元，提升环保工艺，更新环保设备；2012 年，海正药业累计环保投入近亿元，特别是 2013 年投入试运行的"外沙厂区原料药产品搬迁及结构调整技改项目"，两年来环保工程累计投入 1.48 亿元，占工程总投入 6.1 亿元的 20% 以上。该项目基本实现工业化、自动化、管道化、密闭化相结合。这些投入也大大推动了海正药业的绿色发展进程。该公司废气处理效果已达国际水平，国家标准要求为 2000 无量纲，目前海正排放仅为 500~800 无量纲，远低于国家排放标准。④秉持清洁生产理念，视环保为商机。海正药业在积极突破跨越式发展的过程中，重视企业社会责任，而其社会责任的最大体现就是实行清洁生产，实现效益与环境的协调发展。与很多同行不同，海正药业积极致力于环保工艺的研究和创新，从不把环保当成一种负担，而是想方设法变成增加效益的一种途径。由于大量"三废"回收处理装置的利用和改进，医化企业清洁生产的理念在海正药业的每一个生产环节都得到了较好的落实，仅 2009 年，海正药业就节省能耗高达 1000 多万元。在环境治理与清洁生产方面，海正药业逐渐走上了一条可持续循环的道路。⑤坚持科研创新，实施绿色制造。海正药业从建立之初就很重视科研对绿色发展的推动作用，与很多同行不同，海正药业还在自己的企业内部专门建立了环保研究室，引进了一大批环境工程方面的人才，致力于环保工艺的研究和创新。海正药业瞄准国际先进技术前沿，突出科技创新和体制创新相互融合，在全面提升夯实基础和引进高端设备和技术上"两头发力"，改造传统产业，催生和壮大新兴产业，紧跟国际先进制造的脚步，围绕制造方式革命这一主题，在新技术领域精心把握战略契机，精心开拓智能时代。

海正药业历经整治与转型发展，以创新环保理念和方式，逐步走出了一条与环境和谐相融的可持续发展道路，成为浙江医药行业绿色发展的领先者，其绿色发展的模式值得很多医药企业借鉴。

 本篇启发思考题目

1. 现代医药企业如何践行绿色发展理念？
2. 现代医药企业如何规避发展中的环境污染问题？
3. 现代医药企业实施绿色管理的难点在哪里？
4. 现代医药企业加快实现绿色转型升级需要哪些政策支持？
5. 现代医药企业如何在竞争中建立绿色竞争优势？
6. 现代医药企业如何建立绿色发展的新模式？
7. 现代医药企业如何将清洁生产转化为绿色收益？
8. 现代医药企业如何实现创新环保？

第十一篇

锦江集团：扎根绿色产业领域
引领绿色产业前行

 公司简介

　　杭州锦江集团1983年始创于浙江临安，1993年组建集团公司，先后涉足纺织、印染、造纸、电缆、建材、医药等领域，30多年来，历经三次产业结构调整，目前已形成以环保能源、有色金属、化工新材料为主产业，同时集贸易与物流、投资与金融于一体的现代化大型民营企业集团。2018年末，集团总资产近800亿元，营业收入近千亿元。杭州锦江集团根植中国，产业遍及全国30多个省级行政区，并在新加坡、印度尼西亚、越南、印度等国投资兴业，为企业全球化发展战略奠定基础。杭州锦江集团多年蝉联中国企业500强（2018年位列第193位）、中国制造业500强（2018年位列第82位）、中国民营企业500强（2018年位列第51位）、浙江省百强企业（2018年位列第19位）和中国能源集团500强。锦江集团为全国工商联环境商会常务副会长单位、中国循环经济协会副会长单位、中国有色金属工业协会副会长单位、浙商全国理事会主席单位。杭州锦江集团坚持诚信为本，是浙江省首批诚信示范企业。自2000年起连续被评为AAA级信用企业；2012年锦江集团荣获"CCTV年度品牌"企业；2013年，当选"中国信用企业"。

案例梗概

　　1. 锦江集团实现浙江大学实验室技术——异重循环流化床垃圾焚烧发电技术的市场化运用。

　　2. 投资环保能源领域，建立多家垃圾焚烧发电厂、生活垃圾资源化处理厂等。

3. 发展垃圾发电技术，实现高新技术产业化，成为世界五大垃圾处理技术流派之一。

4. 延伸产业链，在上游产业中专门成立环卫公司，积极推进垃圾收运一体化。

5. 在废弃物治理上开拓污水、淤泥、秸秆、餐厨、病死牲畜的综合处理新领域。

6. 打造集环保设施等五大模块于一体的具有国际影响力的循环经济生态综合体。

7. 联合红狮集团重组华铝，关停高耗能的电解铝生产线，通过两步实现转型升级跨越。

8. 创建区域化投资体系，组建职业化人才队伍，与相关院所、高校等广泛开展合作。

关键词：环保能源领域；生态综合园；绿色发展理念；垃圾收运一体化；循环经济

 案例全文

垃圾围城现象成为我们生活城市附近的一堵墙，中国锦江环境的一组数据使它成为解决这一困难的绿色责任排头兵。

锦江集团是国内最早投资环保能源领域的民营企业之一：1992年建设第一个热电厂；1996年建设资源综合利用电厂；1997年与浙江大学紧密合作，实现了浙江大学实验室技术——异重循环流化床垃圾焚烧发电技术的市场化运用；1998年建设了中国第一家循环流化床垃圾焚烧发电厂，全国第二家垃圾发电厂。2016年8月，大学教授出身的创业者邢文祥教授基于对环卫行业的无限热爱、深刻思考及充分研究，率领创业团队成立了"杭州锦江集团环卫服务有限公司"（以下简称锦江环卫），杭州锦江集团为其第一大股东，在杭州锦江集团品牌和平台基础上，以"专心、专注、专一、专业、专家"为发展理念，以"成就美丽城乡耕耘者"为发展目标，倾力打造城乡环卫服务一体化、智能化、标准化的精品项目。在创业阶段，锦江集团创业团队坚韧不拔，走遍千山万水，走进千家万户，说尽千言万语，历尽千辛万苦，在公司刚成立的一年多时间里，先后中标贵州、陕西、辽宁、海南等地区环卫项目。同时，锦江环卫积极响应国家"一带一路"倡议，布局海外市场，中标巴基斯坦伊斯兰共和国卡拉奇市环卫一体化项目，抢滩布局"中巴经济走廊"，为实施国际化战略迈出坚实一步。随着高起点进入环卫行业，锦江集团创业团队全力以赴为股东、企业、团队创造最大价值，已实现艰难的从零到一的突破，以及从一到十的跨越发展。

截至 2016 年，锦江集团共有垃圾焚烧发电厂 52 座、生物质发电厂 1 座、餐厨垃圾处理厂 7 座、生活垃圾资源化处理厂 5 座、动物无害化处理厂 1 座、危险废物处理厂 1 座、污泥处理厂 4 座、渗滤液处理厂 28 座、分布式能源项目 1 项、环卫一体化项目 4 项、填埋场治理和生态修复 1 项、合同能源管理 1 项。依托锦江庞大的项目群，锦江园区体系建立大数据服务平台，通过大数据分析对园区建设、运行、管理进行优化，使单个园区不再孤立，借助锦江项目体系，做到环保、效益极致化。锦江集团扎根于实体经济，通过资源整合和人才培养，发展优势技术，强化公司治理，引领产业前行。锦江集团连续被评为中国民营企业 500 强和中国制造业企业 500 强、浙江省百强企业、2012 "CCTV 年度品牌" 企业，2013 年当选 "中国信用企业"，2016 年综合实力排名中国企业 500 强第 268 位、中国民营企业 500 强第 67 位；同时，锦江集团是浙江省首批诚信示范企业，连年被有关银行评为 AAA 级信用企业。2015 年获得国际碳金奖的单项奖：中国绿效企业—绿色责任奖。

投身环保能源　坚信 "绿水青山就是金山银山"

锦江集团投身环保能源产业之初，集团领导认定随着改革开放的深入，环境保护、科学发展一定是中国经济长远发展的方向。为打破国外的技术垄断，推广适合发展中国家的垃圾焚烧技术，从 1997 年起，锦江集团与浙江大学合作，将实验室技术进行工业化应用，开启了长达 20 多年的自主研发产业化推广之路，最终成为国内拥有垃圾焚烧电厂最多、累计处理垃圾能力最大的企业集团之一。垃圾焚烧发电是一项薄利产业，锦江集团从一开始就没想过有高额的回报，而执着于解决国内垃圾围城的窘境，留一片绿水青山给子孙后代。锦江集团坚持以高效节能为导向，不断进行技术创新，率先在行业内推行第三代垃圾处理技术，并参与行业相关标准的编制，加快国际化布局，起到了技术领先、标准领先、理念领先的行业示范作用。目前，锦江集团已将环保能源产业延伸到了环卫一体化、餐厨处置、污泥处置、生物质发电等项目，积极打造包括现代农业在内的生态环保产业园，致力于成长为国内领先的环境治理综合服务商，以自身实践来践行 "绿水青山就是金山银山" 的理念。

近年来，锦江集团又将目光转向生态综合园的构建，打造功能产业齐全、技术先进、绿色 "邻利"，集环境保护、生态休闲、产业带动、宣传教育、科研创新于一体的具有国际影响力的循环经济生态综合体。锦江集团将其定位为传统静脉园的再升级，对静脉园环保设施、景观绿化、环保宣教三大功能模块再定义、再完善，提出了集环保设施（生活垃圾、城市矿产、有机废物）+产业带动（耗能产业、贸易物流、装备制造）+生态休闲（生态特色小镇、热带观光园、农家乐采摘园、生态农业）+宣教科研（科研实验中心、宣教中心）+创新创业（大数据服务、众创空间）五大模块于一体的生态综合园。

在其他领域，锦江集团整合矿业、电力、氧化铝、铝镁合金、铝材深加工等优势资源，打造极具竞争力的资源性产业链——有色金属产业，并将其作为集团未来可持续发展的重点产业。化工与新材料产业以西部大开发为契机，充分利用当地的资源优势和投资环境，组建了国内一流的大型化肥、烧碱及精细化工生产企业，筹建成立兰江产业新材料基金，整合光学薄膜产业链，打造位居世界前列的光学薄膜产业，成为未来发展的重点产业之一。

在发展过程中，锦江集团不遗余力地将各项环保措施真正落实到位。如在广西田东投资的循环经济产业园，本着节能降耗、循环发展的原则，利用当地的铝土矿资源，将烧碱、精细化工、化学品氧化铝、发电项目融为一体，延长产品、产业链，同时以锦江项目为龙头，帮助引进多家深加工下游企业落户园内，力求做到技术最先进、能耗最低、用地最少、环保最好。在实践中，主要废弃物得到了有效处理和利用，氯气、盐酸提供给下游厂家进一步循环利用，工业废水在专门的污水处理厂中得到了有效的净化处理，产业园得到了政府与社会各界的高度评价和赞赏。

锦江集团的成长源自对中国经济发展前景的信心和对中国绿色发展理念的实践。锦江集团认为循环经济是未来的方向，未来，锦江集团将执着于这方面的努力，以实业为企业发展的基石，务实稳进，立足中国、布局海外，为践行"产业报国、实业兴邦"的理想不断前行。扎根实业是锦江立身之本，合作共赢是锦江的处世之道。锦江在三大主产业中，力求打通资源、生产、销售三个环节，不断进行技术创新和管理优化，以应对瞬息万变的市场，葆企业之树长青。一部锦江集团的发展史，可谓是我国改革开放40多年来民营企业的一面镜子，从中折射出浙江省民营企业家前瞻性的战略眼光和勇于担当、敢为人先的浙商精神。

从"制造"到"智造"推动中国铝工业发展

在环保能源产业拓展的同时，锦江集团优化资源整合，投身到极具竞争力的有色金属产业。当时国内氧化铝的50%依赖进口，价格十分昂贵。锦江集团克服了审批、土地、资金、环保、人才等方面的"瓶颈"，于 2005 年建成率先利用矿石的民营氧化铝企业，对中国铝工业发展起到推动作用。锦江集团的有色金属产业发展起来后，又有力地反哺了环保能源业，促进了后者的持续发展。现在的锦江集团已成为国内三大氧化铝现货供应商之一。近年来，国外氧化铝的生产工艺更新速度非常快，生产成本直线下降，国内相关行业的发展面临严重"瓶颈"。在国家智能制造计划引导下，锦江集团审时度势，以山西复晟铝业作为智能制造改革的试点，不惜重金聘请了高新智能制造技术公司，从智能装备、智能管控、智能数聚、智能决策四个方面入手，成功完成了从"制造"到"智造"的转型。复晟铝业集高效、绿色、智能于一体的改造项目起到了行业表率作用，加速了我国氧化铝行业转型升级迈向更高端的步伐。2016 年 6 月，山西复晟铝业被工信部评为氧化铝智能工厂试点示范企业。锦江集团有色金属智能制造版图并非一蹴而就，而是采用成功一个，推广一个的模式稳步推进。未来，锦江集团希望将智能制造方面的成功经验形成可复制的模式，分享给兄弟企业，推动中国铝工业的发展。

投身化工与新材料　抢占光学薄膜领域制高点

锦江将产业延伸到化工领域。在新疆建设煤—电—化一体的煤化工企业，在广西发展氯碱化工产业……同时发展精细化工，实现资源有效利用。随着智能时代的到来，国内的液晶面板业发展迅猛，但作为面板关键原材料的光学薄膜核心技术却一直掌握在日韩企业手中，严重影响我国这一产业的安全。基于一种义不容辞的企业责任，锦江集团进入了光学薄膜业，并以开放、包容、互惠的态度赢得了国际厂商的青睐，先后与日本的日东电工，中国台湾的奇美材料、迎辉光电，韩国的 MNTECH 等合作在中国建厂。在合作过程中，锦江集团兼收并蓄、博采众长，产业能力日益凸显。2017 年，锦江集团引入日东电工技术，在昆山正式启动全球首条 2500 毫米超幅宽偏光片的生产线，此后陆续在国内投建了三个上规模的偏光片生产项目。在兰溪，锦江集团筹建了光学膜产业园，并投资偏光片上游原材料，以求彻底解决我国偏光片供应链的安全隐患。

引进国际先进医疗技术　搭建平台为民众谋福祉

机会来自于洞察力。锦江集团领导在国外考察过程中，发现国际上很多尖端的医疗技术和新的药物早已应用于医院临床，给患者带来了显著的疗效。

引入国际先进的医疗技术来造福国内民众，成为了锦江集团领导一致的共识，杭州迈迪科生物科技有限公司应运而生。公司又重组成立迈迪科迪诺基因科技有限公司，该公司是中国首批卫生部临检中心批准的基因检测专业机构。在中国医师协会和中国健康促进基金会的大力支持下，早于 2007 年率先建立"中国人群重大疾病基因数据库"，为疾病诊断、风险筛查、精准医疗等提供科学有效的真实数据。除此之外，锦江集团还投资或参股了日本 CYTIX 公司及杏香园、北京 981 健康管理等医疗健康产业，努力搭建大健康产业平台，为民众谋福祉。

扎根实业，锻造贸易、金融、健康产业等多轮驱动的发展格局，坚持可持续发展理念，以企业责任来践行历史赋予的使命，锦江集团创新的步伐永不停止。在企业发展的同时，锦江集团饮水思源，目前已累计为各类公益事业捐助了上亿元的财物。2018 年 6 月，浙江锦江公益基金会正式成立。这是由杭州锦江集团捐赠 2000 万元发起并经省民政厅批准成立的非公募企业公益基金会。秉承"发展共成，价值共享"的价值理念，基金会将助力精准扶贫、推动产学研结合、推动生态文明建设等公益事业，成为企业践行社会责任的窗口。一切如同集团创始人钭正刚先生所说：有限的是脚，无限的是路；有限的是金钱，无限的是事业。如何用有限的金钱做好无限的事业是企业发展壮大的关键。

助推国企转型升级 一锭铝到一张膜蝶变重生

华铝，兰溪老工业的标志和象征，从一锭铝到一张膜，从传统工业到高科技，背后是华铝的涅槃蝶变，是兰溪工业老树发新芽、转型升级的典范。华铝的前身是浙江铝厂，于 1958 年成立，是冶金部直属企业，被列入国家"二五"计划，为新安江水电站的重点配套项目。华铝一直注重技术创新，通过前后两次生产技术改造，自焙槽改成了预焙槽，电解铝产能达 15 万吨，产值超 50 亿元。但是，浙江是一个能源紧缺的省份，尽管有最低的电耗指标，但在浙江高昂的电价下，华铝不得不走向转型之路。

2013 年 7 月，在各级政府的推动支持下，杭州锦江集团联合红狮集团重组华铝。2013 年底，华铝彻底关停了高耗能的电解铝生产线，通过两步实现转型升级跨越：一方面发挥技术优势，向宁夏、内蒙古等锦江下辖的电解铝企业输出人才、技术，开枝散叶，继续对中国铝产业做出贡献；另一方面响应政府退城进园号召，从华铝原来的 1000 多亩土地由政府收储，到兰溪经济开发区创新实验园建设光学膜产业园，华铝从而进军新材料产业，从传统到高科技，实现从一锭铝到一张膜、凤凰涅槃、华丽蝶变。

锦江光学膜创造光速度　引进先进技术打造产业集群

杭州锦江集团根据产业园战略布局，引进中国台湾的宏腾光电、迎辉光电以及韩国的 MIRAENANOTECH CO.，Ltd（MNTech）等企业，与兰溪市政府全面战略合作，成立兰锦开发建设有限公司和锦新投资管理有限公司，在"兰妈妈"式的政府服务下，产业园建设实现了"兰溪锦江加速度"。2015年9月，杭州锦江集团、台湾宏腾光电和兰溪市政府举行"偏光增亮膜项目战略合作座谈会"，清华大学教授、国家发改委平板显示专项专家组长、两岸产业协会专家张百哲莅临，兰溪市人民政府与杭州锦江集团签订《浙江华东铝业股份有限公司地块收储和项目建设合作补充协议》，确定华东铝业老土地和厂房由政府整体收储，搬迁至兰溪经济开发区创新实验园，并建设光学膜产业园。2016年3月29日产业园破土动工，到2017年3月29日仅用一年时间，第一家企业——浙江锦辉光电材料有限公司实现量产。2017年6月19日锦浩光电动工，2017年12月9日实现量产，锦德光电、锦浩光电二期等4个项目同时动工，锦德光电将于2018年底实现量产。2018年3月27日锦美材料成立并落户产业园，锦宏新材料TFT偏光增亮膜项目被列为国家电子信息产业技术改造项目，锦辉光电被列入国家重大产业建设项目。

截至2018年，园区已有8家光学膜研发和生产企业，从中国台湾、韩国引进的光学膜领域技术骨干30余名、专利技术72项，其中发明专利49项，实用新型专利23项。2017年园区申报成功"国千人才"1名，实现了兰溪零的突破；双龙计划人才3名。产品涵盖反射膜、增量膜、扩散膜、复合膜、车用装饰膜等，已初步形成了光学膜产业集群。2018年7月，锦江公益基金会向兰溪各学校捐赠共计3000万元的智能交互教学一体机，用的就是锦江集团生产的光学膜，兰溪有望成为全国首个全县域覆盖教育信息化2.0基础设施的示范点。兰溪市政府以光膜产业园为核心，打造以节能环保高科技为特色的光膜小镇。整个小镇占地3000亩，由兰溪籍中国工程院院士吴志强规划设计，以红土地的特点作为设计灵感，把小镇建设成红色的风格，符合"生活、生产、生态"三生融合的理念，以AAA级旅游景区的建设标准进行开发建设。科技感十足的小镇客厅，依山势规划在一座小山上，与小镇遥相呼应。小镇的道路（桥梁）均以兰溪的市花兰花为布局，以造型别具的低矮建筑为主。生产生活配套齐全，绿树成荫，非常适合安居乐业。吴志强院士曾经风趣地讲，光膜小镇将会是兰溪小青年谈恋爱的好去处。2018年是光膜小镇高速发展的一年，下一步产业园拟将陆续引进其他光学膜类高技术含量项目，带动上下游发展，形成产业集聚，项目建成投产后，将实现产值100亿元以上，力争成为中国最大特种光学膜新材料生产与研发示范基地和世界第一光膜产业集群。

用数据说话　锦江生态"从零到百亿"的崛起密码

杭州锦江集团生态科技有限公司（以下简称锦江生态）从最初为完善杭州锦江集团完整产业链而组建，到目前，锦江生态国内外中标项目达到20多个，营收规模近10亿元，合同总金额近百亿元。从单一的环卫服务到"环卫PPP""城乡环卫一体化""垃圾分类""两网融合"的全业态发展，再到"国际化策略"，锦江生态稳扎稳打，逐步向环卫的横向纵深领域渗透。锦江生态在成立不到三年时间里，先后在创业团队和专业职业化管理团队的带领下，凭借创业激情、专业化管理理念、职业化素养、出色市场拓展能力、精细化项目运营能力，业绩逐年升高，赢得市场一致好评，俨然成为行业的一匹黑马。

接力共聚　实现从十到百的夯实升级

2018年7月，专业的职业化管理团队加盟共聚，让锦江生态的发展如虎添翼。2018年8月底，公司正式更名为"杭州锦江集团生态科技有限公司"，管理团队通过其专业的发展理念和深度的行业认知，引导企业完成整体战略布局和发展方向的一次重大转型。专业化团队设计系统性架构。通过创建区域化投资体系，组建职业化人才队伍，与相关院所、高校、业内专家、专业化公司的广泛合作，在短时间内就将企业引入健康发展的快车道，实现了企业由单一模式向一体化立体化新平台的横向延伸、纵向深入，全力打造环卫生态产业一体化新平台，致力于解决传统环卫企业向综合公共事业服务商跨越的行业痛点。专业化团队创造多样化业绩。通过拓展重大项目、打造全生态产业链，2018年下半年，锦江生态先后中标兰溪市城乡环卫+垃圾分类一体化项目，北海市银海区环卫一体化项目，江西省宜春市袁州区保洁、园林绿化养护、市政管护服务项目，辽宁省辽阳县环卫作业城乡一体化项目等。靠自身实力从传统环卫服务向综合性产业一体化服务提升，扩大企业规模和品牌影响力。创业团队的市场拓展能力已令业内刮目相看，专业的职业化管理团队在接过锦江生态接力棒后，更是实现企业业绩从十到百的夯实升级；两支团队的强强联合，加之专业化管理能力和精细化运营实力，业绩喜讯必将纷至沓来，让市场为之瞩目。

千帆竞发　锦江生态力争上游、勇立潮头

身处环卫行业市场化日新月异的大变革时代，面对行业新环境，锦江生态迸发出无限的激情，迎接新挑战，集聚专业化管理运营经验，拥抱新机遇。力争延伸和拓宽业务细分领域及相关产业，加快产业结构调整，加速实现由单一环卫业务企业向集城市服务、农村治理、环境保护三位一体的综合公共事业生态服务商的战略转变。"筚路蓝缕启山林，栉风沐雨砥砺行"，锦江生态面对越发展难题越大的现状，始终抱有越有难题越要发展的信心和决心。发展是硬道理，在发展中解决难题。在 2018（第十二届）固废战略论坛上，锦江生态荣获 2018 年度环卫影响力企业称号。获此殊荣，既是对锦江生态成立两年以来进步与成长的肯定，也是对锦江生态专业创新、职业管理的一种鞭策。未来，锦江生态势必重塑环卫市场格局，成为业内不可忽视的一股强劲力量。

资料来源：佚名：《第五届国际碳金奖揭晓　锦江环境斩获"绿色责任奖"》，2016 年 8 月 24 日，杭州锦江集团，http：//www. jinjiang-group. com/news/show. php？catid＝24&aid＝51；佚名：《杭州锦江集团：扎根实体经济引领产业前行》，《中国环境报》2017 年 8 月 28 日，第 7 版；朱燕：《锦江集团：创新引领发展，责任践行使命》，2018 年 7 月 31 日，浙江在线，http：//biz. zjol. com. cn/zjjjbd/qyxw/201807/t20180731_7907949. shtml；佚名：《一个企业和一座城市的转型升级》，2018 年 8 月 3 日，杭州锦江集团，http：//www. jinjiang-group. com/news/show. php？catid＝16&aid＝1512；佚名：《锦江生态"从零到百亿"的崛起密码》，2018 年 12 月 15 日，国际环保在线，http：//www. huanbao-world. com。

 案例分析

杭州锦江集团有限公司是以环保能源、有色金属、化工与新材料为主的产业，同时也是一家集大健康产业、贸易与物流、投资与金融于一体的现代化大型民营企业集团。锦江集团的成长源自对中国经济发展前景的信心和对中国绿色发展理念的实践。锦江集团认为循环经济是未来的方向。作为国内最早投资环保能源领域的民营企业之一，多年来致力于中国环保产业的发展，经过近20年的努力，锦江集团的绿色发展成就主要体现在如下几个方面：①扎根实体经济，坚定绿色发展信念。锦江集团立足于实体经济产业，是国内最早投资环保能源领域的民企之一，致力于环保产业的发展，集团领导坚定地认为，随着改革开放的深入发展，环境保护和科学发展是中国经济长远发展的方向，因此积极打造包括现代农业在内的生态环保产业园。在发展过程中，锦江集团不遗余力地将各项环保措施真正落实到位，主要废弃物得到了有效处理和利用，氯气、盐酸提供给下游厂家进一步循环利用，工业废水在专门的污水处理厂中得到了有效的净化处理，产业园得到了政府与社会各界的高度评价和赞赏。②采用先进技术，实现高新技术产业化。例如，锦江集团在1997年就与浙江大学紧密合作，实现了浙大实验室技术——异重循环流化床垃圾焚烧发电技术的市场化运用；锦江集团坚持以高效节能为导向，不断进行技术创新，率先在行业内推行第三代垃圾处理技术，并参与行业相关标准的编制，加快国际化布局，起到了技术领先、标准领先、理念领先的行业示范作用。另外，还从中国台湾、韩国引进光学膜领域技术骨干30余名、专利技术72项，其中发明专利49项，实用新型专利23项，推动高新技术产业化发展。③延伸环保能源产业。锦江集团积极拓展环保产业，在垃圾收运和废弃物的处理中也取得了一定的成就。例如，专门成立环卫公司，积极推进垃圾收运一体化，将服务向前端延伸；在废弃物治理上向平行领域发展，开拓污水、淤泥、秸秆、餐厨、病死牲畜的综合处理新领域；开启合同能源管理，向外输出技术、管理和服务。同时，又积极开展前沿技术的整合与合作，联合业内顶尖企业，共同参与城市静脉产业园的建设和运营，打造具有国际化专业水平的集成综合服务商。还联合红狮集团重组华铝，使华铝彻底关停了高耗能的电解铝生产线，通过两步实现转型升级跨越。④构建生态综合园，打造资源性产业链。锦江集团打造功能产业齐全、技术先进、绿色邻利，集环境保护、生态休闲、产业带动、宣传教育、科研创新于一体的具有国际影响力的循环经济生态综合体。节能降耗、循环发展的原则，将其定位为传统静脉园的再升级，对静脉园环保设施、景观绿化、环保宣教三大功能模块再定义、再完善。在其他领域，锦江集团整合矿业、电力、氧化铝、铝镁合金、铝材深加工等优势资源，打造极具竞争力的资源性产业链——有色金属产业，并将其作为集团未来可持续发展的重点产业。化工与新材料产业以西部大开发为契机，充分利用当地的资源优势和投资环境，组建了国内一流的大型化肥、烧碱及精细化工生产企业，筹建成立兰江产业新材料基金，整合光学薄膜产业链，打造位居世界前列的光学薄膜产业，成为未来发展的重点产业之一。⑤组建职业化的人才队伍，为绿色发展保驾护航。锦江集团管理团队通过其专业的发展理念和深度的行业认知，引导企业完成整体战略布局和发展方向的一次重大转型。专业化团队设计出系统性架构，创建区域化投资体系，组建职业化人才队伍，与相关院所、高校、业内专家、专业化公司广泛合作。帮助锦江实现了由单一模式向一体化立体化新平台的横向延伸、纵向深入，全力打造环卫生态产业一体化新平台。

锦江集团在多年来的发展事件中始终践行"绿水青山就是金山银山"的发展理念，以前瞻性的战略眼光和敢为人先的"浙商精神"不断开拓创新，用发展成绩证实了经济效益、环境效益与社会效益的共赢。

 本篇启发思考题目

1. 现代环保能源企业为什么要走绿色发展道路？
2. 现代环保能源企业如何整合优势资源促进自身绿色发展？
3. 如何看待管理团队在企业绿色发展中的作用？
4. 现代环保能源企业如何利用人才推动绿色创新发展？
5. 如何看待企业投资环保节能领域？
6. 现代环保能源企业在绿色发展中构建企业生态综合园有何收益？
7. 现代环保能源企业在产业集聚发展上可以做出哪些努力和尝试？
8. 现代环保能源企业的绿色发展中体现出哪些可贵的"浙商精神"？

第十二篇
浙江电力：创新引领　绿色转型

 公司简介

　　国网浙江省电力公司（以下简称浙江电力）是国家电网公司的全资公司，是一家以电网经营为主的国有特大型能源供应企业，负责浙江电网的建设、运行、管理和经营，为浙江省经济社会发展和人民生活提供电力供应和服务。在服务于浙江经济社会发展、加快浙江电力工业发展的过程中，浙江电力不断地成长壮大，公司拥有 11 个市级供电企业、64 个直供直管全资县级供电企业、1 个水电厂和 16 家主要面向电力行业服务的建设、设计、试验科研、学校等单位，公司管辖范围有员工近 10 万人。公司近年来先后荣获中国一流电力公司、省文明行业、全国五一劳动奖状、电力行业 AAA 级信用企业、全国电力供应行业排头兵企业、全省最具社会责任企业、浙企常青树和浙江省文化建设示范点等称号。

 案例梗概

　　1. 国网金华供电公司采取积极主动的营销策略，因地制宜制定电能替代发展规划。

　　2. 助力兰溪市奇和有机原料公司将传统燃煤锅炉改造为工业热处理电阻炉，高效节能。

　　3. 助力义乌大酒店实施酒店热水系统和采暖系统节能改造，更加低碳环保，效益可观。

　　4. 助力《楚乔传》剧组弃用高污染、高噪声的柴油发电车，使用清洁低价的电能。

　　5. 优化充电服务网络布局，全面构建"电动汽车+"生态圈，助力清洁能源互联互通。

　　6. 构建清洁低碳能源生态链，支持清洁能源全接入、全消纳，提供并网专属服务。

　　7. 承担国家"863 计划"课题"含分布式电源的微电网关键技术研发"配套示范工程。

8. 主动融入改革，推进电力"最多跑一次"，提升浙江的"获得电力"指标。

关键词："两个替代"；绿色出行；节能减排；能源生态链；智能电网

 案例全文

一、绿色管理的探索

国网浙江省电力有限公司下辖的各地市级、县级供电公司根据地方发展实际，积极开辟绿色电力发展道路，呈现出多元化的绿色管理模式，为地方绿色发展注入新的活力。

金华——双向融合创新管理

金华区域特色经济发达，涉及制造、加工、影视、药材、交通、纺织、服装等十几个行业，其中黑色金属冶炼、化学品制造、纺织业等散煤消费占比最高。国网金华供电公司因地制宜，统筹考虑能源消费特色及产业结构特点，打造"一县一品"电能替代精品示范项目，走出一条"精品示范引领，电能替代、特色行业双向融合"的工作路子，逐步形成"政府主导、电网推动、社会参与"三位一体的电能替代精品示范项目推广机制，实现了工作合力一体化、市场调研常态化、三方联动制度化、技术服务精细化、项目推广规模化的"五化"工作目标。

国网金华供电公司创新推出双客户经理服务机制，即设立业扩（供电业务扩展）、电能替代客户经理 AB 岗机制，A 岗由主办业务的业扩客户经理担任，B 岗由协办业务的电能替代服务队客户经理担任。实现单一营销向综合营销的双向转变，为客户打造全方位专业化的营销服务生态环境，达到快速响应、互为补充、提质提速、服务增倍的效果，助推行业电能替代项目更快更好地落地。通过双客户经理服务机制，成功把空气源热泵等电能替代技术推广至浙江师范大学学生宿舍楼热泵改造，使之成为浙江省电力节能公司的宣传示范项目。

国网金华供电公司主动适应经济发展新常态，紧紧抓住国家能源消费革命、防治大气污染的有利时机，以市场化手段开拓市场，深度挖掘潜力市场，开拓电能替代领域，创新工作机制，积极争取政策支持，电能替代工作推进有力、成效明显。以"两个替代"最大化为方向，持续开展市场调查，摸清各领域替代潜力，采取积极主动的营销策略和创新措施，因地制宜制定电能替代发展规划，努力实现"能源供应清洁化、能源配置智能化、能源消费电气化、能源服务互动化"。全力打造浙江师范大学校园电能替代、东阳"陆港岸电"服务、"影视航母"电能替代、磐安药材烘干电能替代、永康桥里铸造厂和浦江水晶园区电能替代等示范项目。2016 年，国网金华供电公司完成电能替代"十三五"规划编制，推动政府出台电能替代支持文件 7 项，推广项目 306 个，打造"陆地码头"示范工程，首创分期付款模式。统计数据显示，2016 年国网金华供电公司完成电能替代电量 5.75 亿千瓦时，拉动公司售电量增长 2.13 个百分点。"十三五"规划期间，预计公司将实施 300 余个替代重点项目，完成电能替代电量 29 亿千瓦时。

兰溪——为用户开辟"一站式"服务

借电能替代优惠电价政策的春风，国网兰溪市供电公司大力推进电能替代工作取得成效。

兰溪市奇和有机原料公司主要加工有机玻璃制品，由过去采用传统燃煤锅炉加工改造成工业热处理电阻炉。一台燃煤锅炉满负荷运行每小时消耗 480 ~ 520 千克煤，一年就要消耗煤炭大约 250 吨，相当于产生二氧化碳 655 吨、二氧化硫 2.1 吨、氮氧化物 1.9 吨。现在该厂采用的是电阻式加热原理替代传统模式，安装该设备 24 台，总运行容量 1400 千瓦。该厂负责人介绍："改造后，我厂既节约电价成本，又提高了加工效率，还减少了大气污染，优惠期间免收基本电费，相当于每月节省 42000 元，我们尝到了供电公司电价优惠政策的甜头。"国网浙江省电力公司在 2016 年出台电能替代锅炉改造电价优惠政策之后，国网兰溪市供电公司为电能替代用户开辟"一站式"服务，对于潜在用户定期开展跟踪服务，推广落实电能替代工作。目前已经受理电价优惠客户 10 余户，主要涉及印刷行业的电热烘干、玻璃行业电炉融化等业务。

义乌——省内首个节能改造示范项目效益可观

义乌大酒店暖通系统改造工程是浙江省电力系统内首个节能改造示范项目，该酒店能耗大、设备滞后的暖通系统，已成为制约酒店发展的短板，亟待寻求破解。为确保工程的顺利实施，国网义乌市供电公司成立项目专项小组，深入现场，集中精力调研和收集酒店历年来能耗数据。在与施工方充分沟通的基础上，制订了风冷热泵机组代替燃油锅炉、系统增设自动控制功能、增设蓄热水箱等技术改造路线，终获成功。通过实施节能改造，酒店热水系统采用空气源对整个酒店分区供热水，35台空气源主机从外界吸收热量空气源，制取生活热水，采暖则采用高效能维护简单的风冷热泵机组。该工程的顺利投运，预计将为酒店全年节约用水6000吨，新增电能电量132万千瓦时用于替代柴油。义乌大酒店暖通系统改造工程，预计每年可节约能耗费用100余万元，大幅节约了酒店成本，环保及经济效益十分可观。

东阳——为"影视航母"打开节能之门

2018年，《楚乔传》在湖南卫视火热上映，该剧在拍摄时弃用高污染、高噪声的柴油发电车，在国网东阳市供电公司的协助下，应用公用变压器，用上了清洁、环保、低价的电能。

2016年5月，国网东阳市供电公司主动承担社会责任，创新思路，开展横店影视产业电能替代潜力市场调研，主动对接影视剧组开展影视行业以电代油工作。面对横店影视文化产业这艘巨型"影视航母"，该公司提出以配套电网为大型摄影棚提供电源，打造"陆港岸电"的服务新模式。该公司通过实地走访、"一组一策"调研分析，实时跟踪剧组用电需求，量身定制电能替代方案，打造富有地方特色的影视电能替代精品示范工程，实现了影视城、剧组、供电企业多赢。《楚乔传》剧组工作人员刘春国介绍说，原来剧组拍摄每天需租用4台柴油发电车，利用率低，冒黑烟，噪声大。国网东阳市供电公司多次上门沟通后，为其量身定制电能替代方案，安装了公用性质的4台变压器，为剧组打开节能之门。一直以来，国网东阳市供电公司充分发挥输送清洁能源行业优势，为东阳影视产业发展保驾护航。截至2017年5月底，已累计完成电能替代项目31个，实现替代电量3317.85万千瓦时。

永康——助推五金产业绿色发展

"以前我们工厂能源用的是煤和油，自从国网永康市供电公司帮我们改成节能模式后，不仅生产效率提高了，厂里环境也变得越来越干净了"。永康市鑫益金属制品有限公司总经理傅益军高兴地说。自从2015年投入140万元引进3台电加热退火炉，产品质量明显提升，最主要的是减少了污染排放，厂区也变得干干净净，经济效益和环境效益都有了提高。这是永康大力实施

"电能替代"项目、改善城市环境的缩影。近年来，国网永康市供电公司紧密跟踪该市产业结构调整和市场变化，全面贯彻落实国家电网公司"以电代煤、以电代油、电从远方来"的工作决策，深入开展市场调研，认真排查潜在的电能替代项目，建立项目储备库，前移业扩报装服务关口，将电能替代潜在客户纳入 VIP 客户跟踪服务，开辟绿色通道，实现电能替代工程从业扩报装到送电全过程"最多跑一次"服务。2017 年 1~5 月，累计实施完成电能替代项目 11 个，替代电量 4950 万千瓦时，预计全年容量 2.85 万千瓦，完成电量 9000 万千瓦时，全年节煤 11000 吨，减少二氧化碳排放 28820 吨。电网建设为电能替代提供坚强能源保障。永康市首座 500 千伏变电站自 2016 年投运以来，通过"西电东送"工程已消纳清洁电近 20 多亿千瓦时，中国五金之都走上了绿色发展之路。

武义——助力茶农绿色转型

近年来，"加快绿色崛起、建设'两美'武义"成为武义县的发展主旋律，该县农业支柱产业——制茶业也积极加入绿色转型行列，逐步将原有的燃煤、烧柴烘干改进为电力烘干机烘干。为此，国网武义县供电公司积极履行国有企业责任，大力开展电能替代工作，助力茶农绿色转型。为减轻茶农负担，公司努力践行"最多跑一次"服务宗旨，开放了茶农电能替代项目绿色服务通道，并安排专人跟踪，一跟到底，及时解决茶农在流程办理和配电工程中存在的问题，受到了茶农的一致好评。另外，电能替代后的茶农还可按规定，将原有的一般工商业电价申请调整为农业初加工电价，相比燃煤、烧柴，将大大降低生产成本。2016 年到 2017 年 6 月，武义县制茶产业用电容量增加 14280 千伏安，电量增加 1042 万千瓦时，减少二氧化碳排放约 8190.94 吨、二氧化硫约 26.57 吨、氮氧化物约 23.13 吨，电能替代效果显著。

浦江——为"绿色出行"保驾护航

2017 年浦江进入了县域内城乡公交车"公交一体化、两元一票制"时代，一跃成为国内首个全县域新能源公交出行县。国网浦江县供电公司为助力该县公共交通发展，为电能替代项目开通绿色通道，简化业扩报装流程，提供专业指导，优化施工方案，建设完成 6 座电动公交车充电站及供电线路等电力配套设施，总计专用变压器容量 4775 千伏安，满足电动汽车"枪架结合、慢充快补"的充电模式，也充分考虑了增加电动公交车数量的需求。截至 2018 年，电动公交车"以电代油"完成电能替代电量 170.71 万千瓦时，减少二氧化碳排放 1422 吨，节约常规能源成本 200 余万元。为保障电动公交车安全、可靠、有序用电，国网浦江县供电公司将客运中心和汽车西站两个公交车首发站的充电站列为重点用户，配置双电源供电，同时为所有充电站继续提供技术指导和上门服务。

磐安——零距离服务"江南药镇"

磐安县"江南药镇"有着全国最大的"浙母"种植基地，随着绿色环保产业要求提高，药农们从传统"硫磺烘焙"技术转型成"电力烘干"技术。国网磐安县供电公司主动服务清洁能源建设，不断创新开展"管家式"服务：一是将"电能替代"技术引入业扩报装流程，引导自愿选择电能替代产品，跟踪服务用户电能替代项目需求；二是充分发挥台区客户经理"零距离"服务的辐射作用，全面推广"最多跑一次"服务理念，将电能替代潜在客户纳入重点目标跟踪服务，免费提供技术、标准和典型设计；三是在营业窗口开辟绿色通道，对电能替代工程所需业扩增容优先办理、优先查勘、优先装表接电，确保电能替代改造项目无延时送电、无障碍接入，有序推进，实现从报装到送电的"一站式"服务。截至 2017 年 6 月，国网磐安县供电公司已为"江南药镇" 100 多户三相烘干用户办理用电的申请、批表、安装，增加 1300多千瓦的负荷用电量，大大减少二氧化碳和二氧化硫的排放。同时利用党员服务队活动广泛宣传"清洁能源"理念，主动指导药农加工户安全用电、科学用电。

二、绿色管理的拓展

"一带一路"倡议提出以来，浙江高举改革开放大旗，推进"一带一路"建设，实现了从"外贸大省"到"开放大省"的跨越。电力先行是构建全面开放新格局、推动经济社会高质量发展的重要先决条件。五年来，国网浙江省电力有限公司主动对接，融入浙江全面开放新格局，以高质量高可靠的坚强智能电网、绿色低碳高效的充足电能、更便捷的电力服务，强力支撑了浙江经济社会的率先发展，并全面助推浙江发展更高层次的开放型经济。

"2018 年国网浙江省电力有限公司将持续聚焦绿色发展，拓展电能替代广度深度，目标是浙江所有地市建成'全电景区'示范点，共建成 70 个'全电景区'"。2018 年 2 月 22 日，国网浙江电力营销（农电工作）部刘强介绍说，2017 年该公司组织编制了"全电景区"建设和指导手册，2018 年将全面开展相关建设工作。建设"全电景区"，即通过实施电能替代提高景区电气化水平，将传统景区中的燃煤锅炉、农家柴灶、燃油公交、燃油摆渡车、传统码头等改造为电加热（制冷）、电炊具、电动汽车、低压岸电，实现电能在各类旅游景区终端能源深度覆盖。2017 年，国网浙江电力探索出一套政企联动、绿色发展的浙江经验，全力打造电能替代示范工程，拓展瓶装煤气"气改电""全电景区"等领域，完成 4.1 万户瓶装煤气"气改电"，推广电采暖住宅 1.5 万套，在海宁盐官、东阳横店等 8 个国家级景区试点建设"全电景区"。2017 年，国网浙江电力实现替代电量 81.6 亿千瓦时，相当于减少使用标准煤 329.7 万吨，减排二氧化碳 813.6 万吨。如果按照一棵树一天吸收 16 千克二氧化碳测算，相当于种下了 140 万棵树。

微电网助力能源高效传输

浙江电力电科院分布式电源及微电网关键技术相关负责人表示，微电网是充分利用分布式能源的有效形式。当下对微电网的研究主要集中在交流领域，而直流微电网不要求无功补偿和频率同步，更易实现对系统的稳定控制，更适合接入可再生能源。作为浙江电力承担建设的国家"863 计划"课题"含分布式电源的微电网关键技术研发"配套示范工程，2014 年 4 月和 9 月，温州鹿西岛并网型微电网示范工程和南麂岛离网型微电网示范工程相继投入运行。几年来，这两个示范工程安全稳定运行，有效助力海岛绿色能源高效传输。随着南麂岛离网型微电网示范工程的投运，一个清洁、高效、经济、环保的小型独立电网建成，含有风能、太阳能、柴油发电和蓄电池储能的风光柴储综合供电系统成功运行，南麂岛成为一个利用绿色能源生产生活的智能海岛、美丽海岛。徐瑞法便是该微电网示范工程投运后的受益者之一，"有充足的电真好！家里有小冷库，游客多，打的海鲜多，卖不完的也不怕糟蹋了"。在此之前，由于远离大陆，南麂岛长期仅依靠岛上的 4 台柴油发电机发电。作为土生土长的南麂人，徐瑞法尝够了这缺电少电的苦。以往渔民家，最好的也只有一个冰箱、一个冰柜，渔产品保存起来很不方便。空调是绝对不敢开的，一用就跳闸了，大家也有这个自觉，毕竟电力供应不足是现实。那时候，打的鱼多了，却要担心卖不了没法保存；游客多了，却要担心接待不了。

如今，自家建设小冷库这样的"小目标"不再是奢侈。能源的高效稳定和充裕供应促进了海岛的绿色可持续发展，也让像徐瑞法一样的渔民们过上了红红火火的日子。无独有偶，鹿西岛原有电网仅靠一条 10 千伏海缆与大电网进行连接，在夏季高峰负荷时经常出现拉闸限电的情况，供电可靠性较差。鹿西岛并网型微电网示范工程的投运，不仅为岛上用户提供清洁可再生的能源，实现分布式电源的灵活高效利用，而且大大提高了供电可靠性和供电质量，使岛上居民彻底告别用电紧张的历史。

构建清洁低碳能源生态链

党的十九大报告指出，要推进能源生产和消费革命，构建清洁低碳、安全高效的能源体系。探索构建清洁低碳能源生态链，浙江电力在路上。此前，乌镇浮澜桥村居民黄贺卿家屋顶上的光伏电站顺利并网发电，这座屋顶光伏电站年发电量约 9000 多千瓦时，每年可为黄大婶带来 8000 多元的收入……浙江电力支持清洁能源全接入全消纳，2017 年为 10.8 万余个风电、光伏项目提供并网专属服务，全年累计消纳清洁能源 981 亿千瓦时，是全社会用电量的 23.4%。浙江也成为全国唯一实现新能源全消纳的省份。停靠在湖州东城水上服务区的货船由柴油发电机供电转为由岸上电网直接供电，实现船舶停泊期间"零排放、零油耗、零噪声"。船户们都感叹，自从用上"岸电"，船上的电器不再是摆设，少了柴油发电机的噪声，没了柴油的污染，码头的环境也更好了。2017 年，浙江电力创新提出多方合作的岸电建设运营模式，促成交通运输部、国家能源局、国家电网公司签订三方战略合作协议，与浙江省港航局建立省市县三级联络机制，率先建成京杭大运河浙江段 135 套岸电设施，全面助力能源使用低碳化。2018 年，浙江电力还将继续大力实施保卫蓝天电能替代工程、家庭共享电气化工程与电动汽车畅行工程。在京杭大运河浙江段岸电全覆盖的基础上，大力推进浙江内河八大水系岸电全覆盖、沿海港口岸电全覆盖，推动港口岸电跨区域联动，并进一步深化开展城镇家庭全电住宅、农村家庭再电气化、全电景区示范建设。同时，优化充电服务网络布局，全面构建"电动汽车+"生态圈，助力清洁低碳能源互联互通。

坚强智能电网支撑经济发展

腾龙集团位于宁波北仑区小港镇，其研发和生产的不锈钢精线材料大量出口至欧美、东南亚等 40 多个国家和地区。在发展新增产业的过程中，考虑到人力成本等因素，腾龙集团原本有将新产业落户北方的打算，但相关负责人在向北仑区供电公司咨询供电问题，并在第二天就得到供电方案回复后改变了想法："我们综合考虑了浙江外向型经济布局的整体优势及公共服务的高效，最终还是决定落户家乡。"供电服务的高效，基础是充足稳定的供电能力。"一带一路"倡议提出后的五年，浙江充分依托区位优势，实现经济社会率先发展。而这五年，也正是浙江电网建设全面提速的五年，是一举扭转了缺电困局，实现电能充足稳定供应的五年。五年间，浙江电网累计投运 110 千伏及以上输电线路 17686 千米，变电容量近 1.5 亿千伏安。其间，浙江基本建成以"两交两直"特高压为骨干，主网架南北贯通、东西互供、交直流互备的坚强智能电网。同时，杭州、宁波世界一流城市配电网建设积极推进，核心区供电可靠性达 99.999%，配电自动化终端覆盖率达 89.2%。

2018 年，浙江全社会最高用电负荷已经突破 8000 万千瓦，是 2013 年最高负荷的 2.3 倍。网架坚强、结构优化，国网浙江电力为浙江全面融入"一带一路"建设、实现经济转型升级提供了坚强的能源保障，并助力浙江在外贸优化升级上取得了良好成效。数据显示，2017 年，浙江与"一带一路"沿线国家的贸易总额为 7987.3 亿元，占全国份额的 10.8%，其中出口占全国份额的 14.7%。

三、绿色管理的深化

生态优先　推动绿色发展

在繁忙的宁波舟山港，一个个满载集装箱的货轮从这里源源不断驶往世界各地。2018 年 7 月 28 日上午，中远高雄号在北仑港区靠泊后，工人们合力把船上降下的两条 6.6 千伏电缆接入码头前沿的高压岸电箱。清洁岸电取代柴油发电机为巨轮供电，烟囱上方的黑烟消失了。宁波舟山港是全球首个 10 亿吨级大港。按照年靠港船舶 3 万艘测算，这些船舶每年将在宁波—舟山地区排放大量污染物，产生 1650 吨二氧化硫。

自 2015 年起，宁波供电公司和宁波舟山港股份有限公司一起致力于港口高压岸电示范项目建设。目前，宁波舟山港已在穿山港区和北仑港区的三个码头投运了 4 套高压岸电系统，岸电逐步从单个港区码头向成片港区码头推进，实现了港区间的联动和覆盖。据测算，靠港船舶使用高压岸电后，平均每个泊位每年可节省燃油 300 吨，减少各类空气污染物排放约 30 吨。"具备高压变频岸电接入功能，是宁波舟山港作为世界强港必需的配置"。宁波舟山港集团工程部员工介绍，2020 年之前，宁波舟山港将实现岸电泊位的全覆盖。宁波港通天下，是古代"海上丝绸之路"的始发港口，被誉为记载"一带一路"历史的活化石。浙江积极发挥通江达海的区位优势，全面融入"一带一路"建设。国网浙江电力更是以生态优先、绿色发展为原则，积极践行"绿水青山就是金山银山"的发展理念，助推绿色交通运输发展，推广使用岸电，提高清洁电能在终端能源消费领域的占比。据统计，国网浙江电力 2018 年上半年共完成替代项目 3133 个，实现替代电量 42.4 亿千瓦时。

服务提升 打造良好营商环境

向东通过宁波舟山港打通海运，连接"21 世纪海上丝绸之路"，向西则依托在义乌的"义新欧"班列，连接"丝绸之路经济带"。内畅外联的东西都市大走廊，是浙江深度融入"一带一路"的关键一步。自 2014 年首趟"义新欧"中欧班列（义乌—马德里）从义乌发车以来，如今已有 9 个方向的国际线路陆续开通，并实现双向常态化运行，与 35 个国家和地区有进出口贸易往来。郭集福是马来西亚第三代华侨，在义乌从事珠宝贸易多年。一站式电力便民服务、贴心的电力志愿服务及稳定的电能保障，让他深深爱上义乌。如今，郭集福的珠宝产品跟着"义新欧"班列销往 35 个国家和地区。"作为商人，稳定的营商环境是最基础也是最重要的因素"。郭集福说，义乌有着非常好的营商环境，"一带一路"倡议让他的生意越做越远。良好的营商环境让浙江成为创新发展的沃土。近年来，浙江深化"最多跑一次"改革，努力打造审批事项最少、办事效率最高、投资环境最优、企业获得感最强省份。国网浙江电力主动融入改革，推进电力"最多跑一次"，提升浙江的"获得电力"指标。

舟山供电公司、绍兴供电公司全面加快办电速度，业扩结存容量占比已经低于 20%。台州供电公司编制 64 套业扩受电工程典型设计图集，推行客户工程"套餐式服务"。温州供电公司、桐乡供电公司分别推出营商专员"代办制"和网格化"电长制"，进一步减少客户跑腿的情况。国网浙江电力还通过开展业务办理快速通道、科学用电指导、预防性试验、临时用电设备租赁等增值服务，全面提升客户服务感知度和满意度。2018 年以来，国网浙江省电力有限公司积极贯彻落实国家电网有限公司新时代战略，加快构建现代服务体系与现代能源消费体系，加快电网建设与企业转型发展，赋能地域经济发展、绿色转型，为浙江实现"山乡巨变"带去可能。以"九山半水半分田"的丽水为例，这样的愿景正在实现。

高质电网　支撑地域发展

"十三五"规划期间，丽水拟开发光伏电站、风电站合计装机约330万千瓦；总装机180万千瓦的缙云抽水蓄能电站首台机组将于2023年投产；龙泉、遂昌等县市谋划了装机近千万千瓦的新能源项目……作为华东重要的绿色能源基地和浙西南"大花园"，如今丽水清洁能源发展势头迅猛。但目前丽水市水电装机达272万千瓦，丰水期向外送出负荷超过120万千瓦，电力外送通道已处于满载状态，如果清洁能源的外送通道不打开，就存在"弃水、弃风、弃光"的风险。在交通条件改善的情况下，丽水发展还将迎来新高峰，用电量必将剧增。电力"供不上、送不出"制约经济发展的被动局面急需破解。"再造一个丽水电网"的念头由此愈加强烈。丽水开始积极谋划在"十三五"规划期间打造新丽水电网项目建设，构建以2座500千伏输变电工程为核心的电网新格局，打造清洁能源输出新通道，强力支撑地域发展。第2座500千伏输变电工程从远景设想纳入"十三五"规划，比原来的电网规划整整提前10年以上。"丽西变（丽西输变电工程基础设施建设项目）建成后，将全面打通浙西南电力大通道，形成丽水500千伏'东西互济'的坚强网架格局"。丽水供电公司总经理施永益表示，随着丽西变配套的一大批220千伏和110千伏输变电工程落地，将实现县县2座220千伏变电站，丽水电网也将从"1.1时代"阔步迈入"2.2时代"，电网可靠性和电源外送能力将实现极大跃升。丽水电网补强无缝对接华东绿色能源基地建设，也将助力浙江实现新时代的跨越式发展。

盘活资源　赋能产业转型

面对丰富的水电和新能源开发资源，丽水加快发展风电、光伏发电、生物质发电等新能源，让绿色资源转变为绿色能源，有力推动区域经济转型升级发展。丽水市发展改革委党组书记、主任饶鸿来表示，发展绿色能源经济是大势所趋，是丽水"绿水青山"加快转换为"金山银山"的重要驱动。缙云县大洋镇漕头村方溪源头的抽水蓄能电站项目，作为丽水的首座抽水蓄能电站，装机容量 180 万千瓦，计划安装 6 台单机容量 30 万千瓦可逆式水泵水轮发电机组，预计年发电量可达 18 亿千瓦时，项目总投资超百亿元。电站建成投入使用后，年上缴利税超 3 亿元，每年可为地方 GDP 贡献 50 亿元以上。清洁能源还助力拓宽精准扶贫、助农增收渠道，通过光伏带动产业经济转型升级，如缙云县，截至 2017 年底该县 116 个集体经济薄弱村已全部"摘帽"。当下，浙江电力正在加快构建以电为中心，清洁高效、智能互动、开放共享的现代能源消费体系，在消费侧助力绿色发展，丽水形成了自己的生动实践。

龙泉青瓷，以雅致莹润闻名。其中，素烧、烤花是青瓷制作中的重要工序，原有窑炉在烧制过程中，有烟尘且温度不稳定，成品率不高，为精益求精，如今在烤花环节中已广泛使用电能替代。"用电方便、清洁、稳定，没有烟熏，品质保证"。龙泉市金宏瓷业有限公司总经理叶建仁说，窑炉进行电能替代改造后，瓷器生产成品率提升了 8~9 个百分点。"夺得千峰翠，凝成雨过青"的纯净得以保存如初。

用活数字　打造全新生态

浙江是互联网热土，社会发展与互联网气息融合共生。从助力数字经济到融入其间，浙江电力也正积极打造电力数字生态，为"数字国网"、数字中国建设贡献自身力量。其中，丽水供电公司着力打破藩篱，用活"数据+"，优化企业经营管理策略，提升现代化管理水平，跑在前列。随着丽水电网投资规模不断扩大，项目基础管理、数据质量、跨部门协同等管理方面的问题日益凸显，严重影响了企业运营效率效益。依托"可视化"改造契机，丽水供电公司强化数据源头治理，完善流程标准，实现精细化管理。自主创新的配网项目"三个自动"功能已于 2018 年 7 月底在浙江率先上线。于是，概算自动导入、物料自动挂接和物料自动校核，实现工程项目竣工当天完成自动竣工决算……这样的场景在丽水成了常态。

以前，概算导入需要对照纸质概算书手动输入，物料需要依照层级逐条挂接，审核需要人工逐条核对的工作方式，现在，通过全面梳理配网项目系统功能需求，统一标准物料库，借助大数据设定系统自动转换逻辑，确保概算录入精准、便捷，物料挂接快速、准确，物料校核智能、高效。"自动竣工决算，可以在第一时间把项目变成资产，有效提升配网项目管理效率，优化经营管理水平。这是我们实施'数据+企业管理'行动最主要的成果之一"。丽水供电公司运监中心相关负责人表示。正如丽水供电公司的实践，大数据把人从繁复的系统中解放出来，真正实现了系统为人所用，极大地提高了企业项目管理的效率和质量。浙江电力以焕然一新的现代化管理走进高质量发展的新时代。如今，浙江正在积极推进大花园建设。大花园是自然环境的底色、高质量发展的底色和人民幸福生活的底色。浙江电力正全力对接这一战略高位，以坚强电网、清洁能源带来的红利，以现代化管理带来的速度，壮浙江高质量发展、高品质生活之底气，守正笃实，久久为功。

资料来源：施战辽、徐风华、朱浙萍：《创新引领　绿色转型》，《浙江日报》2017 年 6 月 16 日，第 14 版；陈丽莎：《国网浙江电力聚焦绿色发展》，《国家电网报》2018 年 2 月 26 日，第 1 版；陈丽莎、洪莹、陈小敏：《浙江电力：“追新逐绿”正当时》，2018 年 3 月 30 日，中国电力新闻网，http：//www.cpnn.com.cn/zdzg/201803/t20180330_1063343.html；佚名：《更开放　更绿色　更高效——国家电网助推浙江开放型经济发展》，2018 年 8 月 22 日，国家电网有限公司，http：//www.sasac.gov.cn/n2588025/n2641616/c9462632/content.html；佚名：《诉说新时代的“山乡巨变”——国网浙江电力打造坚强绿色电网服务地方高质量发展》，《中国电力报》2018 年 11 月 29 日，第 1 版。

 案例分析

近年来，在国家强调企业应进行可持续绿色化发展改革的背景下，国网浙江电力公司统筹考虑各地的差异化，提出了因地制宜的供电绿色方针，打造“一县一品”的精品项目，将电能替代与特色行业相互结合，形成政府、电网、社会三位一体的推广机制。电能替代工作推进有力、成效明显，大量减少能源浪费，保障资源节约与环境改善。以下是国网浙江电力公司的几点绿色发展做法：①因地制宜，统筹发展。国网金华供电公司根据金华各地产业结构和能源消费特点，在统筹规划的基础上推出一县一品的发展模式。例如，在兰溪为用户开辟“一站式”服务。根据兰溪的特色行业——印刷行业和玻璃行业耗能大、污染大的特征，电网鼓励采用电热烘干、电炉融化技术以及电能替代锅炉改造电价优惠政策方案；在义乌建立首个节能改造示范项目。义乌大酒店暖通系统改造工程基本竣工，环保及经济效益十分可观；在东阳用电能替代助力影视行业。国网以配套电网为大型摄影棚提供电源，打造清洁、环保、低价的服务新模式，结合地方特色制订不同的电能替代方案而非"一刀切"的举措，促进金华地区经济效益和环保效益共赢，并为其他城市发展电能替代、推进绿色转型提供经验参考。②创新合作模式，探索构建绿色能源生态链。例如，浙江电力支持清洁能源全接入、全消纳。2017年，浙江电力创新提出多方合作的岸电建设运营模式，促成交通运输部、国家能源局、国家电网公司签订三方战略合作协议，与浙江省港航局建立省市县三级联络机制，率先建成京杭大运河浙江段135套岸电设施，全面助力能源使用低碳化。2018年，国网浙江电力公司还将继续大力实施保卫蓝天电能替代工程、家庭共享电气化工程与电动汽车畅行工程。优化充电服务网络布局，全面构建"电动汽车+"生态圈，助力清洁低碳能源互联互通。③坚持生态优先的绿色发展理念。例如，国网浙江电力以生态优先、绿色发展为原则，积极践行"绿水青山就是金山银山"的理念，助推绿色交通运输发展，推广使用岸电，提高清洁电能在终端能源消费领域的占比。宁波供电公司和宁波舟山港股份有限公司一起致力于港口高压岸电示范项目建设。清洁岸电取代了柴油发电机为巨轮供电，岸电逐步从单个港区码头向成片港区码头推进，实现了港区间的联动和覆盖。据统计，国网浙江电力2018年上半年共完成替代项目3133个，实现替代电量42.4亿千瓦时。④利用绿色能源优势，发展绿色能源经济。例如，丽水供电公司充分利用丰富的水电和新能源开发资源，加快发展风电、光伏发电、生物质发电等新能源，让绿色资源转变为绿色能源，有力推动区域经济转型升级发展。浙江电力正在加快构建以电为中心，清洁高效、智能互动、开放共享的现代能源消费体系，在消费侧助力绿色发展，丽水形成了自己的生动实践。如龙泉青瓷在烤花环节中已广泛使用电能替代，不仅方便、清洁，也保证了产品的稳定品质。⑤以现代化绿色管理优化管理成效。例如，浙江电力积极打造电力数字生态，为"数字国网"、数字中国建设贡献自身力量。其中丽水供电公司在用活"数据+"、优化企业经营管理策略、提升现代化管理水平上跑在前列。依托"可视化"改造契机，丽水供电公司强化数据源头治理，完善流程标准，实现精细化管理。自主创新的配网项目"三个自动"功能在浙江率先上线。正如丽水供电公司的实践，大数据把人从繁复的系统中解放出来，真正实现了系统为人所用，极大地提高了企业项目管理的效率和质量。浙江电力以焕然一新的现代化管理走进高质量发展的新时代。

国网浙江电力有限公司积极贯彻国家电网新时代发展策略，加快构建现代服务体系和现代能源体系，加快电网建设和企业转型升级，为浙江的绿色经济发展赋能，成为绿色发展的典范。

 本篇启发思考题目

1. 现代电力企业如何在绿色发展中知行并进？
2. 现代电力企业为何要构建清洁低碳能源生态链？
3. 现代电力企业如何盘活资源赋能绿色发展？
4. 现代电力企业如何支撑地方绿色经济发展？
5. 现代电力企业如何因地制宜地推动绿色发展？
6. 现代电力企业走绿色发展之路需要怎样的技术创新？
7. 现代电力企业如何用活"数据+"提升绿色管理水平？
8. 现代电力企业应采取何种营销策略开拓能源市场？

第十三篇

蚂蚁金服：绿色数字金融联盟　推动绿色公益

 公司简介

　　浙江蚂蚁小微金融服务集团（以下简称"蚂蚁金服"）是一家旨在为世界带来普惠金融服务的科技企业。2014年10月，蚂蚁金服正式成立。蚂蚁金服以"为世界带来更多平等的机会"为使命，致力于通过科技创新能力，搭建一个开放、共享的信用体系和金融服务平台，为全球消费者和小微企业提供安全、便捷的普惠金融服务。旗下有支付宝、余额宝、招财宝、蚂蚁聚宝、网商银行、蚂蚁花呗、芝麻信用等子业务板块。蚂蚁金服长期致力于绿色金融的实践，在各个层面推动着绿色生产和绿色消费，实现可持续发展。蚂蚁金服主导的网商银行通过对绿色信用标签用户提供优惠信贷支持，包括向农村提供节能型车辆购置融资，为菜鸟物流合作伙伴提供优惠信贷支持更换环保电动车，未来还将持续支持绿色企业的生产经营活动。在绿色基金领域，蚂蚁聚宝已与90多家基金公司进行了合作，目前平台上绿色环保主题基金超过80只。基于此，在中国金融学会成立的绿色金融专业委员会中，蚂蚁金服成为迄今唯一当选的互联网金融企业。在泛绿色金融领域，蚂蚁金服也开始了积极布局和探索。例如，永安公共自行车结合支付宝、芝麻信用推出"免押金扫码租车"服务。

案例梗概

　　1. 蚂蚁金服旗下网商银行提供优惠信贷支持给绿色信用标签用户，鼓励投资绿色基金。

　　2. 搭建绿色金融体系，开发绿色金融工具，推动消费者和投资者广泛参与绿色金融。

　　3. 面向支付宝平台4.5亿用户全面上线"碳账户"，度量人们日常活动的碳减排量。

4. 推出碳账户首期项目"蚂蚁森林",鼓励个人以绿色出行、消费等方式实现低碳减排。

5. 携手联合国环境规划署启动全球首个绿色数字金融联盟,吸纳全球金融科技伙伴。

6. 升级蚂蚁森林,从个人参与的环境治理平台到生态脱贫平台,打通跨界合作链条。

7. 联合公益机构,通过建立巡护机制等方式保护自然资源,对贫困人口倾斜就业机会。

8. 建立智能管理系统,通过订单农业与供应链金融相结合带动贫困人口持续稳定增收。

关键词:绿色金融;低碳减排;碳账户;蚂蚁森林;生态脱贫

 案例全文

一、绿色管理的探索

2016 年 6 月 14 日,在主题为"绿色发展,低碳创新"的全国第三个低碳日上,蚂蚁金服的"绿色金融战略"首次浮出水面。该战略包括两个层次:①用绿色方式发展新金融,调动普通民众参与低碳生活方式。②用金融工具推动绿色经济发展,推动绿色意识普及。低碳生活能降低环境风险,增进人类福祉。对于金融行业而言,如果能引导低碳生活和绿色消费,通过金融工具支持绿色生产,即是绿色金融。旗下拥有支付宝、余额宝、网商银行等众多子业务板块的蚂蚁金服长期致力于绿色金融的实践,一直在各个层面推动着绿色生产和绿色消费。

2016 年 4 月 23 日,中国金融学会绿色金融专业委员会(以下简称"绿金委")在北京举办了"2016 年中国绿色金融论坛暨中国金融学会绿色金融专业委员会年会",在本次年会上,蚂蚁金服当选为理事单位,成为首家也是目前唯一一家加入绿金委的互联网金融企业。作为一家金融公司,蚂蚁金服旗下的网商银行通过对绿色信用标签用户提供优惠信贷支持,包括向农村提供节能型车辆购置融资,为菜鸟物流合作伙伴提供优惠信贷支持更换环保电动车,未来还将持续支持绿色企业的生产经营活动。同时,在蚂蚁聚宝的平台上已与超过 90 家基金公司进行了合作,并协同基金公司合作伙伴推出锚定绿色股票指数的绿色公募基金产品，鼓励用户投资这些绿色基金，目前平台上绿色环保主题基金超过 80 只，为绿色金融投资提供支持，未来还将引入大数据模型提高这些基金的回报。

二、绿色管理的拓展

积极搭建绿色金融体系

在泛绿色金融领域，蚂蚁金服也开始了积极布局和探索。永安公共自行车结合支付宝、芝麻信用推出"免押金扫码租车"服务。常州永安公共自行车董事长孙继胜介绍："自 2015 年 9 月上线到 2016 年 4 月底，已经累计提供了 3000 万人次便捷的绿色交通服务，减少了碳排放 20000 吨，目前每天免押骑行永安公共自行车的人次超 20 万，相当于在城市里植了 20000 棵大树。"蚂蚁金服方面表示，目前集团正在积极搭建绿色金融体系，开发绿色金融工具，推动消费者和投资者对绿色金融的广泛参与，从而支持全社会的绿色生产和绿色消费。

据中央人民广播电台经济之声报道，2016 年 8 月 27 日，蚂蚁金服宣布对旗下支付宝平台的 4.5 亿用户全面上线"碳账户"，这将是迄今全球最大的个人碳账户平台。"碳账户"被蚂蚁金服定义为支付宝三大账户之一（资金账户、信用账户、碳账户），用于度量人们一些日常活动的碳减排量。蚂蚁金服认为未来金融是绿色金融，人们未来生活方式是绿色生活方式，"碳账户"将致力于打造成全球最大的低碳生活衡量、交易、共享平台，不仅可以让人记录低碳绿色足迹，也可以形成人们的绿色减排活动，形成碳资产的交易账户，未来条件成熟，可能实现碳资产买卖、投资。

支付宝"碳账户"计划项目将分阶段进行，在支付宝客户端里，首期"碳账户"概念着重突出用户碳减排的公益价值，被设计为一款叫作"蚂蚁森林"的公益行动：用户如果有步行、地铁出行、在线缴纳水电煤气费、网上缴交通罚单、网络挂号、网络购票等行为，就会减少相应的碳排放量，可以用来在支付宝里养一棵虚拟的树。这棵树长大后，公益组织、环保企业等蚂蚁生态伙伴们，可以"买走"用户的"树"，而在现实某个地域种下一棵实体的树。首期用户的虚拟树由阿拉善 SEE 基金会在内蒙古阿拉善盟地区种植。碳账户的直接意义，在于让人们更清晰地感知到可持续行为的成就感。蚂蚁金服和北京环境交易所合作，开发了计算相应减排量的方法学。通过支付宝完成日常小事，有了明确、可计量的碳减排效果，如果每个人完成3个一次：每天一次1公里内步行上班代替其他交通方式；每月线上缴一次水电煤气费；每周在超市等使用5次支付宝消灭纸质单据，能够实现人均每天减排量142克。如果4.5亿支付宝用户都能这样行动起来，每年完成的减排总量可以折合为在我国东北地区新造约4.1万平方公里乔木林一年的林业碳汇量，造林面积相当于小半个大兴安岭的面积，因而有人说，支付宝用户动动手，两年造出一个大兴安岭。

绿色金融已被写入国家"十三五"规划，并且是杭州G20会议两个金融议题之一。过去这个话题一直显得有些"高冷"，公众参与度不够。这次首期以游戏方式运行的支付宝个人碳账户平台，有着"从零到一"的意义。"互联网+绿色金融，可以激发每个人的能量"。蚂蚁金服总裁井贤栋说，蚂蚁金服的绿色金融方式，是以科技驱动创新，唤醒每个普通人的减排环保意识，积极呼应顶层设计，推动绿色金融领域的国际经验交流和能力建设。"这既是个人积累绿色低碳活动的'计账本'，也可能成为以后个人参与碳交易的'碳户头'"。北京环境交易所总裁助理王颖表示，下一步，如果个人碳减排活动能够形成国家认可的方法学并纳入中国自愿减排项目（CCER）类型，也许有一天，个人碳账户就能参与碳市场的买卖与投资。蚂蚁金服首席战略官陈龙表示，中国需要包容性、可持续、有幸福感的增长，金融的理想是帮助实现社会的理想。"我们想做不一样的绿色金融，把金融属性、公益属性、共享属性结合起来，打造一片可以持续成长的蚂蚁森林"。

2016年9月1日，从杭州传来的声音，将中国绿色金融的成功实践告诉世界——2016年前7个月，发行1200亿元绿色金融债券，占全球发行绿色金融债券的40%；2016年，绿色金融首次成为G20会议讨论的议题，并成立"绿色金融工作组"。实际上，在绿色金融领域，中国起步并不算早，但从官方到民间，对向绿色低碳经济转型、实现可持续发展的高度共识，让中国走在了世界前列。杭州，正是中国创新发展、绿色发展的一个缩影。2016年上半年，这座曾有"天堂硅谷"美誉的城市，信息经济增长26.2%，占GDP比重达23.8%。"蚂蚁金服"长期践行"互联网+绿色金融"模式，服务着庞大的小微群体。据统计，2015年仅由其提供的支付宝电子化支付方式，就为世界减少碳排放55.4万吨，相当于多种了554万棵大树。

2017年1月19日晚，蚂蚁金服和联合国环境规划署在瑞士达沃斯世界经济论坛上正式启动绿色数字金融联盟（Green Digital Finance Alliance），吸纳全球金融科技伙伴加入，共同寻求推动全球可持续发展的新路径。这是联合国环境规划署成立以来，第一次携手中国企业发起的国际性联盟，也是全球范围内首个绿色数字金融联盟。

中国绿色经验推向全球

发展绿色金融已是全球共识。联合国环境规划署 2016 年发布报告《我们需要的金融体系：从发展到变革》称，全球 140 个国家中有 116 个国家的自然资源呈现缩减态势，而能源系统造成的空气污染导致每年 650 万人过早死亡，由此呼吁全球金融体系应做出相应的变革。而中国展示了前所未有的决心和力量。2016 年 12 月，国务院印发《"十三五"生态环境保护规划》，明确提出"建立绿色金融体系"，中国成为全球首个建立了比较完整的绿色金融政策体系的经济体。

国家的努力引发企业和民间的热切响应。作为碳账户的首期项目，"蚂蚁森林"鼓励个人通过绿色出行、消费等生活方式实现低碳减排，而经过科学测算的个人减排贡献则通过线下实体种树来帮助改善环境。这种"不一样的绿色金融"受到公众的欢迎。截至 2017 年 1 月，蚂蚁森林累计用户超过 6000 万人，累计种下真树 76 万棵。未来一年，还有数百万棵梭梭树和胡杨林落地生根。这一科技驱动下的绿色创新获得联合国环境规划署的关注，2016 年 9 月，联合国环境规划署参访蚂蚁金服并达成战略合作，双方约定，共同推进更多绿色金融的全球协同和创新。

据介绍，绿色数字金融联盟将集结全球知名的金融科技企业，尤其是最具创新能力和影响力，并富有社会责任感的企业加盟，在联合国的平台上针对全球范围内的重大环境问题和挑战，最大限度调动资源，结合最新的突破性技术，寻求环境问题的最佳解决方案。联合国副秘书长、联合国环境规划署执行主任埃里克·索尔海姆表示，数字绿色金融联盟是一个比较独特的联盟，数字金融将是未来的全球金融系统的动力。"绿色数字金融联盟"当时定于 2017 年 10 月的国际货币基金组织年会上发布首轮全球数字绿色金融实践考察结果。"事实证明，利用移动互联网、云计算和大数据等技术，我们能鼓励数亿用户参与到一种更绿色、更环保的生活方式中"，蚂蚁金服 CEO 井贤栋表示，蚂蚁金服会继续推进产品和服务的创新，为全球绿色金融和可持续发展做出贡献。"2016 年开始，发展金融科技被放在了瑞士政府的议事日程上","这只是开始"。井贤栋回应多丽丝总统时表示，现在不只是中国、不只是联合国环境规划署，甚至全球各个地方，人们开始因为数字金融对环境的正面影响而受益。

蚂蚁森林项目就是时下最热的一个例子，除了中国人在2017年春节期间，非常热衷的支付宝浇水"集五福"活动，蚂蚁森林项目还会继续，将结合联合国环境规划署（UNEP）在测量碳排放量方面的早期试验以及碳减排创新激励方法，在全球范围内展开联盟成员互动。也许很多人是因为新春集五福的活动而开始关注蚂蚁森林这个项目，通过中国人在新春佳节求好运的心理，成功地将自己的低碳行为与碳足迹挂钩，但效果却出乎意料。据官方统计，截至2017年1月，蚂蚁森林的实名用户数已突破2亿，是目前全球规模第一的个人碳市场产品。与一般大规模资金投入低碳环保项目不同，这类绿色金融项目更注重普及公众绿色低碳生活方式。例如，每个人走路1公里上班，相应的减排量是113克；不去现场网点，而是在支付宝里轻松缴纳水电煤气费，每一笔相当于减排283克；在支付宝里购买一次电影票，相当于减排400克；在线支付一次，相当于减排5克；等等，通过更加轻松的方式，对个人减排有更清晰的理解。虽然这些都是日常生活中稍微用心就能坚持的小事，但聚少成多，具有深远的意义。并且这套个人碳账户的计算方法也是有科学依据的，由北京环境交易所提供支持，让人们对低碳行为的具体度量有了更明确的了解。

事实证明，将信息技术应用于个人碳管理领域，不再是很多年前碳研究领域专家学者的一个念想，而是成为了现实。利用移动互联网、云计算和大数据等技术，可以鼓励数亿用户参与到一种更绿色、更环保的生活方式中。将用户端的低碳行为和另一端的环保行为联结起来，不仅能增强公众的低碳意识，也能推动低碳环保事业发展。联合国开发计划署（UNDP）报告指出，以蚂蚁森林为例的这类项目，通过数字金融为主的技术创新，提供解决环境问题方案，为世界输出中国样本，用行动共筑全球命运共同体，展现了中国领导力。"这是由中国企业所带来的全球首个大规模个人低碳行为与碳管理对接的中国产品方案，对于提升个人在应对气候变化领域做出贡献有着非凡的意义"。

三、绿色管理的丰富

蚂蚁森林项目升级助推生态脱贫

2018 年 5 月 16 日，在阿里巴巴生态脱贫交流会上，阿里脱贫基金副主席、蚂蚁金服董事长兼 CEO 井贤栋宣布了助力脱贫的新动作：蚂蚁森林升级，未来，网友在蚂蚁森林上认领保护地或经济林，不仅可以支持巡护等生态保护行为，还能购买当地的农产品，帮农民实现增收。同时与四川平武签约，一起打造成生态脱贫实验田。

据了解，阿里脱贫基金将以蚂蚁森林为基础平台，帮助村民生态脱贫。2018 年 5 月 15 日，第一个生态脱贫项目试点于四川平武县开启。4.1 千克"绿色能量"可兑换 1 平方米保护地 10 年保护。平武关坝自然保护地上线仅 24 小时，已有 140 万网友通过蚂蚁森林能量认领，这个数字还在不断攀升。平武关坝自然保护地在蚂蚁金服支付宝客户端里的"蚂蚁森林"平台上线。2018 年 7 月 7 日，1823 万份保护地被认领，超过 1179 万人参与，用时 53 天，平均每天超过 34 万人兑换和关注。未来，除了保护地，网友还有可能认领经济林，认领过的网友可以直接购买到"自己保护"的经济作物。此外，蚂蚁森林和淘宝供应商还将为保护地经济林出产的环境友好型产品提供市场机会，帮助贫困地区实现增收，帮助提升当地经济。在阿里巴巴脱贫基金看来，"生态脱贫"的"生态"首先代表着"绿水青山"，同时也意味着商业力量的全方位融入。阿里生态体系内的电商、培训、新零售、科技资源都将全力为生态脱贫模式的探索提供支撑。

打通跨界合作链条发展生态经济

把好山好水出产的好货卖出去，这是传统生态脱贫的路径。而互联网平台和商业生态带来的价值，可能远不止于此。平武作为阿里生态脱贫的第一个试点县，正在开展一场社会力量的跨界探索。中国已建立自然保护区超过 2750 个，生态保护卓有成效。但"生态+发展"双赢的模式，几乎没有可借鉴和复制的案例。"生态脱贫是一条没有车辙印的未来路，发动民间力量参与，将是一条可探索的前路"。桃花源生态保护基金会副总裁马剑说。桃花源曾在平武建立了第一个民间参与保护的公益保护地老河沟自然保护区。在马剑看来，"大体量的企业持全部资源投入生态脱贫，这还是第一次"。李芯锐对这样的探索期待已久，他是平武关坝村养蜂合作社理事长，此前曾有公益机构主动帮忙卖蜜，预定了2000斤蜜，最后只卖出200斤，多的蜜都砸在了仓库里。"他们也是好心，但错误地预估了市场，也缺乏渠道能力"。在李芯锐看来，发展是个链条，每个环节都应该有专业的人来规划和运筹。现在，这些环节正在补齐。参与这场"生态脱贫实验"的，有桃花源基金会和山水自然保护中心等公益机构、中科院环境与生态研究中心等科研机构，以及代表商业力量的农村淘宝和淘宝供应商，甚至还有蚂蚁森林、中央美院这样的跨界创新平台和机构。即将展开的这场生态脱贫实验，链条正在慢慢凑齐。生态脱贫总体目标是保护生态环境的同时，支持当地产业发展，实现生态保护和经济发展的良性循环。蚂蚁森林作为蚂蚁金服生态脱贫的主要落地平台，连通用户、保护地和贫困地区。

蚂蚁金服联合桃花源生态保护基金会、山水自然保护中心等公益机构，通过建立巡护机制等方式对关坝的自然资源进行保护，创造对贫困人口倾斜护林管护的就业机会。未来还将利用IOT技术提高保护成效。与此同时，生态脱贫小组、电商脱贫小组淘乡甜联合更多合作伙伴，共同帮助当地推出高附加值环境友好型产品，打通线上线下销售渠道，建设快检中心，讲述蜂蜜故事，向消费者展示平武稀缺、优质的生态旅游资源，让公众了解丰富的平武产品及自然资源，进一步提升平武的品牌认知度，帮助提升生态品牌价值。在平武蜂蜜中，支付宝AR技术和蚂蚁区块链技术也为每一瓶平武蜂蜜增添了科技含量：打开支付宝扫一扫瓶身上的"平武蜂蜜"字样和海报上的熊猫图案，就能通过AR技术看到真实的原生态蜂场和保护区的360度全景；每一瓶蜂蜜都通过淘乡甜溯源解决方案和蚂蚁区块链技术记录生产全流程，让蜂蜜的来源更透明，使顾客更放心。外包装由中央美院设计学院生态脱贫小分队的同学们设计，灵感就来自于当地的老式圆木蜂槽。

平武保护地生态脱贫成果正在持续发酵，而远在2000公里以外的中国北疆内蒙古，另外一场模式创新的探索也在进行中。地处科尔沁沙地北缘的内蒙古自治区兴安盟科尔沁右翼中旗（以下简称科右中旗）是国家重点贫困县，也是中国荒漠化危害最严重的地区之一，该地区年均降水量300毫米，年均蒸发量2392毫米，科右中旗荒漠化、沙化土地总面积占全旗总面积的53%以上，较为恶劣的生态条件也限制了当地经济的发展。科右中旗的生态建设和脱贫增收对于打造中国北疆生态安全屏障都具有十分重要的意义。在此背景下，蚂蚁森林与包括内蒙古科右中旗在内的多个旗县一起，尝试通过生态经济林模式助力当地的脱贫攻坚工作。

蚂蚁森林生态经济林模式，就是在中西部等贫困地区种植既有生态价值，又能产生经济效益的经济林树种，在改善自然的同时促进当地的经济发展。通过在当地实施的生态修复项目中种植"摇钱树"，调动当地农牧民参与的积极性，通过市场机制推动蚂蚁森林的保护和开发工作。

2018 年 11 月 19 日，首个生态经济林树种沙棘在蚂蚁森林平台上线，29.4 万名用户仅用 90 分钟就为科尔沁右翼中旗兑换了 3500 亩沙棘树。在此后的 24 小时，热情高涨的 295.6 万名用户又为通辽等地在线上兑换沙棘林 2 万亩。这些沙棘将在 2019 年春季种植在科右中旗、科左中旗、科左后旗、开鲁县等多个地区，未来出产的沙棘果实将会帮助当地的贫困人口过上有尊严的幸福生活。未来，蚂蚁森林还计划针对"维 C 之王"沙棘极致的营养成分开发绿色无污染的生态产品，致力于为全球消费者的健康生活方式提供更多选择。蚂蚁金服生态脱贫的探索与实践，与我国现行的脱贫攻坚、绿水青山就是金山银山等战略和理念密切相关。同时通过互联网产品的创新，降低了全民参与脱贫攻坚的门槛，帮助贫困地区连接世界。

金融科技支撑绿色金融领域发展

在海拔 5200 米的珠穆朗玛峰大本营，藏族牧民也可以轻松使用移动支付，无论是在边陲小镇、雪域高原，人们分享与北京、上海、广州、深圳等城市相同的技术红利，科技抹平了地区间的发展鸿沟。小微企业融资难、融资繁这一世界难题也正在解决中，通过移动互联网、人工智能等技术，蚂蚁金服建立起针对小微企业的信用评分和风控体系，如网商银行创造了"310"小微贷款模式，截至 2018 年末，网商银行及其前身蚂蚁小贷已累计为超过 1300 万家小微企业，提供超过 2 万亿元的贷款支持。而金融科技作用于绿色金融领域，探索才刚刚开始，未来机会巨大、潜力巨大。2016 年，支付宝上线了"蚂蚁森林"，初衷是将人们对环境、对自然的关注，变成每日践行的绿色生活。例如，蚂蚁森林鼓励人们不开车，通过公共交通减少碳排放，从而获得支付宝里的绿色能量，累积到一定程度后就会在西北地区种下一棵真实的树，通过这样的创新，两年间已经有超过 4 亿用户参与，累计减排超过 308 万吨，累计种植和养护真树 5552 万棵，守护保护地 6.9 万亩。现在，蚂蚁森林已成为全球最大的个人参与环境治理平台，亿万网友可通过支付宝实时查看自己的树。

在防治荒漠化、保护环境的同时，蚂蚁金服也在探索，如何让当地农民的收入更多来源于青山绿水，希望不仅是通过种树提供就业机会，更要通过开发生态农产品。蚂蚁金服和合作伙伴一起，帮助农民和电商平台直接对接，实现农民增收，并且也让参与蚂蚁森林的用户和贫困地区形成了关联。2018年，蚂蚁森林这一生态保护平台也升级成为生态脱贫平台，这个探索正在路上。除了蚂蚁森林，2018年，支付宝还上线了"垃圾分类回收平台"，只要手机点一点，就有人上门收取废旧物品（废纸、废塑料等），和寄快递一样方便。目前已经覆盖了全国14城，仅在上海就覆盖了3万多个小区。蚂蚁金服通过"互联网+技术"平台，助力城市环卫系统与再生资源系统"两网融合"，实现方便群众、提升行业水平、保护城市生态的三方共赢。除了垃圾分类，支付宝"回收"板块不断开拓出新的场景，如二手家电、二手衣服、二手图书的回收循环再利用。利用技术，老百姓可以更简单、更方便地践行低碳环保生活理念。这些新的现象令人鼓舞，也使人们坚信一切才刚刚开始，只要利用科技力量，保持创新的初心，未来大有可为。

金融科技支持和促进可持续发展的三大趋势：一是技术发展产生了新的商业模式，即平台模式。平台模式以技术为服务，支持了更多机构的创新和产品开发，提升了这些机构服务用户的效率，并提升了全社会的效率和活力，推动了全社会的发展。二是金融科技对普惠型发展、包容型发展的继续推进，这里面分为三个方面：首先，对服务人群的广度、深度不断提升，移动支付在全国各省普及，已经在助力地区均衡、普惠发展上迈出了第一步，未来不仅仅是支付，还包括理财、保险、贷款，将从供给侧为消费者提供人人可用、便捷、低成本、高安全的金融服务。其次，用数据构建小微企业的信用体系，为小微企业建立信用画像，从而持续地为小微企业提供金融服务。过去，小微企业雇一个会计都很难，现在有了信用画像、移动端的服务触达，小微企业有了免费的CFO，可以更好地经营自己的生意。小微企业是经济发展的基石，是经济肌体的"毛细血管"，解决了大量就业，是GDP的重要组成，持续服务好小微企业服务，意义巨大。最后，创新让绿色金融的发展刚刚起步，未来，通过创新，会对绿色产业的发展找到更多新的方向。三是金融科技不仅运用于提供普惠的金融产品和服务方面，还将为防范风险提供很多新工具、新能力，带来更加安全和可持续的未来。现在金融科技广泛运用于风险防控的事前、事中、事后，帮助人们全面识别、预警、判断、处理、化解风险，实时、多维度、全行业掌握各地区和全行业风险总情况，穿透性地看待风险。

井贤栋认为，如果说蚂蚁金服在普惠、绿色领域取得了一些成就，这些成就是和合作伙伴、公共部门共同取得的。除了对使命和初心的坚持，无论蚂蚁金服在全球任何地方，都会坚持一直做一家合法、透明的机构，尊重当地的法律、保持透明、维持高效的公司治理，这是让蚂蚁金服可持续发展的关键。

环保行为积分带来绿色低碳生活

蚂蚁森林源自简单的初心，相信未来是绿色的、人们的生活方式是绿色的。这个创新发展到如今，整体令人鼓舞。期待蚂蚁森林如同一颗火种，可以激发更多人用创新的思想、用技术的方式，参与到发展绿色的行业里来，推动环境的改善，推动未来可持续的发展。互联网的特点是创新和迭代，走到现在，蚂蚁森林已经从过去的行动平台到生态脱贫平台。井贤栋表示，他为团队的年轻人感到自豪，他们不断升级和进化原有的形式，将使更多人受益。所以虽然这仅仅是一个尝试，但蚂蚁森林是一个开放平台，未来还将带动中国更多的企业、私营机构和个人参与进来。日常生活中，如何践行绿色低碳，不仅在于每个人的理念，更重要的是，要找到支付宝这样的行动平台，让普通人的点滴环保行为更加方便、简单，成为日常生活的"习惯"。例如，人们的绿色行为成为蚂蚁森林的能量，人们可以收集能量、种树。井贤栋表示，他热爱蚂蚁森林项目，每天早晨起来的第一件事，就是打开支付宝的蚂蚁森林，收取绿色能量。到目前为止，他个人也在沙漠里种下真树。跟身边的朋友一样，经常使用线上支付，在线享受公共服务，如帮家里缴纳水电燃气费，周末会骑共享单车，也会用支付宝里的小程序处理家里的废弃物品。支付宝已经成为支持人们绿色生活的行动平台。

 案例延伸

碳交易市场的形成历史和全球发展现状

碳交易最初是由联合国为应对气候变化、减少以二氧化碳为代表的温室气体排放而设计的一种新型的国际贸易机制。1997 年各缔约国签署的《京都议定书》，确立了三种灵活的减排机制：一是排放权贸易（ET），即同为缔约国的发达国家将其超额完成的减排义务指标，以贸易方式（而不是项目合作的方式）直接转让给另外一个未能完成减排义务的发达国家；二是联合履约（JI），即同为缔约国的发达国家之间通过项目合作，转让其实现的减排单位（EUR）；三是清洁发展机制（CDM），即履约的发达国家提供资金和技术援助，与发展中国家开展温室气体减排项目合作，换取投资项目产生的部分或全部"核证减排量"（CERs），作为其履行减排义务的组成部分。除了《京都议定书》，还有一个自愿减排机制（VER），主要是一些企业或个人为履行社会责任，自愿开展碳减排及碳交易的机制。

碳市场是虚拟经济与实体经济的有机结合，代表了未来世界经济的发展方向。国际碳市场自建立以来，得到了快速发展。当前，共有 40 个国家和超过 20 个地区实行碳定价政策，覆盖约 37 亿吨二氧化碳的排放，约占全球年排放量的 11%。全球已启动碳市场的国家和区域包括中国 7 个省市碳交易试点，美国加州和东部 9 个州，加拿大魁北克，日本东京、京都和埼玉县，以及欧盟、瑞士、新西兰、韩国和哈萨克斯坦，共有 17 个相对独立的市场。中国的全国碳排放权交易市场也将于 2017 年正式启动，尽管国家发展改革委将这一阶段定义为国家碳市场发展的"初级阶段"，启动方案基调稳妥，但被视为未来全球最大国家级市场的中国碳市，备受注目。

资料来源：施志军：《蚂蚁金服的绿色猜想》，《京华时报》2016 年 6 月 15 日；王思远：《蚂蚁金服开全球最大个人碳账户平台为 4.5 亿人开户》，2016 年 8 月 27 日，网易，http：//news. 163. com/16/0827/15/BVG36QI800014JB5. html；焦翔：《G20 映现"杭州绿"》，《人民日报》2016 年 9 月 4 日，第 8 版；钱冰冰：《蚂蚁金服发起首个绿色数字金融联盟》，《钱江晚报》2017 年 1 月 23 日，第 A0010 版；张倩：《"蚂蚁森林"输出中国样本》，《中国环境报》2017 年 2 月 21 日，第 4 版；佚名：《140 万平米保护地一天内被认领光　蚂蚁森林探索生态脱贫模式》，2018 年 5 月 17 日，光明网，http：//it. gmw. cn/2018-05/17/content_28838861. htm；佚名：《蚂蚁金服生态脱贫》，2018 年 12 月 4 日，新华网，http：//www. xinhuanet. com/gongyi/2018-12/04/c_1210008670. htm；佚名：《蚂蚁金服井贤栋：金融科技作用于绿色金融领域潜力巨大》，2019 年 4 月 10 日，新浪，https：//finance. sina. com. cn/stock/relnews/us/2019-04-10/doc-ihvhiewr4623265. shtml。

案例分析

　　近年来，蚂蚁金服深化落实"绿水青山就是金山银山"的科学发展理念，以金融工具支持绿色生产，积极探索引导低碳生活和绿色消费。其旗下拥有的支付宝、网商银行等众多子业务板块长期致力于绿色金融的实践，在各个层面推动着绿色生产和绿色消费，走出了一条绿色发展的成功之路。简单来说，蚂蚁金服绿色发展的主要经验有如下几点：①着眼于节能环保、绿色发展的长远战略布局。提出"绿色金融战略"，用绿色方式创新金融发展，调动普通民众参与低碳生活的积极性，用金融工具普及绿色节能环保意识，推动绿色经济发展。例如，支付"碳账户"计划项目分阶段进行，在支付宝客户端里首期提出"碳账户"概念，设计"蚂蚁森林"项目。积极布局和探索泛绿色金融领域，例如，永安公共自行车结合支付宝、芝麻信用推出"免押金扫码租车"服务，提供便捷的绿色交通服务，大大减少了碳排放。②以绿色金融科技驱动发展。蚂蚁金服站在全球技术的前沿，利用移动互联网、云计算和大数据等技术，鼓励数亿用户参与到一种更绿色、更环保的生活方式中。通过数字金融为主的技术创新，将全球首个大规模个人低碳行为与碳管理对接，将公民个人的低碳行为凝结为整体的低碳环保力量；蚂蚁金服以金融科技给社会带来巨大的改变，还惠及偏远地区和小微企业的发展。建立的针对小微企业的信用评分和风控体系，如网商银行创造了"310"小微贷款模式，截至2018年末，网商银行及其前身蚂蚁小贷已累计为超过1300万家小微企业，提供超过2万亿元的贷款支持；开发的"蚂蚁森林"项目，提高了人们对环境、对自然的关注，变成每日践行的绿色生活。③提高站位，开展世界交流合作。将企业的绿色发展经验向世界推广，开展广泛的世界交流合作。例如，蚂蚁金服与联合国环境规划署合作建立全球首个绿色数字金融联盟，汇集全球具有影响力的知名金融科技企业加入，在联合国的平台上寻求环境问题的最佳解决方案，共同推动全球可持续发展，为世界输出中国样本，用行动共筑全球命运共同体。蚂蚁森林将结合 UNEP 在测量碳排放量方面的早期试验以及碳减排创新激励方法，在全球范围内展开联盟成员互动，蚂蚁金服会继续推进产品和服务的创新，为全球绿色金融和可持续发展做出贡献。④向绿色经济注入公益基因，汇集公众力量。在发展绿色金融的同时提升项目的公益价值，把金融属性、公益属性、共享属性结合起来。例如，蚂蚁金服推出的项目注重突出用户碳减排的公益价值，"蚂蚁森林"作为公益行动调动用户参与环保实践，另外，联合桃花源生态保护基金会等公益机构，开展生态脱贫和自然资源保护，通过建立巡护机制等方式对关坝的自然资源进行保护，推动经济效益、环保效益和社会效益的共赢。例如，蚂蚁金服首期以游戏方式运行的支付宝个人碳账户平台，有着"从零到一"的意义，开创了金融环保的新模式。通过"互联网+绿色金融"激发每个公民的能量，唤醒普通人的减排环保意识，形成巨大的环保合力。做出了不一样的绿色金融，稳定的用户市场和持续的发展印证了这一点。⑤开展现代化智能管理。例如，在平武保护地生态脱贫项目中，通过信息化实现大数据分析，建立规范化与精细化的智能管理系统帮助提升当地整体产品品质与标准，并通过订单农业与供应链金融相结合的方式带动贫困人口持续稳定增收；通过淘宝大学，携手中国农业大学、桃花源基金会等合作伙伴，为平武县提供相关产业培训、互联网技术培训、自然教育培训等，帮助当地提高行业运营、互联网电商等领域的实操能力，为乡村振兴人才建设提供系统化的培训管理体系。

蚂蚁金服在探索低碳发展的道路上不断前进，开拓的绿色发展道路充分说明，绿色金融对推进环境保护、资源节约和绿色经济发展具有十分重要的意义，更多的企业和金融机构应当参与到绿色金融的发展当中。

 本篇启发思考题目

1. 绿色金融的未来发展趋势是怎样的？
2. 绿色金融机构开启绿色消费的切入点在哪里？
3. 绿色金融机构如何调动民众参与绿色发展？
4. "绿色金融战略"的提出有何深远意义？
5. 如何以"互联网+绿色金融"唤醒每个普通人的减排环保意识？
6. 绿色金融科技如何推动绿色金融发展？
7. 绿色金融在将"绿水青山"转化为"金山银山"的过程中起到什么作用？
8. 银行如何布局探索绿色金融领域的发展？

第十四篇
正泰集团：共建绿色家园　共谋绿色发展

 公司简介

　　正泰集团是全球知名的智慧能源解决方案提供商，成立于 1984 年，业务遍及 140 多个国家和地区，在全球拥有超过 3 万名员工，年销售额突破 700 亿元，位列亚洲上市公司 50 强，中国民营企业 100 强。顺应现代能源、智能制造和数字化技术融合发展大趋势，正泰以"一云两网"为发展战略，将"正泰云"作为智慧科技和数据应用的载体，实现企业对内与对外的数字化应用与服务；依托工业物联网（IIoT）构建正泰智能制造体系，践行电气行业智能化应用；依托能源物联网（EIoT）构建正泰智慧能源体系，开拓区域能源物联网模式。围绕能源"供给—存储—输变—配售—消费"体系，正泰以新能源、能源配售、大数据、能源增值服务为核心业务，以光伏设备、储能、输配电、低压电器、智能终端、软件开发、控制自动化为支柱业务，打造平台型企业，构筑区域智慧能源综合运营管理生态圈，为公共机构、工商业及终端用户提供一揽子能源解决方案。正泰积极布局海外，拥有欧洲、北美、亚太 3 个研发中心，建立中国区、亚太区、欧洲区等 6 大营销区域，在德国等 6 个国家拥有生产制造基地。坚持实业发展、创新驱动理念不动摇，积极推进全球研发体系建设，建立正泰集团研究院，下设 18 个专业技术研究院和 3 个海外研发中心。截至 2018 年，正泰共获得各种专利授权 4000 余项，专利申请 5000 余项，领衔参与制定行业及国家标准 185 项，获得国家、省级科技奖励 32 项。正泰倡导绿色环保理念，积极参与各类环境保护及绿色公益活动，从产品规划、设计、研发、制造、交付、运维，始终向用户提供清洁、高效、智慧的能源解决方案和产品，共同致力于实现可持续发展。

案例梗概

1. 正泰集团提出"构建战略合作、实现互助共赢"战略举措，专门成立"供方优扶办"。

2. 率先推进居民分布式屋顶电站建设，意图将每个家庭打造成为"家庭绿色电站"。

3. 建立农光互补光伏电站，在不同地区采用新型安装方式，为板下农业种植预留空间。

4. 革新技术发展太阳能新能源的研发推广，改善经济高速增长下忽略生态的环境问题。

5. 融合新能源产业与城市发展，让工商业、城市公共基础设施配套变成太阳能采集器。

6. 率先推出 O2O 居民分布式光伏大数据监测服务平台，为用户提供全方位售后保障。

7. 通过海外并购和投资入股，掌握新兴产业前沿技术、提升智能制造水平，反哺自身。

8. 提供线上线下"零距离"的制造新体验，让更多客户了解新能源光伏这一绿色能源。

关键词：绿色产业链；农光互补；技术革新；光伏应用；绿色发电站

 案例全文

一、绿色管理的探索

面对发展带来的"时代病"，专注于太阳能能源开发利用的正泰新能源励精图治，大力发展太阳能，不仅在光伏产品技术研发方面取得骄人成绩，在光伏电站领域更是风生水起。2014 年公司并购了位于德国法兰克福奥登的光伏组件厂，当地政府将法兰克福市的一条主干道命名为"正泰大道"，以表正泰在太阳能方面做出的贡献，2017 年 4 月特别受到了德国汉诺威博览会热情邀请，成为汉诺威博览会的座上嘉宾。

围绕"电"字 大胆进军新能源

2016 年，经过重大资产重组，正泰电器注入了控股股东旗下新能源资产——正泰新能源，自此进入光伏组件及电池片制造，光伏电站领域的投资、建设、运营，以及海外工程总包等业务领域，开始了从装备制造企业到智慧能源解决方案提供商的转型升级。从精耕细作的低压电器行业，一脚迈入光伏产业，不少人觉得诧异，认为正泰电器就此放弃了坚持多年的专业化发展道路。对于这样的质疑，南存辉表示，公司发展光伏产业，既是转型，更是产业的升级拓展，"我们一直强调'用加法做强产业'，做低压电器和做新能源都是一条线上的——紧紧围绕着'电'字做文章，通过内部扩展和对优势企业进行兼并组合等方式，把产业链拉长"。在南存辉看来，光伏实际上就是电力产业链的发电环节，发电完成后的输送、储备、使用等流程，公司全部都有相应的产品或技术储备。正泰电器在低压电器市场的优势，使得公司可以从下游需求入手，在国内外投资兴建太阳能光伏电站，这样的战略选择同时带动了正泰光伏组件以及集成系统中电气设备的销售。"这样一来，我们就把优势结合起来了，产业链也就完整了"。

正泰电器已经成为国内最大的民营光伏发电投资运营商之一。据统计，截至2018年6月底，公司集中式光伏电站、分布式电站装机容量分别达到1.21GW、0.84GW，分别实现电费收入6.87亿元、2.70亿元，在海外土耳其、美国、埃及等地均有项目中标。2018年上半年公司太阳能分部整体实现营业收入38.31亿元，占公司营收总规模的33%，较2017年同期增长10%，成为了公司新的业绩增长点。此外，公司优化光伏电站的投资结构，提升资产质量，加速资产的周转，并增加盈利能力。在光伏业务之外，正泰电器围绕"电"还有更多的布局。"总之，我们朝着一条将能源变成更加清洁、安全、便捷的主线进行产业布局"。南存辉表示，"一定要把新能源做成一个有中国特色、有正泰特点的产业"。

技术革新　效率创造新高度

2016~2017年，正泰背钝化PERC多晶电池效率取得新突破，完美解决光衰问题，强化了公司在高效多晶硅量产技术的地位。通过采用PERC电池技术，二次印刷电池工艺，并搭配白色EVA，反光焊带等材料，组件功率大幅提升，如60cell多晶产品最高可达290W，比目前主流功率高出20W。同时，公司即将全面切换成五主栅产品，相比之前的四主栅组件，它能减少电池表面的遮光面积，提高组件效率。栅线的增加，可提高电流收集能力，降低单根互联条的电流，且使得电池内应力分布更均匀，因此可靠性更好，载荷性更强。另外，公司多款具有竞争优势的新产品也相继推出，包括 1500V 组件、双玻组件、半片组件和智能组件等，最大程度地提高组件效率，从而提高电站整体发电效率，获得更多电站收益。

农光互补　经济效益再提升

正泰新能源立足中国实际人口分布现状以及地域不同，在不改变原有土地性质和地形地貌的基础上，将光伏产业与农业种植或养殖有机结合，在向阳面上铺设光伏太阳能发电装置，既具有发电能力，又能为农作物及畜禽提供适宜的生长环境，提高土地利用效率，创造更高的经济效益和社会效益。通过在水上设立电池板，水下规划水产养殖实现一地两用，提高土地的利用率。渔光互补适宜于特色养殖，且因环境因素对延长光伏发电组件寿命、提高发电效率较为有利。在不同地区采用新型的安装方式，建设过程中不破坏土地耕作层，不改变用地性质，并为板下农业种植预留了充分的生长空间。同时，通过成立专业的农业公司，大规模种植，实现了"板上光伏发电，板下现代农渔业"的共同发展。

助力新能源　正泰一直在努力

浙江正泰新能源开发有限公司（以下简称正泰新能源）是正泰集团旗下从事光伏组件的生产和销售，光伏电站的投资、建设、运营及对外工程总包等业务的专业化公司。最新数据显示，2016 年全球太阳能发电增量提高了 50%。2016 年，全球新增太阳能光伏发电装机量超过了 76GW（10 亿瓦特）。正泰新能源通过不断的技术革新发展太阳能新能源的研发和推广，改善经济高速增长下忽略生态的环境问题。无论是遥远的山区、边远的沙漠、黄土高原上的延安窑洞、科技前缘的上海以及鱼米之乡的江浙地区，正泰新能源精心呵护属于中国每一个地区的绿色生态。

每年，浙江的徐丽英都要拿出家庭账单，盘点上一年收成。她发现，2017 年收支项目中，最明显的变化是电费锐减，变化来自于屋顶 60 块新装的光伏板。"2017 年 3 月安装、4 月并网、5 月开始使用，到现在，光伏板已经累计发电 13000 多度，能抵扣掉电费 1 万多元"。虽然时间不到一年，但绿色能源带来的红利已经尝到。如今，跟徐丽英一样选择安装屋顶光伏的居民越来越多。浙江省能源局发布的统计数据显示，截至 2017 年，浙江省家庭屋顶光伏并网户数已突破 10 万户，并网户数和装机规模居国内第一，并呈现出快速发展态势。绿水青山就是金山银山。近年来，杭州大力推进新能源产业发展，深入实施光伏应用推广专项行动。早在 2006 年就进入光伏行业的正泰集团，不断创新产品、服务和商业模式，是业内的标杆企业。推广户用光伏、服务城市升级、成立光伏学院、参与"一带一路"建设……在光伏应用领域，正泰进行了大量实践与探索，为杭州持续发展注入"绿色"动力，为行业有序发展提供样本。

屋顶光伏　赋予建筑新角色

正泰在全国率先推进居民分布式屋顶电站建设，安装量超过 15000 户。正泰通过在屋顶上采用光伏系统，意图将每个家庭打造成为"家庭绿色电站"。"技术员解释得很专业、真诚"。用户徐丽英说。安装户用光伏不仅为了赚钱省电费，更是为环保做贡献，是利人利己的事。一直以来，正泰集团创新产品与服务，在大型地面电站、工商业屋顶电站、居民分布式电站建设中积累了丰富经验，让户用光伏加速"飞入寻常百姓家"，把居民家打造成为"家庭绿色电站"。截至 2017 年底，正泰户用光伏在省内安装数累计超过 4 万户，占比 35% 以上。由正泰投建的衢州龙游芝溪家园项目、龙游山底村光伏富民项目、柯城航埠镇光伏示范村项目等优秀工程不断涌现，有力助推了浙江百万屋顶光伏计划的实施。

着眼长远　定义行业服务典范

党的十九大报告指出，要壮大清洁能源产业。当前，以光伏为代表的清洁能源产业正在高速发展，户用光伏市场已呈现爆发式增长态势。而行业蓬勃发展的背后，也存在质量参差不齐、夸大宣传、售后保障不健全等乱象，这些，正是让消费者对户用光伏产生犹豫的原因之一。"从整个行业来看，品质化、品牌化发展势不可当"。正泰新能源户用光伏相关负责人表示。正泰成为分布式光伏行业唯一一家具备核心部件全自产自营的领先企业。更值得一提的是，正泰产品在光伏转化率、首年衰减率等指标上，均超越国家"领跑者"认证标准。

正泰建立起"六大保障"体系。一般来说，一个企业，产品的研发、加工、生产等过程都是商业秘密，但正泰集团股份有限公司却反其道而行。"正泰新能源光伏智能工厂的全透明不只限于视频开放，还以全透明数字化车间为基础，采用高度信息化集成的生产制造执行系统，向客户展现一个透明的数字化生产过程，全方位追溯产品历史信息，能无死角地看到光伏生产的任何细节"。正泰集团股份有限公司户用光伏负责人卢凯介绍，正泰提供的线上线下"零距离"的制造新体验，让更多的客户了解这一绿色能源。正泰集团股份有限公司是国内光伏行业的龙头企业，在电力能效管理领域有超过30年的积累以及电器全产业链，是具备系统集成和技术集成优势的能源解决方案提供商。作为在全省市场占有率高达30%以上的企业，正泰集团股份有限公司在2015年12月进入湖州市场，截至2017年12月在湖州市家庭屋顶光伏占比已突破30%，工商业屋顶累计并网项目52个，装机容量100.8兆瓦。领先的市场占有率，源自正泰独创的"六大保障"体系。正泰围绕产品、质量、售后、金融、保险、品牌"六大保障"深耕细作，为客户打造家庭屋顶光伏"极致体验"。"好的企业一定从产品、服务到中间的验收环节践行行业标准。正泰在服务上健全当地电话售后服务网络系统，多途径响应售后服务，专业迅速地处理故障，完善监督及处罚机制，确保用户满意度"。卢凯说。

据悉，正泰始终将创新发展作为立根之本。早在2015年，正泰就率先推出家庭屋顶光伏大数据监测服务平台，在家庭屋顶光伏运营商中监控规模已达第一。该平台能够提供24小时咨询和全天候大数据检测、产品终身保修等服务，为用户提供全方位售后保障。在打造优质整村项目上，正泰还联合战略合作伙伴，共同推出全国首个无人机三维精绘系统软件"Mega3Dmaster"和家庭屋顶光伏自动排版软件"MegaSolar"，对整个村庄进行高效扫描、建模、组件排版，将传统的家庭屋顶光伏测绘效率提高10倍以上，以领先的科技创新，助力全省百万屋顶工程提前实现。"我们还开创了整村销售模式的先河，扩大家庭屋顶光伏的推广范围"，卢凯表示，在金融与保险创新方面，正泰与中国工商银行等金融机构建立战略合作，在全省首创零费用的租赁模式，提供专项金融支持。还与中国人民财产保险开展合作，成为行业内首家出厂即带10年保险的品牌商。在保险保障方面，通过与中国人保开展战略合作，正泰成为业内首家出厂即带十年一切险、机损险与公共责任险的品牌商。不谋全局者，不足以谋一域。推广户用光伏的同时，正泰着眼全行业，引领整个行业健康发展。2017年，正泰联合行业内几十家领先企业和机构，成立户用光伏标准化联盟，推动中国户用光伏市场标准化；成立正泰光伏学院，培养光伏人才，为行业打造"造血"长效机制；发布浙江省首份《优质户用光伏白皮书》，让户用光伏市场走向有序化、规模化、品质化。

紧跟"一带一路"　打造全球发展样本

2018 年，正泰宣布与巴西开发商签订 80MW 光伏组件供货合同，这一纸合同，意味着正泰全球化战略的实施又取得了丰硕成果。风正起，潮正涌。紧跟"一带一路"建设，正泰"走出去"的步伐越来越快，产能布局、工程承包、资产并购等全面开花，国际业务高速增长。目前，正泰与"一带一路"沿线国家及全球市场都展开了深度合作，并设立北美、欧洲、亚太三大全球研发中心以及五大国际营销区域、14 家国际子公司、22 个国际物流中心，为130 多个国家和地区提供产品与服务。在正泰集团董事长南存辉看来，企业要通过"走出去"，学习借鉴别人先进技术和管理经验，更好地"引进来"，从而带动自身技术和管理水平"走上去"，事实也确实如此。"一带一路"建设中，正泰通过海外并购和投资入股，掌握新兴产业的前沿技术、提升智能制造水平，并反哺到自身的电力与新能源产业链。例如，通过收购德国全自动化的光伏组件工厂，正泰实现了与德国工业制造 4.0 的对接，获得了高度自动化生产线、先进的实验室测试设备和运作经验，为在中国技改和建设智慧工厂奠定了基础。目前，正泰在杭州建成了代表业内最高制造水平的智慧工厂，初步具备了德国工业 4.0 所要求的大部分智能要素，被国家工信部列为"中德智能制造合作试点示范项目"。将制造工厂建到海外、参与"一带一路"建设，正泰为中国企业出海整合全球资源、转型智能制造国际公司提供了样本，也带来了"走出去"的勇气。

二、绿色管理的拓展

绿色能源　呈现发展燎原之势

"说实话当初选择正泰是看牌子响亮，但也挺担心质量和售后问题，直到参观'正泰世界'展厅及正泰新能源杭州智能工厂，近距离感受新科技带来的震撼，才真正让我放心"。2017 年，在南浔区练市镇达井村里，正泰集团股份有限公司的工作人员正紧锣密鼓地给百来户村民家安装光伏板，一旁的达井村党总支书记茂明良一脸笑意地表示，绿色能源带给村民的福利可是看得见、摸得着。近年来，国家对环境污染治理和新能源推广力度越来越大，相继出台了相关扶持政策，鼓励以太阳能光伏、风电和生物质发电为代表的新能源产业发展，促成了以光伏、风电为代表的新能源蓬勃发展。对于光伏产业发展，特别是家庭屋顶光伏发电，浙江省给予高度重视和大力扶持，2016年9月专门出台了《浙江省人民政府办公厅关于推进浙江省百万家庭屋顶光伏工程建设的实施意见》，提出 2016 年至 2020 年，围绕美丽浙江和国家清洁能源示范省建设，全省建成家庭屋顶光伏装置 100 万户以上，总装机规模 300 万千瓦左右。

据介绍，区别于大型光伏电站的大功率、占地广，家庭屋顶光伏发电将光伏电池板置于家庭住宅顶层或者院落内，用逆变器进行换流过程，直接使用该新能源，也可将多余的电能并入电网。随着湖州市光伏产业的发展，吸引了诸多企业瞄准家庭屋顶光伏这块"大蛋糕"，纷纷寻找市场突破点，为行业发展探索新支点。其中，正泰集团股份有限公司在浙江省市场占有率高达30% 以上，牢牢占据第一的位置。"进入光伏产业 10 多年来，我们从早期开发太阳能电池，到转型太阳能电站，再到以电站投资带动光伏产品，正泰新能源持续稳健增长，已在全球投资建设 200 多座光伏电站，其中完成 3 万多户居民屋顶光伏电站建设，成为行业内开发速度最快、并网效率最高、项目数量最多的企业"。正泰集团股份有限公司相关工作人员表示，针对蓬勃发展的光伏大产业，浙江省 2018 年家庭屋顶光伏安装量预计达到 20 万户，正泰的目标是 10 万户。

"阳光红利" 惠及百姓千家万户

一排排整齐的农家别墅屋顶，一块块蔚蓝醒目的光伏板，在清晨阳光的照射下熠熠生辉，在长兴县和平镇三矿村，崭新的新农村美景让住在这里的人喜笑颜开。"安装了太阳能光伏板才知道屋顶也能生钱，不占用土地还环保，这产出的利润也可观，我们村有 40 多户都安装了"。村民魏起林表示，自己原本租赁 58 块光伏板，全部由正泰投资，年收入有 2320 元，"看着发电收益这么好，我联系了正泰，他们帮我通过浙商银行贷款 7 万余元，投资了其中 34 块光伏板"。魏起林算了一笔经济账：浙商银行贷款的 7 万余元通过10 年发电收益还清，自购的 34 块光伏板预计年收入 9000 元，加上另租赁的24 块光伏板年收入 960 元，每年共有近万元的收入。"我现在常常向亲戚朋友推荐家庭屋顶光伏，也让他们享受享受光伏带来的便利与实惠"。魏起林笑着说。

一台 5 千瓦的家庭屋顶光伏发电系统建成后，每年可发电 6600 千瓦时，可节能2吨煤，减排2.1吨二氧化碳、0.06吨二氧化硫、50千克粉尘，使环保效益与经济效益达到双赢。在湖州，类似于三矿村的村庄还有很多，通过家庭屋顶光伏租赁和购买两种模式，村民可以每年拿租金，也可以家庭用电自给自足，多余的电卖给国家。用脚步丈量新农村，用行动掀起光伏热。这一切来源于正泰的"金屋顶"计划，正泰集团股份有限公司根据浙江省推行的"浙江百万屋顶光伏计划"，创造性开发了"光伏+富民"工程。据介绍，用户可以把屋顶出租给企业，由企业免费安装、免费维护寿命长达25年以上的光伏板，每年按屋顶出租的面积向用户缴纳租金；用户也可以自己出资安装屋顶光伏电站，自发自用，余电国家电网收购，收益归己。目前，随着人们对于家庭屋顶光伏发电的了解，越来越多的湖州家庭选择安装这种绿色发电站。正泰户用光伏湖州地区负责人表示，环保又赚钱，成为越来越多家庭青睐光伏发电的主要原因，从2016年开始，安装家庭光伏发电站呈现了井喷态势，投资额已经突破1亿元，德清县家庭屋顶光伏安装量占整个湖州地区的60%。如今不少客户主动上门，指定就要"正泰"。这一轮惠民推广的引爆，印证了正泰深耕渠道网络、完善服务策略的发展理念下给行业发展带来的新动力；印证了"正泰"作为家庭屋顶光伏行业的大品牌，为用户提供了优质的产品和完善的服务，得到市场的广泛认可。

对光伏应用的探索，正泰的目光远不止在家庭屋顶。结合杭州的发展路径，正泰把新能源产业发展与城市发展结合起来，让更多工商业、城市公共基础设施配套变成太阳能采集器。在杭州火车东站，穹顶上44000多块电池板是东站用电来源之一，每年1000万kWh的发电量可以满足5000多户居民一年的用电需求；在杭州火车南站，4.2MWp屋顶分布式光伏发电项目于2017年6月并网发电，年发电量达420万kWh；在杭州市民中心，1.3MWp光伏电站已成为地标建筑光伏项目……有专家考察杭州东站项目后说："有了光伏，我们要重新认识构成世界的一砖一瓦。未来的每处建筑，都可能是一个迷你的可再生能源采集器。"

"智能制造"是生产力，更是市场

作为正泰电器三大战略之一，"智能制造战略"成为公司在生产制造、电站运维，甚至是产品布局等方面的第一热词。在传统低压电器领域，正泰电器的两个数字化车间近期投入运行，实现了小型断路器和交流接触器的全制程自动化生产，被列为工信部智能制造新模式应用项目之一。2018年，该项目以高分通过国家工信部、浙江省经信委组织的专家验收。南存辉表示，新车间"基本把人的因素消除掉了"，从目前追踪的生产效果来看，新车间在产能、质量、成本等方面都超出此前制作的预期模型。为了适应公司的发展，上游供应商也在提升自动化水平，和公司一起转型升级。据悉，以本次项目团队为基础，未来正泰电器在数字化车间及自动化生产线建设方面还将持续加大投入，深入推进智能制造解决方案的不断优化成熟，并将带动产业链上下游企业共同转型升级。

在新能源领域，正泰电器在浙江建成了国产自动化透明智慧工厂，达到国内多项光伏组件最高制造水平，入选工信部中德合作创新示范项目，被称为"会思考的工厂"。目前，正泰新能源产业在国内外多个生产基地，"会思考的工厂"将在所有基地全面推广。电站运维方面，正泰新能源实现了"互联网+"、标准化、精细化的管理方式。在正泰电器的企业展厅有一张实时变化的折线图，所记录的正是正泰新能源在 2014 年投资建设的"杭州火车东站10MW 屋顶分布式光伏电站"的实时发电数据。这一系统记录了自电站建成以来每一分钟的发电数据，为运维人员的检测、管理提供了极大的帮助。再结合智能巡检、无人机和智能清洗机器人等"黑科技"的应用，正泰新能源实现了数字化、精细化的光伏电站智能化管理目标。

谈及低压电器的未来发展方向，南存辉认为，最具爆发性增长的点同样可能会出现在智能化领域。随着智能家居的普及，我们身在遥远的另一个城市，随手滑动手机，就将家中的空调启动、台灯点亮的场景已经不再是想象。但是你或许不知道，一次简单的滑动整合了通信、芯片、传感等新技术，每一项技术又各自对温度、湿度、线路保护、防雷击等方面提出了各自的需求。而在工业领域，随着工业 4.0 时代的到来，工业生产对新技术的运用以及由此衍生的新需求更是层出不穷。"这些都对低压电器系统集成和整体解决方案提出了更高要求"。南存辉坦陈，"但新技术的应用也给低压电器产品的发展注入了新的活力，低压电器市场将会迎来一场新'革命'，而正泰已经为长期和未来的发展做好了充分的准备"。

"电站做车头""走出去"，更要"走上去"

在"智能制造战略"之外，正泰电器还将全球化战略、并购整合战略并列为公司的三大战略。正泰电器目标是通过全球化和并购整合，引进先进技术和管理经验，促进国内技术和产业发展，提升智能制造的水平，然后更好地向外拓展，形成"走出去"与"引进来"的良性循环。或许少有人知道，正泰成立之初的名字就叫作"中美合资温州正泰电器有限公司"，可以说自成立之初，公司就有很强的国际化发展意识。"不过，那时的'国际化'和现在可不一样"。南存辉表示，"当时我们是'本土国际化'——在温州做国际贸易的生意，如今我们是'国际本土化'，要'走出去'，更要'走上去'。我们融入到当地的法律法规，迎合当地的需求，做研发、搞制造。更重要的是，发挥民营企业的优势，把股份交给'老外'，让他们也做企业的主人"。正泰电器的制造基地已遍布德国、泰国、马来西亚、新加坡、越南等国家和地区，在近140个国家和地区有自己的销售机构和物流配套，在欧洲、亚太、北美设有研发机构。在海外销售方面，正泰电器逐步向产业链高端业务发展，通过与国际知名客户建立战略合作关系，提供全面一体化系统解决方案，目前行业客户销售占比已达20%。面对当前国际贸易形势，正泰电器表示，将针对不同国家的贸易壁垒差异增加自有产能的海外布局。此前针对美国和欧洲相关政策，公司已设立泰国光伏工厂和越南代工厂等，同时积极寻求与非贸易壁垒区域工厂的代工合作。在汇率变动方面，公司通过专业机构及时对国际贸易进行评估和对汇率预测，利用贸易融资进行汇率风险管理，在签订出口合同时，也普遍在价格条款上增加汇率变动损失分担的约定。光伏电站业务被视为正泰电器开拓国际市场的"火车头"。南存辉表示，"我们把光伏产品做成一个整体解决方案，通过承建光伏电站，把正泰的电气电力设备全部带出去，通过对电站的运维又把正泰的设备进行配套。这样的话，我们的销售模式，就从卖产品升级到收电费、卖服务了"。同时，正泰电器目前在北美、欧洲、大洋洲、日韩等风险较小的区域培育光伏电站开发团队，自己进行绿地开发，未来将把公司的海外销售规模、毛利率做得更高。

三、绿色管理的丰富

2018年正泰集团在原有的发展基础上进一步深化改革，积极寻求绿色发展的新突破，也在不断的探索中取得新的成绩，发现新的方向，达到新的高度。

正泰昆仑再出"匠心之作"

2018年1月8日，以"新时代　新机遇　新征程"为主题的正泰电器

2018 年营销团拜会在杭州举行。正泰仪器仪表在大会上首次展示"电能表系列、导轨表系列、数显表系列"三大类正泰昆仑系列新品。据悉，该项目累计投入 2000 万元；60 名核心研发人员进行研发工作；开展 2508 项可靠性试验，尤其引入国际先进 IR46 标准，开展了 1000 小时耐久性试验，66 天阳光辐射试验，500 小时"双 85"试验；顺利通过欧盟 CE 认证、国家 CMC 认证及 ROHS 认证。正泰昆仑系列在"计量更精准、绿色更节能、安装更便捷、外观更新颖"四大方面进行的提升，赢得市场注目。

多个产业孵化项目落地

2018 年 3 月 9 日，正泰启迪智电港等百亿级重大产业项目在上海松江举行 G60 科创走廊开工仪式，该项目定位于"高端制造为一体，智能电气、能源互联为两翼"科技创新高地，打造成为智能智造、总部经济、"科创中心+人文"、生态社区"3+1"功能的高品质产业社区，助推浙沪 G60 科创走廊建设。同年 10 月，正泰智慧能源华东科创产业园项目落户嘉兴科技城，作为正泰集团围绕长三角一体化及 G60 科创走廊建设的重要项目，将打造智慧能源产业示范基地以及科创产业开发与孵化运营。同年，温州启泰科技园落户浙南科技城。该科技园以"智能制造+数字信息"、环保新能源、生命健康等"1+3"产业为主导。

数字化车间项目通过国家工信部验收

2018 年 6 月，正泰电器承接的《基于物联网与能效管理的用户端电器设备数字化车间的研制与应用》项目，以高分通过工信部智能制造新模式应用项目验收。为推进"一云两网"战略落地，正泰持续发力智能制造、数字化技术和现代能源的融合发展，花费 3 年时间，投入 2 亿多元，建成小型断路器和交流接触器两个数字化车间，实现全制程自动化生产。该项目的顺利实施，标志着正泰的智能制造战略向前迈进了一大步，对探索行业转型升级，推动制造业智能化发展，发挥了重要的示范引领作用。

携手多领域深化战略合作

2018 年 10 月 16 日，中国工商银行与民营骨干企业"总对总"合作协议签约仪式在京举行。正泰集团作为中国民营骨干企业优秀代表之一，与中国工商银行签署了"总对总"合作协议，共同探索创新"融资+融智"的全方位金融服务，继续巩固银企战略伙伴关系。2018 年，企业还先后与光阳株式会社及 Delfin LNG LLC、浙江省水利水电投资集团、维谛技术、华润电力、临港集团、中建安装工程、中国计量大学、申万宏源证券等优秀企业和校研机构结成战略合作伙伴，在智能制造、智慧能源、大数据、金融领域、人才培养等方面开展全方位、多层次合作，助推产业发展。

新能源全球累计装机突破 4000MW

2018 年 11 月 8 日，位于荷兰 Medemblik Andijk 的 15MW 光伏电站项目建成完工，当地政府代表出席了并网典礼。该项目由正泰新能源开发，可为附近 4622 个家庭提供清洁电力，覆盖当地近 25% 的用户，也为荷兰清洁能源发展做出了杰出贡献，获得当地政府的高度赞扬。同年，公司还赢得在越南的首个 50 兆瓦光伏 EPC 项目；在埃及中标多个光伏 EPC 项目，项目总金额超 1 亿美元⋯⋯2018 年，在"一带一路"倡议的推动下，正泰新能源海外业绩增长显著，光伏组件产品、光伏电站投建、光伏 EPC 服务走进欧、亚、非、美四大洲，全球累计装机量突破 4000 兆瓦。

聚能推动暖通方式"绿色变革"

2018 年 11 月 30 日，由正泰聚能改造的山东滨州姜楼镇供暖项目正式完成。项目以能源管理协议方式，建设正泰 C-POWER 聚能站系统，总建设规模 30 万平方米，首期供暖面积近 10 万平方米。这是山东滨州首个采用 BOO 创新商业模式解决群众取暖问题的项目，项目集云平台、大数据、节能引擎软件于一体，依托 EIoT 能源物联网对系统运行与能耗数据通过运维平台实时智慧管理和呈现，通过精细化的管理，有效节约能源。项目全部建成后，将是目前全国最大的分布式"煤改电"绿色低碳集中供暖项目之一，成为"蓝天保卫战"的全国经典示范项目。此外，2018 年 12 月 20 日，正泰聚能与山东农发集团签订战略合作框架协议，双方将在清洁能源集中供暖、农业节能配套和多能互补平台等领域进行深入合作。

"正泰云"勾勒工业大数据应用智慧场景

2018 年，正泰大数据公司持续发力工业大数据应用领域。通过打造分布式光伏服务云平台，响应正泰新能源产业关于业务流、资金流、信息流、供应链的多流合一的需求，实践大数据技术与正泰产业的深度融合，该解决方案现已向全国用户提供服务。目前，公司还与日本著名服饰零售品牌以及中国本土的三花控股等公司展开了具体业务合作。利用大数据、云计算、传感与通信等技术，构建中心与分布式有机结合的差异化"正泰云"架构，实现信息、业务与数据的全面感知、可靠传递、智能处理，为用户提供服务与决策支持。

 案例延伸

扎根实体　坚持实业不动摇

正泰集团的现金流充裕，名声在外。不时有人提议南存辉去试试赚"快钱"的行业。南存辉总是淡然一笑，幽默地说："前世未修好，今生做制造，这是我的命，我就认了这个命。"幽默的背后，是他对自身使命的清醒认识：实体兴则经济兴。任何一个国家都离不了实体经济，实体经济不稳国家就没底气。所以，坚持主业、实业发展不动摇，成为正泰一以贯之的信条。而眼下的正泰更是在"扶、帮、带"的实业产业链上风生水起。"现在的市场竞争，不是单一的产品竞争，也不是单个企业间的竞争，而是整体产业链的竞争，营造一个良性循环的企业生态圈，建立企业的产业链优势非常重要"。南存辉如是说。

在正泰集团，供应链上有大大小小 2000 余家供应商和 2000 多家经销商，这些上下游供应商和经销商大多是处于成长期的小微企业，受生产规模小、管理水平低、创新能力不足、技术含量低等限制，这些企业在市场竞争中面临诸多困难。为此，正泰集团探索出一套独具一格的办法——"在刚起步的时候扶一下，在有困难的时候帮一把，在关键时刻拉一拉"。为帮助供应链上的中小企业提升管理水平，南存辉提出"构建战略合作、实现互助共赢"的战略举措，并专门成立了"供方优扶办"，对供应商、经销商企业，分层次、分阶段、因地制宜开展个性化、定制化的帮扶提升。正泰倾力而为，通过帮助技术与工艺装备改造、开展技术创新、构建电子商务平台和帮助强化团队建设等方式，引导一大批中小微企业做大做强。温州一家电工合金公司，最初只是一家生产电接触复合材料的作坊小厂，正泰团队考察分析之后，制订了专项帮扶计划，指导其积极改进管理，提升技术水平，搭建电子商务平台，如今已发展成为正泰核心供应商之一。2012 年初，这家公司成功登陆创业板，成为国内该行业首家上市企业。

互助共赢　打造命运共同体

随着正泰的不断发展壮大，上下游产业链上的企业越来越多，仅正泰在温州地区的供方数量就有数百家，涉及从业人员 5 万多人。如何将上、下游的中小微企业带动起来，从思想理念上引导它们健康发展？在全国民营企业中，正泰集团充分发挥公司党委作为全国先进基层党组织的辐射、引领作用，首开"产业链党建"先河，帮扶上下游协作企业建立 20 多个党支部，实现产、供、销系统党建工作全覆盖。截至 2015 年，正泰帮扶上下游协作企业开展了 300 多期质量管理提升、精益生产等相关培训，培养了 700 多名质量、物流等岗位专业人员，支持 270 多家供方企业深入开展技术创新。也正是经过这样长期的合作，正泰与供应商、经销商逐步由单纯的"利益共同体"进化为牢固的"命运共同体"。在一次会议上，一位供方负责人深深感动于正泰对他们的帮助，感慨地说："我们公司是没有挂正泰牌子的正泰企业，我们的员工是不穿正泰工作服的正泰人。跟着正泰走，没有错！"这句话让南存辉至今仍记忆犹新。在他看来，市场经济就是一个完整的绿色产业链，既需要顶天立地的大企业，也需要铺天盖地的小微企业，互助共赢，才能共享发展。"正泰要做的不是简单的授之以'鱼'，更要授之以'渔'，让这些中小微企业的整体水平得到提升，成长为能够独当一面的优质企业"。

如今，"互助共赢"的价值分享理念，已经成为正泰集团的共识，并延伸到各个领域。正泰小额贷款公司针对当地中小微企业"融资难、融资贵"问题，累计发放贷款 6352 笔，发放金额 61.49 亿元，惠及 1689 户农户、个体工商户和中小企业。其中不少企业也是正泰产业链上的小微企业，它们的发展，正是得益于正泰多个方面的有效帮扶。通过多年努力，正泰与上下游企业共同建立起良好的企业生态圈，建立起牢固的产业链整体竞争优势，形成互助共赢、良性循环发展的良好局面。目前，正泰集团产业覆盖"发、输、变、配、用"电力设备全产业链，凭借整体产业链的竞争优势，产品畅销世界 120 多个国家和地区。2015 年在经济下行压力持续加大的形势下，正泰集团取得了销售额同比增长 15% 的好成绩。

资料来源：白丽媛：《正泰构建企业生态群　打造产业链"命运共同体"》，2016 年 4 月 27 日，浙商网，http：//biz.zjol.com.cn/system/2016/04/27/021126843.shtml；佚名：《共建绿色家园，正泰一直在行动》，2017 年

5 月 12 日，正泰集团，http：//www. chint. com/zh/index. php/news/detail/id/2692. html；蔡杨洋：《正泰集团：新能源之梦，正落地成景》，《杭州日报》2018 年 1 月 5 日，第 A05 版；张慧莲：《绿色能源入户来——正泰新能源推进家庭屋顶光伏工程建设纪实》，《湖州日报》2017 年 12 月 26 日，第 A04 版；张一帆：《正泰电器：低压电器龙头 布局新能源全产业链》，《证券时报》2018 年 11 月 7 日，第 A001 版、第 A003 版、第 A004 版；佚名：《2018 正泰年度新闻印记》，2019 年 1 月 24 日，正泰集团，http：//www. chint. com/zh/index. php/about/magazine_detail/id/15819. html。

 案例分析

正泰集团自创建以来致力于节能环保产业，作为国内工业电器龙头企业和新能源领军企业，始终坚持价值分享理念，带动产业链上下游企业，构建和谐共生的企业生态圈，探索出独具特色的绿色发展模式，带动一大批中小微企业共同走向绿色致富的道路。简言之，正泰集团的绿色发展经验主要有以下几点：①构建长远的发展战略，打造绿色实业产业链。以高瞻远瞩的战略谋划推动企业的共同成长进步。例如，正泰集团提出"构建战略合作、实现互助共赢"的战略举措，注重企业的合作共赢，开展个性化、定制化的帮扶提升，帮助供应链上的中小企业提升管理水平，带动一大批中小微企业做大做强，打造企业可持续发展的命运共同体，已经形成集发、输、储、递、变、配、用于一体的全产业链集成优势，成为分布式光伏行业唯一一家具备核心部件全自产自营的领先企业，构建出一条完整的绿色实业产业链，既担起了大企业的社会责任，也实现了自身可持续发展的需要，顺应了浙江经济转型升级的新要求。②坚持技术革新，驱动产业发展。例如，正泰集团注重开展技术革新，采用 PERC 电池技术，二次印刷电池工艺，并搭配白色 EVA，反光焊带等材料，大幅提升组件功率，推出多款具有竞争优势的新产品，提高电站整体发电效率，获得更多电站收益；建立农光互补光伏电站，实现了"板上光伏发电，板下现代农渔业"的共同发展；率先推出 O2O 居民分布式光伏大数据监测服务平台，建立了一套"六大保障"体系，为用户打造"极致体验"和全方位售后服务；率先推出 O2O 居民分布式光伏大数据监测服务平台，实现了 24 小时咨询和全天候大数据检测、产品终身维修等服务，为用户提供全方位售后保障。这些技术创新助推正泰领先于同行企业；还在全国率先推进居民分布式屋顶电站建设，在户用屋顶上采用光伏系统，意图将每个家庭打造成为"家庭绿色电站"。③因地制宜，整合资源创造高效益。正泰新能源立足我国实际人口分布现状以及地域状况，在不同地区采用新型的安装方式，在不改变原有土地性质和地形地貌的基础上，将光伏产业与农业种植或养殖有机结合，在向阳面上铺设光伏太阳能发电装置，既具有发电能力，又能为农作物及畜禽提供适宜的生长环境，提高土地利用效率，创造更高的经济效益和社会效益。同时，通过成立专业的农业公司，大规模种植，实现了"板上光伏发电，板下现代农渔业"的共同发展。渔光互补适宜于特色养殖，且因环境因素对延长光伏发电组件寿命、提高发电效率较为有利。④坚持共享、共创、共赢的绿色发展理念。正泰集团董事长南存辉是浙商的杰出代表，将勇于担当、敢为人先、吃苦耐劳的"浙商精神"注入企业的发展当中，始终保持"实体兴则经济兴"的清醒认识，克服重重困难，坚持发展实体经济，带领企业主动履行企业"公民"责任，积极回报社会。"照亮别人的时候，也在照亮自己"。先后为社会公益慈善事业捐资、为光彩事业等累计捐资捐物3亿多元；关注上下游企业的共同命运，引导一批中小企业共同做大做强；勇于创新，以技术创新驱动企业光伏发电效率，实现节能环保。⑤紧跟"一带一路"，整合全球资源。正泰集团在"一带一路"建设中，加快"走出去"的步伐，与"一带一路"沿线国家及全球市场都展开深度合作，并设立北美、欧洲、亚太三大全球研发中心以及五大国际营销区域、14家国际子公司、22个国际物流中心，为130多个国家和地区提供产品与服务。通过"走出去"，学习借鉴别人先进技术和管理经验，更好地"引进来"，从而带动自身技术和管理水平"走上去"。正泰通过海外并购和投资入股，掌握新兴产业的前沿技术、提升智能制造水平，并反哺到自身的电力与新能源产业链。正泰集团的成功经验进一步证实了企业坚持走绿色发展之路，不仅是正确的战略选择，也是企业走向未来的必由之路。

本篇启发思考题目

1. 光伏企业的未来发展前景如何？
2. 科技创新如何驱动光伏企业绿色发展？
3. 现代光伏企业如何以节能环保赢得用户的信赖？
4. 现代光伏企业发展绿色能源为公众带来怎样的红利？

5. 光伏企业如何适应现代市场中的绿色产业链发展模式?

6. 如何看待经济转型升级中现代光伏企业互助共赢?

7. 现代光伏企业如何提高新能源发展的智能化水平?

8. 现代光伏企业如何引导消费者更好地接受新能源产品?

第十五篇
聚光科技：打造全方位环境监测平台

 公司简介

聚光科技（杭州）股份有限公司（以下简称聚光科技）（股票代码：300203）是由归国留学人员创办的高新技术企业，2002年1月注册成立于浙江省杭州市国家高新技术产业开发区，2011年4月15日上市，注册资金4.53亿元，是国内先进的城市智能化整体解决方案提供商，同时也是国内绿色智慧城市建设的先驱之一。公司目前主营业务包括环境与安全监测管理、环境治理、智慧水利水务、生态环境综合发展、智慧工业、智慧实验室。专注于为各行业用户提供先进的技术应用服务和绿色智慧城市解决方案。公司拥有强大的研发、营销、应用服务和供应链团队，致力于业界前沿的各种分析检测技术研究与应用开发。产品广泛应用于环保、冶金、石化、化工、能源、食品、农业、交通、水利、建筑、制药、酿造及科学研究等众多行业。公司目前拥有500余人的研发团队，均为本科及以上学历，其中硕博比例40%以上，先后被认定为"国家企业技术中心""国家环境保护监测仪器工程技术中心""城镇水体污染治理工程技术应用中心""环境与安全在线检测技术国家工程实验室""国家规划布局内重点软件企业""国家创新型企业""国家级博士后科研工作站""浙江省院士专家工作站""浙江省重点企业研究院"等。通过近20年的快速发展，公司在企业规模、研发实力和市场占有率等方面都排名国内行业前列，成为中国分析仪器行业和环保监测仪器行业龙头企业，以及中国在环境与安全检测分析仪器领域重要的创新平台与产业化基地。

案例梗概

1. 聚光科技采取原始创新为主、引进消化为辅的科技创新战略，高度重视技术创新。
2. 加强自身科研开发的同时，展开广泛的产学研合作，掌握技术发展方向的话语权。
3. 提供"技术+服务"一体化解决方案，进行紧随市场变化的产品创新，并购外延布局。
4. 增强运维法律意识，建立企业内部三级督查管理体系，确保环保监测数据真实。
5. 大力开展卫星遥感技术等技术研发创新，推进环保管理智能化、立体化、无人化。
6. 打造有品质的"三甲环保医院"，形成发现问题、诊断问题、解决问题的综合能力。
7. 研发人机联控系统，把 AI（人工智能）等现代信息技术与生态环境监测进行融合。
8. 运用大气颗粒物在线源解析技术，采用水环境监测"网格化+全域化"双模式管理。

关键词：生态环境监测；环保医院；现代信息技术；精细化管理；平台型公司

案例全文

创新驱动产业发展　规范研发流程管理

聚光科技（杭州）股份有限公司专注于环保和安全监测领域，为客户提供全面的分析技术和信息管理解决方案，广泛用于环保、冶金、石化、化工、能源、食品、农业、交通、水利、建筑、制药、酿造、航空及科学研究等行业。坚持采取原始创新为主、引进消化为辅的科技创新战略，高度重视技术创新，通过自主研发，成功开发激光在线气体分析系统等产品，填补国内相关领域多项空白，改变我国重大工程和环境监测体系建设几乎全部使用进口分析仪器的状况，做到这一突破性的社会贡献，聚光科技仅仅用了 8 年时间。坚持自主创新，是成就这一光辉业绩的不二法宝。

聚光科技建立了独特的研发流程体系，通过流程管理理顺了从市场技术调研、技术和产品决策规划、技术预研、产品开发、产品测试验证一直到产业化推广的整个技术和产品研发管理的流程，并在各个关键点上设置了技术和决策评审，提高了以最终产出为导向的工作系统性。在制度建设方面，从宏观到微观，从部门到人员，从部门职责到岗位职责，全部以制度、章程、手册等的形式做出明确规定，这一系列章程、手册、制度、规范和细则指导着研发部门的日常工作规范而有序地进行。企业研发机构被认定为"国家环保部环境监测仪器工程技术中心""浙江省高新技术企业研发中心""浙江省企业技术中心""浙江省环境与安全检测技术重点实验室"和"环境与安全在线监测仪器浙江省工程实验室"。在加强自身科研开发的同时，聚光科技与美国斯坦福大学及我国东北大学、浙江大学、杭州电子科技大学、中科院等高校、科研院所展开了广泛的产学研合作，共建紧密的创新载体。

企业通过自主创新，至今已针对研发过程中的关键技术累计申请 220 余项知识产权，其中发明专利占 1/3；主导制定了 2 项国家标准和 1 项 IEC 国际标准，成为中国在分析仪器领域牵头制定的第一项国际标准。此外，企业积极申请名牌和著名商标，目前已成功申请 2 个浙江省名牌产品、3 个杭州市名牌产品和 1 个杭州市著名商标。通过落实全面的知识产权和标准战略，企业掌握了技术发展方向的话语权。聚光科技立足高起点，坚持走自主创新之路，采用国际新一代技术，不断拓展应用领域，不断推出新技术平台和新产品，通过技术平台与应用行业双维度的持续创新，多项成果技术水平达到国际领先，创新产品荣获"国家科学技术奖二等奖""中国专利金奖""浙江省科学技术奖一等奖""中国仪器仪表学会科学技术奖"等 20 多项奖励。通过开发国际最新一代检测技术和产品，企业迅速在高端检测技术领域确立了国际领先地位，形成了企业核心竞争力，在激烈的市场竞争中获得了国内外客户的广泛认同。据中国仪器仪表学会相关报告，2009 年聚光科技在分析仪器行业的销售额以绝对优势排名国内第一，在环境监测仪器仪表行业的市场占有率排名国内第一。白手起家的聚光科技坚持原始自主创新，加强研发机构建设，重视科技人才的吸纳和培养，培育富有特色的创新文化，避开了残酷的"红海竞争"，走出了一片属于自己的"蓝海"，以自主创新扛起了振兴民族工业的大旗，改变了国内外仪器仪表行业的竞争格局，用科研成果和经营业绩对"科技强国"做了精彩的诠释。

充分发挥自身优势 提供综合环境服务

聚光科技在环境监测行业的成功主要有三大因素："技术+服务"一体化方案、紧随市场变化的产品创新以及并购外延布局。与其他大部分竞争对手专注单一产品不同，聚光科技凭借自身产品全面、业务完整的优势，为客户提供综合化的整体解决方案和服务。这种发展模式一方面最大程度满足了客户需求，提高客户对公司的黏性和忠诚度，另一方面也提升了单位客户资源的价值产出，强化了公司的综合竞争力。随着市场的开拓以及企业的成长，公司在环境监测领域中的传统业务，如硫化氢、二氧化硫监测业务的市场逐步趋向饱和，此时，聚光科技敏锐地把握市场环境的变化，将目光投向更为广阔的市场，稳步推进产品创新，推出了 VOCs、PM2.5、重金属、有机物监测业务。仪器仪表行业的细分领域中，企业寻求扩张的途径一般为通过技术研发和并购两种。前者通过对原有产品的升级更新及新产品的研发，争取更多的市场份额；后者通过并购对业务进行整合，拓展新的细分领域。2011 年上市以来，聚光科技先后收购了多家国内外企业。2015 年，聚光科技收购北京鑫佰利科技发展有限公司和重庆三峡环保（集团）有限公司。两家企业分别经营工业废水零排放业务和市政污水治理业务，通过对两家公司的收购，聚光科技正式进入环境治理领域，并结合公司在环境监测领域内全面的解决方案体系，提升对智慧环境和海绵城市的综合服务能力。通过一系列的并购，聚光科技已初步形成内生业务和外延业务共同发展的格局：内生业务为环境监测系统运营及服务业务（VOCs 监测、超低排放检测、气体污染源、气站建设），外延业务包括实验室分析仪器、水利水务智能系统业务和环境治理业务，构建了"从监测检测到大数据分析再到治理工程"的闭环，不断为政府机构、工业园等提供综合环境服务，聚光科技将在成为综合环境服务商的道路上不断前进。

增强运维法律意识　提升行业环保情怀

"环保是一个需要讲究情怀的行业，不仅是企业的事，还是关系民族、国家的大事。作为环保运维企业来讲，管理层需要具备较高政治觉悟、较强的社会责任感和危机意识，而作为一线员工，必须要有法律意识，要严格遵守企业的管理规范。我们所有的环保企业，环保从业者，都有责任保证监测数据的真实性"。聚光科技原环境安全事业部总经理孙越先生明确表示。一直以来，数据造假是长期困扰环保事业发展的重要因素，一些排污企业排污不达标，便在环境监测设备上做手脚，以蒙混过关。"聚光科技的基层运维人员有近 700 人，管理着全国 5000 多台环境在线监测仪器设备。在全国，还有很多聚光科技之外的基层运维人员，他们普遍精通仪器，如果没有法制观念，被利益驱使，进行数据造假，后果是十分严重的！"孙越说。"聚光科技通过在企业内部建立督查管理体系，目前已经收到了很好的成效。在内部建立了运维质量抽检、飞行检查、第三方督查中心全覆盖督查的三级督查管理体系。要求每个员工熟记公司的运维规范流程、行为规定。一个人背不出来，是员工问题；三个人背不出来，那就是管理问题。每一环出现问题都由相关责任人承担相应责任"。"在聚光科技，普法教育是我们考核管理层和一线员工的重要指标，得让我们的员工知道，提供虚假的数据属于严重违法。犯了法，不仅要负法律责任，还害了自己整个家庭；作为管理层，也要负连带责任"，孙越表示。现在聚光科技的所有员工已经有了深入人心的理念，那就是宁失客户，绝不提供虚假数据。做有责任心的环保人。

高度重视环保战略　助推环保管理优化

"作为环保部环境监测仪器工程技术中心，我们的责任不仅是要进行前沿技术研究，更重要的是协助政府提升环境管理的能力"，孙越说。"在2015年8月印发的《国务院办公厅关于印发生态环境监测网络建设方案的通知》（以下简称《生态环境监测网》）中，明确提到要提高生态环境监测立体化、自动化、智能化水平。聚光科技在战略上对此高度重视，目前的目标之一就是助推环保管理实现智能化、立体化、无人化"。孙越表示。

那么如何实现环保管理的立体化、自动化、无人化？这三化的实现能发挥哪些明显的作用？孙越介绍道："目前聚光科技联合国内有关高校院所，正在进行卫星遥感技术的研发。该项卫星遥感监测技术对于国家正在推行的河长制，将发挥重要作用。"聚光科技所采用的卫星遥感监测技术，可以将流域水体污染分布情况直接绘制成地图，宏观掌握水环境状况，弥补了传统点式监测的不足，实现从传统的点式管理向"点、线、面"的全域管理转变；卫星遥感地图可以让环保管理部门一目了然，直观获取信息。在有污染问题出现时，通过卫星遥感地图可以协助管理部门及时发现问题，采取措施，将污染程度控制在最小范围内，并且最大化地保护下游流域不受污染。除此之外，聚光科技正在研发的无人监测艇项目，该项目将用于水环境立体监测，为水体环境做全面"CT"。"目前很多水质监测手段，取水还无法达到较深的水下。由于水深不同，水质存在差异，深水监测数据的取得显得十分必要"。孙越表示，"无人监测艇可以不受限制潜入深水，获得深水监测数据，一举实现环保管理中的无人化与立体化，为水体污染现状及变化趋势全面研究提供支撑"。对于这些奇思妙想，孙越表示，这些想法设计都不是突发奇想，很多甚至已经经过了几年的酝酿。"在'十一五'的时候，我们提前思考'十二五'

国家环境管理的重点需求；'十二五'的时候思考'十三五'的需求。通过行业研究预测，提前进行技术储备"。孙越对此非常自豪。

据介绍，在大气环境领域，聚光科技目前是行业内唯一自主研发烟气汞监测仪器的国内企业，早在 2013 年，聚光科技就开始关注大气重金属污染，虽然当时重金属监测还不是强制要求，但聚光科技意识到重金属的污染是大气污染中对人体最为有害的成分，重金属监测数据对于大气的防治至关重要。有了这样的战略认识后，有针对性的研发及投入立马跟上。目前，聚光科技成功向中国华能集团销售的 3 台烟气汞在线监测设备，均处于正常运行中。

孙越还透露，依托南开大学"国家环境保护城市空气颗粒物污染防治重点实验室"，聚光科技正在开展大气在线源解析系统的研发。"要实现大气污染的科学调控、精准治霾，就得做大气源解析。解析污染成因、找出污染来源，定量研究各种源对其质量浓度和化学成分的相对贡献，才能实现更科学的管控。然而传统的大气源解析方法大多是手工采样后进行实验室分析，存在操作复杂、检测滞后、人力成本高、时间分辨率差、样本量少等局限。聚光科技目前正在研发的大气环境源解析系统可以通过软硬结合，实时监测大气环境中的颗粒物元素成分、水溶性离子成分、碳质组分，通过在线源解析模型软件能快速生成源解析结果，每 2 小时就能出一个数据，获得源贡献、源变化，使得短时间内解析污染来源信息成为可能"。孙越强调。聚光科技大气环境源解析系统可以改造成移动车载式，更方便、全面和高效。"南开大学拥有国内首个颗粒物样品库，积累了我国 40 多个城市的颗粒物源成分谱和受体化学组成。聚光科技与南开大学强强联合，一定能把这个事情做好"。孙越补充。

打造品质环保医院　一站式解决环境难题

"目前，聚光科技已经具备环境监测、环境管理与治理的全产业链能力，聚光科技将打造有品质的'三甲环保医院'，形成从发现问题、诊断问题、解决问题的综合能力，并将目标主要放在业内的高难环境问题上，主攻疑难杂症"，孙越形象地比喻。2006 年，聚光科技主要提供工业仪表。当时的工业仪表市场，几乎是清一色的国外企业。在和国外品牌的竞技中，聚光科技练就了极好的内功。当时的钢铁企业很多都是聚光科技的客户，在"十一五"期间，国家提出要对电力行业进行烟气 SO_2 监测。武汉钢铁集团咨询聚光科技是否可以提供该设备，聚光科技立马进行市场调研，发现市场的需求量极大，随即进行产品的研发与生产。从此聚光科技进入了环境监测仪器领域，聚光科技环境事业部由此诞生。

据介绍，2007年，聚光科技进入环境监测仪器领域的第一年就取得几千万元的环保销售额，2008年达到3.5亿元，成为环境监测领域名副其实的领军力量。随着国家对于环境监测数据分析需求增加，以及智慧环保概念的提出，聚光科技的业务也开始延展到环境管理及环境治理领域，不断提升环保信息化与环境大数据应用分析能力。"要成为'环保医院'，发现问题、诊断问题是前提，解决问题是目的。越是难解决的环境问题，市场空间也越大。我们目前正在对工业园区的高难废水进行技术攻关"，孙越表示。高浓废水含有大量高浓度难降解的高分子有机物，用国标COD测定方法误差很大，很难测准，通常用实验室的TOC测定仪检测数据来表征。这给了一些企业空子，很多工业企业会将产生的高浓废水进行百倍甚至千倍稀释后直接排掉。这些高浓废水被稀释后，虽然浓度降下来了，但累积存在于环境中，对人体有极大危害。"解决这些难题，要求环保企业具备极高的综合能力。聚光科技看好高浓废水市场，有能力也愿意啃下这块硬骨头！"孙越坚定地说。目前聚光科技已经找到了解决这一技术难题的方法，相信不久在中国高浓废水处理以及更多的环境疑难方面，都会看到聚光科技的身影！

聚光科技环境安全事业部是聚光科技的核心事业部之一，已形成独立的研发、设计、销售、工程与运维服务队伍。事业部成员已超过1300人，全国具有24个办事处、65个工程运维中心、10余家分（子）公司，分布在全国各省以及荷兰、意大利等国，并利用资本优势积极拓展。聚光科技环境安全事业部力求提供环境测管治一体化综合服务，主要业务覆盖污染源监测、水环境监测、大气环境监测、安全监测、环境治理、信息化、第三方运维服务等，涉足行业含环保、交通、水利、海洋、安监、工业园区等，致力于为中国绿色生态环境的建设提供综合解决方案。

专业专注提供检测　传播企业绿色基因

近年来，每逢国家重大活动及国际赛事，就有一批环境监测科技人员利用先进的雷达激光立体监测技术，为活动和赛事提供环境检测服务——他们来自无锡中科光电技术有限公司（以下简称中科光电）。

中科光电成立于2011年8月，由聚光科技（杭州）股份有限公司和中国科学院安徽光学精密机械研究所刘文清院士团队共同发起创建。截至目前，其客户已遍布全国 33 个省直辖市的环保、气象、科研高校系统，激光雷达的国内市场份额已经达到 60%以上。产品先后获得了 3 项江苏省高新技术产品、江苏省专精特新产品、国家专利优秀奖等多项荣誉。在经过各项国家级、省级、市级重大科技项目的参与过程中，中科光电的激光雷达产品系列，取得了阶段性的进展，并先后参与了 2013 年南京亚青会、2014 年南京青奥会、2015 年青运会、2015 年乌镇物联网大会、2016 年上合组织政府首脑理事会、2016 年 G20 峰会、2017 北京"一带一路"大会等空气质量保障工作。为活动保障工作准确判断污染的时间、程度，评估大气污染类型，预判污染物的走向及污染过境时的大气整体状况提供了翔实的第一手信息。

在企业化发展过程中，中科光电始终坚持产学研一体化，将物联网技术与立体监测技术相结合、将大气环境科学与仪器工程相结合，共同联合开发生产了多波长颗粒物激光雷达、高能扫描颗粒物激光雷达、臭氧激光雷达、多轴差分紫外光谱仪、激光测风雷达、激光温湿雷达、立体走航监测车等多款立体监测产品。相比于国内外同类激光雷达，中科光电的产品具备特有的技术优势。多波长激光雷达为豪焦级激光器，激光能量高，在重污染天气状况下，能够穿透霾层探测高空 8~10 千米范围内的污染物分布信息、监测边界层完整的变化过程，同时多波长设计，可有效获取颗粒物的尺度分布信息，全粒径响应，实现更细小颗粒物的占有比，适用于中国目前典型的细粒子环境污染现状。此款雷达是国内首款多波长激光雷达，也是引领环境监测部门对雷达应用需求的创新产品。高能扫描颗粒物激光雷达为国内首台基于快速扫描振镜的产品，能够同时获得区域内垂直、水平立体监测数据，为说清区域内污染排放特征、污染源分布等提供重要信息。同时，也是国内首台时速在 120 千米范围内仍然能边走边测的车载遥感监测设备，可针对污染源进行快速溯源、应对污染突发事件、对污染团进行追踪监测。臭氧探测激光雷达采用一体化结构设计技术，能够有效保护光路稳定、抑制灰尘累积、降低光损耗、保证产品稳定性能。该产品可同时监测颗粒物后向散射系统及臭氧浓度的时空分布，是国内首台能够同时监测颗粒物和臭氧时空分布信息的激光雷达设备，可有效监测臭氧的空间变化过程及臭氧与细粒子之间的转化过程。无锡中科光电针对跨区域环境污染现象、污染来源无法说清、预警预报不精确等地方重大环境管理需求，在立体监测装备的支撑下，开发形成了多套应用解决方案，如车载快速溯源解决方案、车载遥感监察解决方案、立体网格化监测解决方案、区域环境质量保障解决方案、大气监测超级站解决方案、城市与区域立体监测解决方案等，为地方政府与环境管理部门提供大气环境综合分析与监控预警应急决策一体化的整体支撑服务。

匠心坚守 做细分行业的"隐形冠军"

在细分领域专注专业地工作，是中科光电支持的发展之路。作为科技型企业，"技术创新"是企业的灵魂，是企业发展、立足生存的根本。一是对原有激光雷达技术进行优化，提升产品质量，不断推进产品零部件国产化率，降低成本，改变国内高端设备依靠进口的市场格局；二是加大研发投入、关注客户实际需求，对现有技术与新技术、新需求进行结合，赋予产品更强大、更丰富的功能，提高产品性价比，为客户创造更大的价值空间；三是满足日益国际化的竞争趋势，保持对国际、国内科技前沿的紧密关注，对公司的发展战略方向持续性提出质疑并快速反应，开发生产环境监测领域立体监测技术新产品；四是坚持产品创新与应用创新全面发展，加强企业先进制造水平，提升高端的供给能力，坚持以服务改善空气质量为导向，将中科光电打造成有内涵、有竞争力的国有科技型企业，在环境立体监测这一细分领域做大做强，为实现"中国蓝"贡献自己的力量，也能够早日走向国际，彰显中国智造的力量。

不忘初心 引领"智慧环保"前行

截至 2017 年，国内立体监测激光雷达产品的种类还比较单一，其中颗粒物激光雷达相对成熟，但大气成分监测激光雷达（O_3、SO_2、NO_X、CO、VOCS）、气象激光雷达（风、温、湿、水汽）技术还处于起步和筹划阶段。中科光电已经做好了针对以上产品的应用扩展研究计划和产品开发计划，该系列产品将如中科光电的颗粒物激光雷达一样引领行业市场发展。激光雷达目前还没有正式的国家规范标准，很多单位对于激光雷达的性能校验也一直存在着疑问。为了保持激光雷达的有效探测距离及探测精度、保证激光雷达的稳定性及准确性，保证雷达数据的有效性和一致性，聚光科技将与中科院安光所刘文清院士团队共同设计相关的技术规范标准，并积极推进相关管理部门及行业用户的认可。为立体监测行业的发展贡献一分力量。统一产品运营维护标准、提供高端运营维护服务，是中科光电目前正在部署的发展战略。他们将运用信息化系统管理，调配专业的环境工程服务人才组成客服团队，实现售前、售中监控，售后定期维护的全过程服务，使客户服务成为公司强有力的竞争王牌。

我国全指标、多样化的大气环境监测工作起步较晚，大多数情况，监测数据开发利用不足，缺少针对性强的监测数据分析，从而找不出存在的主要环境问题、对区域环境质量的变化解释不清。对监测站汇总数据进行特色加工形成监测报告，站在全局的角度思考，找出环境存在的问题，分析环境问题形成的原因，针对存在的问题提出相应的合理可行的建议，是中科光电未来三年发展的业务方向之一。中科光电正在并将持续组建专业化、标准化的环境咨询服务队伍，为各有关部门提供定制化的综合数据分析服务，共同研究、探索各监测数据间的相关性，扩展监测数据的应用价值，构建成熟的数据分析模型，使得综合分析业务成为可以效仿的工作形式，给各级地方政府当"参谋"、做"大气环境医生"，为地方空气质量达标与持续改善提供更有力的支撑。

项目选择　实现"测—管—治一体化"

乡镇街道空气自动站数据购买服务项目等采用的设备均为国标法设备，可评价、可考核；实现"测—管—治一体化"战略落地。2018 年以来，聚光科技中标了几个监测管理类大项目，包括浙江省杭州市、嘉兴市，山东省菏泽市等地的乡镇街道空气自动站数据购买服务项目等。这些项目与过去的大气网格化监测项目全然不同，采用的设备均为国标法设备，可评价、可考核，是大气环境精细化管理的重要体现。通过监测网数据，能精准看到整个地区的污染时空分布、污染排名及变化趋势。对于空气质量较差的地方，还能结合周边的源清单和气象场做溯源。此外，环境治理行业格局比监测行业复杂得多，涉足企业众多、治理技术五花八门，聚光科技在进入这些市场时也是有选择性的。聚光科技中标了湖北省黄冈市罗田县乡镇污水处理设施 PPP 项目，建设运营总投资约 3.4 亿元。聚光科技还承接了内蒙古通辽地区日处理规模达 10 万吨的中水回用工程项目。这是聚光科技向治理端延伸的非常有代表意义的两个项目，也是聚光科技"测—管—治一体化"战略落地的重要体现。

铸造平台　构建从监测、管理到治理的一体化格局

构建从监测、管理到治理的一体化格局，具备技术创新能力、跨行业技术方案整合能力，将现代信息技术与生态环境监测相融合。与其他企业相比，

孙越认为聚光科技最大的优势在于：环境监测只是基础，聚光科技的目标是打造一个平台型公司，构建从监测、管理到治理的一体化格局，所以需要向治理产业链延伸。聚光科技的优势可以总结为三个方面：一是核心监测技术创新能力。仪器仪表行业是一个技术密集型产业，聚光科技不断致力于新技术研究和新产品开发，以应对市场变化和客户需求，如大气在线源解析技术、国标法水质微型一体机、卫星遥感技术等。特别是聚光科技在原有监测设备上结合人工智能、物联网技术，使之具备更强的智能化，提升其自诊断、自运营和自修复能力。二是跨行业技术方案整合能力。成熟的环境监管方案是能系统化解决问题的，如聚光科技的智慧园区、智慧城市、"环保管家"等，都不是单一行业应用，涉及多个行业、多个领域的方案集成，这是因为聚光科技具备较强的顶层规划和跨行业技术方案整合能力。聚光科技的目标是做规划师，协助各级管理部门构建现代化治理能力。三是聚光科技把 AI（人工智能）等现代信息技术与生态环境监测进行了融合。在环境监测服务市场，企业自行环境监测已经向第三方开放，监测数据的质量问题成为关键。为保证监测数据的真实、客观、准确，聚光科技结合 AI 技术，研发了人机联控系统。通过监控运维人员的行为，用神经网络深度学习的计算机视觉分析技术，有效识别运维人员行为是否存在异常。同时，将环境监测设备监控数据、运行状态数据、运维人员行为三位一体，进行关联分析、联动控制。

凭借优势 抢滩大有可为的环境监测市场

大气颗粒物在线源解析技术、"网格化+全域化"双模式管理成亮点。水、气、土污染防治到了深化落实阶段，与之相关的环境监测、治理市场仍有很大空间。例如，乡镇街道的空气质量监测、大气在线源解析、黑臭水体治理、二三线城市及乡镇地区污水处理、工业园区的综合整治等。聚光科技的亮点方案：一是大气颗粒物在线源解析技术。目前全国 338 个地级及以上城市大气环境监测网基本建立，在掌握大气环境质量的基础上就要攻坚如何科学治理。大气颗粒物在线源解析技术通过颗粒物组分监测和 PMF 源解析模型，能对 PM2.5 开展实时源解析，结果中包含源构成及源贡献。二是水环境监测"网格化+全域化"双模式管理。聚光科技研发了一款国标法微型一体机，占地面积仅 0.85 平方米，解决中小流域站房征地困难的问题。但是网格化监测站点数量毕竟有限，无法将污染带全部捕捉，所以聚光科技又补充了"全域化"监管手段。聚光科技通过卫星遥感技术可将水体污染信息直接用可视化地图表征，实现流域全景感知，发现隐蔽污染带，分析污染演变趋势，实现从传统的点式管理向"点、面、域"的协同管理转变。此外，值得关注的市场趋势出现在中共中央办公厅、国务院办公厅印发的《关于建立资源环境承载能力监测预警长效机制的若干意见》中。这一文件将推动实现资源环境承载能力监测预警规范化、常态化、制度化，推动各地建立起以"资源环境承载能力"为红线的规划发展体系，这一监测市场值得抢滩。

资料来源：佚名：《聚光科技：坚持自主创新　跃居行业龙头》，《浙江日报》2010 年 9 月 21 日，第 19 版；佚名：《聚光科技打造全方位环境监测平台》，《中国环境报》2016 年 12 月 13 日，第 11 版；李莎：《聚光科技：执着的创新者　专注的思考者》，《中国环境报》2017 年 6 月 12 日，第 7 版；李莎：《专业与专注，成就大气环境综合绩效服务商》，《中国环境报》2017 年 6 月 12 日，第 7 版；霍桃：《环境监测市场大有文章可做——聚光科技密集发力　创新成果竞相涌现》，《中国环境报》2018 年 6 月 8 日，第 7 版。

 案例分析

目前，水、气、土污染防治到了深化落实阶段，与之相关的环境监测、治理市场仍有很大空间。大气颗粒物在线源解析技术、灰霾超级站数据智能质控及分析解决方案、全参数水质自动超级站、流域全景遥测技术逐渐走入大众研究视野。聚光科技以生态环境综合服务商为定位，走出一条聚力创新的绿色科技发展之路。简单来说，聚光科技在引领生态环境监测市场上有以下几点经验值得借鉴：①坚持原始自主创新的发展战略。例如，聚光科技高度重视技术创新，专注于环保和安全监测领域，为客户提供全面的分析技术和信息管理解决方案，通过自主研发，成功开发激光在线气体分析系统等产品，填补国内相关领域多项空白，改变我国重大工程和环境监测体系建设几乎全部使用进口分析仪器的状况。在流程管理和制度管理上创新指导企业运营效率；坚持产学研合作和自主知识产权，掌握了技术发展方向的话语权；坚持核心环境监测技术创新；把 AI（人工智能）等现代信息技术与生态环境监测进行融合；顶层规划和跨行业技术方案整合。通过不断推出新技术平台和新产品，多项成果技术水平达到国际领先。②以环境监测亮技术优势抢滩市场。聚光科技以大气颗粒物在线源解析技术、"网格化+全域化"双模式管理应对环境治理的更高要求，目前全国 338 个地级及以上城市大气环境监测网基本建立，在掌握大气环境质量的基础上攻坚如何科学治理。投入大气颗粒物分解技术，转变管理监测方式都是现代企业应该承担的责任，只有建立了适当的机制，加强新技术的创新运用能力，才能更好地创造绿色市场环境。③并购整合业务，开拓细分市场。聚光科技通过并购对业务进行整合，拓展新的细分领域。先后收购了多家国内外企业，例如，收购北京鑫佰利科技发展有限公司和重庆三峡环保（集团）有限公司后，聚光科技正式进入环境治理领域，并结合公司在环境监测领域内全面的解决方案体系，提升对智慧环境和海绵城市的综合服务能力。通过一系列的并购，聚光科技已初步形成内生业务和外延业务共同发展的格局，构建了"从监测检测到大数据分析再到治理工程"的闭环，不断为政府机构、工业园等提供综合环境服务，聚光科技将在成为综合环境服务商的道路上不断前进。④提供"技术+服务"一体化方案。聚光科技在环境监测行业与其他大部分竞争对手专注单一产品不同，聚光科技凭借自身产品全面、业务完整的优势，为客户提供综合化的整体解决方案和服务。这种发展模式一方面最大程度满足了客户需求，提高客户对公司的黏性和忠诚度，另一方面也提升了单位客户资源的价值产出，强化了公司的综合竞争力。⑤转变管理模式，健全管理体系。聚光科技在水环境监测上实施"网格化+全域化"双模式管理。规避了网格化监测站点数量有限，无法将污染带全部捕捉的局限，补充"全域化"监管手段。聚光科技通过卫星遥感技术可将水体污染信息直接用可视化地图表征，实现流域全景感知，发现隐蔽污染带，分析污染演变趋势，实现从传统的点式管理向"点、面、域"的协同管理转变。另外，聚光科技在企业内部建立了督查管理体系，已收到很好的成效，在内部建立了运维质量抽检、飞行检查、第三方督查中心全覆盖督查的三级督查管理体系。要求每个员工熟记公司的运维规范流程、行为规定，每一环出现问题都由相关责任人承担相应责任。作为环境监测领域的龙头企业，聚光科技逐步向智慧环保和环境治理领域进军，打造绿色技术优势，实现环境保护和经济效益双赢。

📋 本篇启发思考题目

1. 现代环境监测企业应如何打造自身优势抢滩绿色市场？
2. 现代环境监测企业为什么要坚持自主创新？

3. 现代环境监测企业进行绿色产品创新的基础是什么?

4. 现代环境监测企业如何健全绿色管理体系?

5. 现代环境监测企业如何拓展新的细分市场领域?

6. 智慧环保在现代环境监测企业发展中占据什么样的地位?

7. 现代环境监测企业需要具备什么样的绿色技术创新能力?

8. 现代环境监测企业应当确立怎样的发展战略以确保企业的可持续发展?

结论篇

新时代浙商绿色管理的经验与启示

一、新时代浙商绿色管理的发展阶段及特征

从世界范围看，企业绿色管理问题源于 20 世纪 60 年代西方国家兴起的环境和生态运动（胡美琴和李元旭，2007）。20 世纪 70 年代，企业绿色化运动开始在西方出现。在中国，企业绿色管理兴起于 20 世纪七八十年代，这一时期环境问题逐渐得到公众和政府的关注，在政府的政策扶持和推动下，企业逐渐意识到以牺牲环境为代价的管理模式将不再适应未来的市场竞争和可持续发展，开始尝试将绿色管理作为战略工具来获得竞争优势（Tudor 等，2007）。在这一阶段，一些企业从无绿色管理意识中觉醒，开始有意识地关注企业的绿色管理问题。随着环境问题的日益凸显和国家对环境问题的重视，越来越多的企业开始探索绿色管理，有少数企业从污染预防和资源节约中受益。20 世纪 90 年代开始，企业绿色管理逐步拓展。由于消费不断升级和生产污染问题日益突出，环境因素在企业管理中的权衡逐渐加重。在有意识的绿色管理之下，一批企业逐步向绿色企业转型发展，但多数企业依然采取的是被动反应型的绿色管理模式。2003 年，时任浙江省委书记的习近平同志在浙江启动生态省建设，打造"绿色浙江"。2005 年，习近平同志在浙江安吉首次提出"绿水青山就是金山银山"的科学论断和发展理念。浙江等省份相继出台与创建绿色企业、开展清洁生产等企业绿色发展相关的政策，引导企业深入实施绿色管理。一些绿色管理的先行企业采取积极的措施减少资源浪费和环境污染，主动寻求能为企业创造竞争优势的绿色管理战略、清洁生产技术和绿色发展模式等，企业绿色管理逐步深化。进入新时代以后，企业绿色管理逐步丰富。云计算、大数据、物联网、移动互联网、人工智能等新一代信息技术和商业模式为企业绿色管理的丰富带来良好的契机。新时代赋予企

业绿色管理更加丰富的内涵。区别于以往的绿色管理，在这一阶段，企业将新视角、新目标、新模式、新路径等纳入绿色管理的全方位和全过程，在更高层次、更广范围、更深程度和更长时间上实施绿色管理，更多企业向全面丰富的绿色管理迈进。

在我们看来，在浙江绿色发展从初级、浅层、零散阶段（1978～2002年）进入高阶、深层、系统阶段（2003年至今），提前迈进新时代的宏观背景下，浙商绿色管理发展也总体上呈现出绿色管理从无到有，从浅到深，从点到面的特征变迁，历经了从低阶向高阶进阶的四个发展阶段：

阶段一，1978年至20世纪90年代，浙商绿色管理1.0，即浙商绿色管理的探索阶段。

阶段二，20世纪90年代至2002年，浙商绿色管理2.0，即浙商绿色管理的拓展阶段。

阶段三，2003～2012年，浙商绿色管理3.0，即浙商绿色管理的丰富阶段。

阶段四，2013年至今，浙商绿色管理4.0，即浙商绿色管理的全面深化阶段。

浙商绿色管理的阶段演进如图1所示。

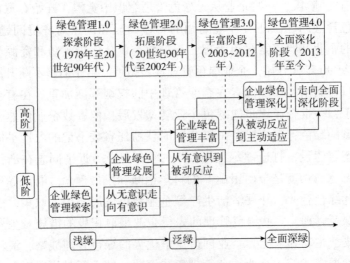

图1　浙商绿色管理的阶段演进

在国内外企业绿色管理发展的背景下，浙商绿色管理大致经历了上述四个阶段的发展历程，浙商企业走在新时代中国企业绿色发展的前列。一批绿色先行的浙商企业在习近平总书记"绿水青山就是金山银山"思想指引下阔步向前，将绿色管理作为企业发展的一个"新名片"，并继续深入探索、不断优化升级。这些浙商企业充分发扬"浙商精神"，开拓创新，锐意进取，将绿色发展理念践行落地，开辟出了具有浙江特色的绿色发展之路，创造出绿色发展的"浙江模式"，成为打造"美丽浙江"和"高质量发展"的重要助力。

二、新时代浙商绿色管理的八大经验

通过对新时代浙商企业绿色管理案例的分析，我们可以归纳出浙商企业绿色管理至少有如下八大经验：

经验一，坚定绿色发展理念，引领绿色管理实践。绿色发展理念是浙商企业走绿色发展道路的先导。综观这些成功走上绿色转型道路的浙商企业，它们均对"绿水青山就是金山银山"有着深入全面的实践，都是绿色环保理念的认同者和坚守者。浙商企业的绿色发展理念包含：①绿色管理文化。建立能够推动环保思维的企业文化就是一种推动飞轮的工作（埃斯蒂和温思顿，2009）。企业通过绿色管理文化来反映可持续发展的价值。源于对社会和企业自身可持续发展的反思，这些企业重视绿色企业文化建设和绿色发展价值的传播，鼓励员工提高环保的"软技能"，规范并引导企业践行环保行为。在绿色文化氛围的熏陶下，他们坚信污染没有出路，绿色引领未来。环保不是负担而是商机，与绿色发展共生共荣。例如，时空电动将"清洁能源在路上"作为企业核心文化和价值观，坚信电动汽车是开启未来出行的钥匙，把"蓝色大道"计划作为时空电动的使命之路，为城市提供"高频出行新能源化解决方案"。②绿色管理思维。绿色管理思维决定绿色发展路径。这些企业在发展中积极转变管理思路，将绿色管理作为企业运营的逻辑起点，同时也将其作为企业追求经济效益的制高点。遵循企业经济效益与环保效益兼顾的思考路径，将"绿色基因"深植于企业管理与发展实践。从绿色设计、绿色选材，到绿色加工，再到绿色产出、绿色营销等各个环节，始终坚守环保底线，在全过程、全方位的绿色管理上大力投入，做足绿色文章。例如，农行浙江省分行牢固树立并践行绿色发展理念，紧紧围绕总行支持乡村振兴"七大"行动部署，高质量推动金融服务绿色发展，把大力推进绿色金融作为对"美丽浙江，美好生活""绿水青山就是金山银山"战略思维的深化落实，开辟了一条生态效益与经济效益"同步共赢"的创新之路。③全员绿色理念。从企业领导到普通员工，将绿色发展理念传播到企业运营的每个角落，即绿色理念全员化。企业上下全员聚焦绿色发展的目标，致力于节能减排的技术改造、工艺设备升级、绿色产品研发、管理体系完善等，为企业转型开辟"绿色通道"，助力企业环保与效益并行。例如，巨化集团顶住压力，坚持绿色发展理念，上下统一思想，每年保证1亿多元的节能环保投入，坚持推进节能减排工作，走转型发展之路。这些企业的绿色成长源自对中国经济发展前景的信心和对中国绿色发展理念的实践，也为无数行业企业的绿色管理理念培育提供了典型的绿色范例。这些企业践行绿色发展理念，积极回应了当前社会生态环境问题和企业环境污染问题，而这些积极的行动回应也促进了企业的绿色成长。在企业的绿色管理实践中融入绿色发展理念，将经济、社会和生态的和谐共生与企业的可持续发展紧密相连，才能走得更加长远、更加坚实。

　　经验二，明确绿色战略定位，谋求转型升级道路。高瞻远瞩的绿色战略定位是企业走向绿色潮头的根基。浙江省"八八战略"提出"进一步发挥浙江的生态优势，创建生态省，打造'绿色浙江'"宏远蓝图，不仅为浙江发展打开了全新的窗口，也为浙商企业的可持续发展指明了方向。浙商企业的绿色战略定位包括：①绿色战略分析。走绿色道路的浙商企业首先在瞄准绿色发展的目标基础上进行绿色发展战略分析，通过战略分析，预判企业未来绿色发展的机会和威胁，从而建立自身的竞争优势。绿色战略分析是浙商企业进行绿色转型升级实践的前提。明确的绿色战略分析使得企业在绿色变革中找准方向，找对道路，找到方法，帮助企业建立并努力实现绿色愿景。例如，杭钢充分分析了集团产业基础、人才技术、资金实力、融资平台、土地资源以及国企品牌、社会影响力等竞争优势，为拓展环保业务和构建节能环保产业格局奠定基础。②绿色战略选择。在绿色战略分析的基础上，进行绿色战略选择是建立绿色战略规划、增强绿色战略定力的前提，决定了企业绿色管理与发展的成败。例如，浙能集团在大力推进煤电机组"能源清洁化"的同时，也将"清洁化能源"的发展作为重要的战略布局加以谋划，能源清洁化已经成为浙能集团"大能源战略"的重要组成部分。这既是浙能作为大型骨干国有企业社会责任本质属性的需要，也是拓展企业生存发展空间的战略举措。在发展绿色能源方面始终保持战略定力，特别是2014年浙能集团率先在全国进行燃煤发电机组超低排放改造之后，在业内外一度也出现了质疑声、反对声，但是浙能集团顶住个别专家或者业内人士的误解乃至曲解，坚定不移地推进超低排放改造，用事实和数据向全社会交出了一张经得起考验的完美答卷。③绿色战略实施。基于对绿色发展战略的规划和选择，浙商企业在绿色战略框架内布局绿色产业链、生产和销售绿色产品等，在企业运营中不以牺牲环境为代价，牢记绿色使命，落实绿色战略，发展绿色经济。例如，天能集团遵照绿色发展战略规划，建设循环经济生态圈并复制推广，打造绿色智造产业链，引领绿色、智能制造全产业链，全力打造回收体系"绿色能源循环产业领导者"的地位，确保了集团总体新能源战略实施，也带动了产业链上下游的发展。以上企业的经验做法表明，企业在谋求绿色转型升级中，要立足当下、着眼未来，确立高瞻远瞩的绿色发展战略。绿色战略定位下的绿色实践不仅助推企业实现绿色生态发展，提升企业的核心竞争力，也使更多公民享受到绿色发展的福利，实现共赢。

经验三，加码绿色要素投入，转化绿色价值收益。有效的绿色要素投入是企业获得绿色收益的前提，加码绿色要素投入是企业可持续发展的理性选择。走绿色发展道路的浙商企业在管理和发展上不惜投入大量的资金、顶尖的人才、先进的技术和设备工艺等，打造绿色资源优势，并将其有效转化为绿色价值收益，绿色价值收益既包括经济价值收益，也包括环境价值收益。绿色要素投入包括：①绿色财力投入。资金投入是企业绿色发展的保障，为企业绿色生产、绿色管理、绿色营销等各环节提供可能。例如，浙能集团在成本控制、增收节支等内部管理方面堪称苛刻，但是浙能集团在节能减排上投入却"大手大脚"、敢于投入。以浙能长兴电厂中水回用工程为例，该项目累计投入资金5580万元，每年运行维护还需投入近300万元，而电厂在浙能集团的支持下，实现了长兴县城生活污水几乎零排放的成效。②绿色人力投入。环保创新型人才是企业绿色发展的核心要素，企业走可持续化发展道路，离不开人才的创新驱动；环保创新型人才带来的先进技术是企业绿色发展的内驱力，决定了企业绿色发展的能力和水平。例如，天能集团围绕发展重心，实施特色人才项目，培育了一批创新型人才和高层次人才，推动企业环保技术发展和知识产权实施与转化。③绿色物力投入。环保设备和先进工艺是企业节能减排、降低污染的有力武器。众多成功的浙商企业都有这样的共性：敢于投入、敢为人先。花大力气改造原有生产设备，建造废水废物零排放系统，在企业能力范围内保持持续更新的发展姿态，完成一系列空气净化、固废处理、清洁降耗、资源回收和环境监测等任务，为企业节省大量运营成本，提高生产效率，创造更高的经济收益，也经住了政府的监测和验收，一举多得。例如，浙江巨化股份公司硫酸厂为提高硫酸污水处理质量，新建 20 万吨/年硫酸装置，采用国内最先进的酸洗净化、动力波等技术，同时对硫酸污水处理沉降工艺进行改进，污水处理由一级沉降改为二级沉降，即将原来的两池并联沉降改为两池串联沉降，以延长沉降、处理的时间，悬浮物的合格率大幅上升，污水合格率明显提高，生产污水实现零排放。浙商绿色管理的成功经验说明企业要实现节能减排目标，获得长足发展，需要有敢于投入的魄力，也需要有将绿色投入视作前瞻性投资的眼光，以厚重的绿色要素投入托举起企业的绿色发展未来。

经验四，寻求绿色资源整合，塑造核心竞争优势。整合企业内外资源，取长补短凝聚发展合力，借力借势成为企业绿色发展的明智之举，以合作激发企业的生态创新智慧。多个企业成功的案例向我们很好地诠释了内外资源整合，汇聚资源合力的经验内涵，企业资源整合包括：①企业内部资源整合。企业内部各个部门之间的资源优化重组可以为企业发展带来新的生机，也能为企业绿色发展提供有力支撑。例如，在环保能源产业拓展的同时，锦江集团优化资源整合，投身到极具竞争力的有色金属产业。锦江克服了审批、土地、资金、环保、人才等方面的"瓶颈"，于 2005 年建成率先利用矿石的民营氧化铝企业。锦江的有色金属产业起来后，又有力地反哺了环保能源业，促进了后者的持续发展。整合矿业、电力、氧化铝、铝镁合金、铝材深加工等优势资源，打造极具竞争力的资源性产业链——有色金属产业，并将其作为集团未来可持续发展的重点产业；同时筹建成立兰江产业新材料基金，整合光学薄膜产业链，打造位居世界前列的光学薄膜产业。②企业之间资源整合。上下游企业之间的合作能为企业集约利用资源提供可能，同行企业之间的协同共生能够创造出更大的利润空间。例如，杭钢集团在"五气合治"上，以控烟气为重点业务，加强与行业领先企业战略合作，组建专业大气治理公司，积极参与脱硫脱硝、工业烟粉尘治理等业务，开发恶臭有害废气生物净化技术和设备，并积极拓展新能源产业。该项合作的开展为杭钢治气工程提供了巨大帮助。③企业、政府与社会资源整合。企业与政府部门的协作、企业与高校科研力量的强强联合、企业力量与公众力量的互惠融合以及企业开展关于绿色发展的国际交流合作，能将节能减排、环境治理的单一力量整合为势不可当的强劲力量。淘汰落后工艺，重组新生力量，重塑资源优势，碰撞出更多的生态创新"火花"，解决单一企业绿色发展资源不足等问题，以资源整合提升企业绿色发展能力，涌现出项目基地合作、共建绿色生态的战略合作协议、绿色数字金融联盟等新的模式。例如，农行浙江省分行与浙江省政府签订战略合作协议，未来将专项安排意向性信用额度，全力支持浙江绿色产业发展壮大，并先后与全国绿色金融改革试验区湖州市、衢州市政府签订了绿色金融战略合作协议，重点加大对节能环保、绿色能源、生态旅游、农产品基地、水环境治理、乡村改造等新兴产业和民生项目的信贷投入，推动了绿色金融改革。这些企业的成功少不了内外部力量的联合推动。这些成功经验说明，企业除了需要充分挖掘自身资源优势、优化内部资源结构以外，还需要加强与政府、企业、外资企业或世界平台等的多边合作，谋求共同发展，将多种力量和资源相互融合，扬长板、补短板，共同参与、共享成果、共担风险，共同织就环境治理和环境保护的疏密大网，也为企业走绿色发展道路建立起保护屏障。

　　经验五，严格绿色生产管理，布局清洁智能制造。走绿色发展之路的企业必定是实施清洁生产的企业、提供绿色产品的企业、对用户健康和环境保护负责的企业。绿色生产管理是企业绿色管理的前提和保障，这就需要企业在绿色生产设计、绿色生产组织和绿色生产控制上大力布局。绿色生产管理包括：①绿色生产设计。企业从质量和环保的角度进行绿色产品设计、绿色生产工艺设计等。例如，菜鸟网络牵头为物流包装的环保材料埋单，在快递包装纸箱逐渐变环保的情况下，瞄准具有污染性的塑料袋包装，生产设计由可降解材料制成的塑料袋，即使无法避免现实问题——成本，但仍然坚定地选择承担起环境保护的社会责任。②绿色生产组织。对企业绿色生产过程的组织和协调。例如，巨化集团始终把绿色作为亮丽的底色，摒弃传统高污染、高能耗的生产方式，大力组织清洁生产，用循环经济的理念拓展产业链，为区域绿色发展和生态环境履行好国有企业的社会责任和担当；大力推进生态化循环经济改造；淘汰数十套大型生产装置；应用先进生产控制系统，从源头减少"三废"。③绿色生产控制。为实现清洁高效的生产目标，对企业生产的全过程进行把控。在众多的浙商企业案例中，实施严格的绿色生产管理是这些企业的一致追求，积极探索清洁生产方案，以智能化、自动化工艺提升清洁生产效率，以实现环保经济效益最大化，既符合政府环境保护的政策标准和导向，又体现出企业应有的社会担当，也能够赢得市场的尊重和用户的认可。"二高一剩"（高能耗、高污染及产能过剩）企业被纳入银行信贷的黑名单，其生产过程和生产产品会造成严重的负外部性影响，势必遭到淘汰。例如，天能集团在生产环节按照最严格的清洁生产标准，通过机器换人等手段，控制产品的绿色生产质量；开展"高性能铅蓄电池绿色设计平台建设与产业化应用项目"，通过产品的生态设计，从材料源头赋予电池更环保、更安全的特性；建立绿色智造产业链，从绿色产品、绿色车间、绿色工厂、绿色园区、绿色标准、绿色供应链等入手，借助互联网、大数据、云计算等手段，把绿色智造这条主线贯穿到生产经营的全流程，引领产业向绿色、高端、智能方向发展。另外，红狮集团的生产自动化控制采用 DCS 集散自动控制系统，窑尾采用布袋收尘，环保实施国家在线联网监测，这些在国内同行业中均处于领先水平。以上企业的成功经验无不说明企业在生产管理上应该顺应绿色发展要求，在生产的各个环节开展绿色管理。企业必须坚守生态底线，停产污染性产品，做好绿色生产，把好环保关口，提升绿色生产管理成效。

经验六，注重绿色创新管理，注入强大发展动能。绿色创新管理是企业可持续发展的重要驱动因素，是企业长远发展的必然选择。创新能够激发企业绿色发展的活力，为企业不断注入新的动能。随着企业的转型升级，面对内外部环境的各种变化，企业需要审时度势，在发展中创新性地添加"绿色元素"。企业的绿色创新管理包括：①绿色管理机制创新。创新企业绿色管理的奖惩机制、激励机制与约束机制并举。给予员工一定的补贴、奖励或惩罚，鼓励企业部门的绿色创新行为、绿色生产行为等，规避高耗能、高污染生产行为。例如，时空电动内部建立了一套花名系统，大多数员工都选择了虚构作品中的人物作为花名，如观音、唐僧、大师兄和二师兄等，平时也经常用取经、八十一难、行李这些隐喻来激励大家。②绿色管理模式创新。结合企业自身特点，以绿色发展为核心实施绿色管理模式，采用绿色管理方法，建立绿色管理模型，运用绿色管理工具，制定绿色管理程序。例如，浙能集团旗下的天地环保公司实行以合同执行为主线的管理模式，以保证脱硫设备合格率100%。采用矩阵式项目管理模式，以项目管理充分调配资源供给，并运用专业项目管理工具 P3 软件，进行项目进度、工程质量、费用控制管理。又如，巨化集团以安全环保管理、现场管理、专业管理三条对标主线为抓手，在环保上建立了全员、全过程、全天候的环保管理模式。③绿色管理体系创新。量身打造适合本企业绿色发展的管理体系，系统开展绿色生产管理、绿色营销管理、绿色监督管理等。在企业管理的各个环节做好人员管理创新、"三废"管理创新、产业布局管理创新、质量安全管理创新等，探索企业绿色管理的多元化方式，将创新思维运用于绿色管理的各个层面，寻求更加高效的绿色管理新途径等，为企业绿色发展增添动力。例如，聚光科技在企业内部创新性地建立了运维质量抽检、飞行检查、第三方督查中心全覆盖督查的三级督查管理体系。这些企业以绿色创新管理的探索行动和取得的成效印证了企业绿色创新管理的必要性。以绿色创新管理减少了环境负载的污染，又以取得的经济收益为基础，不断增加产值，投入到更多的绿色创新管理探索之中，形成良性循环发展。

经验七，**优化绿色营销管理，打通绿色市场通道**。绿色营销管理是企业绿色生产到绿色收益之间的重要纽带。在绿色消费观念日益普及的当下，客户的绿色需求日益增加，相应要求企业在关注消费者日益提高的环保意识和绿色产品需求的基础上，运用合理的绿色营销手段和营销策略，打通绿色市场通道，占领市场先机，从而实现企业的持续经营和发展。企业的绿色营销管理主要包括：①绿色市场分析。坚持绿色发展的浙商企业关注市场形势的变化，分析绿色市场的需求，围绕绿色市场开展营销管理，依据生态环保的原则来选择营销组合的策略。例如，国网浙江电力以"两个替代"最大化为方向，持续开展市场调查，摸清各领域替代潜力，采取积极主动的营销策略和创新措施，因地制宜制定电能替代发展规划。②绿色营销网络。在国内市场甚至国际市场铺设营销网络，打造广阔的绿色营销区域平台。例如，海正药业形成了化学药、生物药、大健康三大业务群，营销网络覆盖全球70多个国家和地区。又如，正泰集团积极布局海外，拥有欧洲、北美、亚太3个研发中心，建立中国区、亚太区、欧洲区等6大营销区域，在德国等6个国家拥有生产制造基地。③绿色营销策略。通过绿色广告推广、网络渠道营销等手段实施绿色营销策略。如建立绿色共享仓库、短渠道销售降低资源消耗，以广告传达绿色功能定位的产品信息，开展环保公益活动等绿色公关，推动企业绿色产品的销售。例如，时空电动实施绿色在线营销策略，在微信朋友圈发布蓝色大道品牌广告，推广清洁能源纯电动汽车产品，在线上直接将纯电动车产品推至消费者，收到了很好的广告效果。又如，浙江电力推出双客户经理服务机制，实现单一营销向综合营销的双向转变，为客户打造全方位专业化营销服务生态环境，助推行业电能替代项目更快更好地落地。这些企业的绿色产品销售得益于企业的卓有成效的绿色营销管理，将绿色营销理念渗透到了营销的每个环节和每个方面，既满足了市场的绿色产品需求，又为企业赢得了良好的收益，协调了企业、消费者、社会等多方利益。

经验八，**强化绿色监督管理，赋能高效良性运营**。绿色监督管理是企业从生产源头到末端污染治理的关键。开启全方位的动态监督管理，约束企业污染行为，是众多企业实现去污减排和政府推进污染监管的重要关口，任何一个管理环节的监控缺位，都可能造成企业污染问题以及企业经济损失。企业绿色监督管理包括：①线上绿色监督。走绿色发展之路的浙商企业在各行各业努力探索绿色管理监控的新技术、新形式、新方案，结合企业自身的生产线特点和产业特点，积极布局绿色管理的线上监控网络，掌握企业最新的生产数据。例如，为加强对脱硫设施运行情况的实时监控，浙能集团委托省环境科学研究院加快对下属电厂已投运脱硫设施的在线监控联网工作，2007年开始逐步实现与省、地、市环保部门联网，以便于各级环保部门加强对电厂脱硫设施运行的在线监控。同时，浙能集团加强对各发电企业脱硫设施投用率及脱硫效率的督查，每月发布发电企业二氧化硫的排放量及完成情况，时刻督促各发电企业重视节能减排的工作。②现场绿色监督。配合线上监督，通过配备专业技术监测人员、设计碳汇计量和检测标准、污水处理定时检测、安装污染监测设备系统、生产样品检测、借助人机联控监管系统等，以各种形式的污染源监控提高清洁生产效率。例如，红狮集团将环保在线监测、现场监控等接入生产控制中心，中控操作员 24 小时有专人负责。在厂区监控室，一旦相关生产线上的污染物排放数值波动异常或接近排放设定限值，电脑会自动发出提醒，中控室通过网上工厂实时监控水泥生产及固废处置过程，确保了处置过程安全环保，不影响水泥正常生产。③实时绿色监督。对企业生产制造等环节进行实时、动态的把握，随时掌握和控制企业生产等运营情况。例如，巨化集团布局近百个监测因子上传平台监控，建成水、气、渣的全方位、全过程、全天候监控体系。巨化硫酸厂利用高科技手段，率先开发了先进的 pH 实时监控、统计系统，当现场的环保数据发生变化时，管理人员可直接与岗位或调度取得联系，寻找原因、制定措施，把污染降到最低限度。还有聚光科技为保证监测数据的真实、客观、准确，结合 AI 技术，研发了人机联控系统，通过监控运维人员的行为，用神经网络深度学习的计算机视觉分析技术，有效识别运维人员行为是否存在异常。同时，将环境监测设备监控数据、运行状态数据、运维人员行为三位一体，进行关联分析、联动控制。以上企业的成功经验说明，企业在做到绿色战略定位、绿色要素投入、绿色生产管理等各方面的同时，还需要扎实做好绿色管理监控环节，实现污染溯源，收集污染数据，以便有效反馈污染信息，及时进行针对性整改，遏制企业污染行为，提高绿色管理的效率。

基于浙商企业在绿色管理中的丰富探索实践可以发现，绿色发展理念、绿色战略定位、绿色要素投入等每个方面、每个环节对企业的可持续发展都必不可少，每个方面和每个环节的内在相互作用生成了一个完整的浙商绿色管理经验的理论框架（见图2）。这一理论框架是在融汇"绿水青山就是金山银山"的发展理念、深入理解企业绿色管理内涵以及深入发掘浙商企业绿色管理经验的基础上形成的。

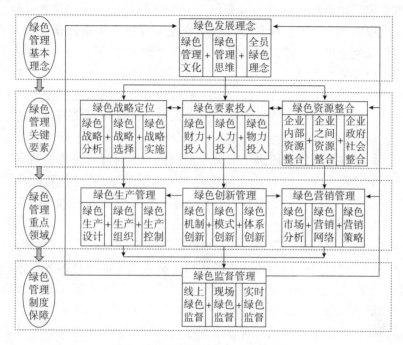

图2　浙商绿色管理经验的理论框架

具体而言：①企业需要以绿色发展理念作为先导，引导绿色行为落地。将"绿色基因"植入企业绿色发展的全员、全方位和全过程，营造企业绿色管理的文化氛围，从企业领导者到企业员工，上下一致形成绿色发展的共识，培养绿色发展的思维。以绿色发展的观念、思维和文化推进绿色管理落实到各个方面和环节，从而提高企业绿色发展站位以及企业发展的绿色成效。②在"两山"理念的指引下，进行企业绿色战略的规划和定位，把准绿色发展的"定星盘"，布局长效发展。以企业绿色战略的分析为出发点选择适合企业发展的绿色战略，以绿色发展战略规划作为行动纲领，以绿色战略实施推进企业发展，保持绿色战略定力，坚定企业绿色发展的信念。③在践行绿色理念、贯彻绿色战略的基础上，企业绿色要素投入指向明确，才能有效转化为绿色收益。在环保资金、科技创新人才、先进技术和工艺设备等财力、人力和物力上的大力投资是企业绿色发展的前提，将这些资源要素转化为绿色发展优势和绿色发展收益是企业面临的关键问题。④进行内外资源整合、达成优势互补是企业发挥资源优势的理性选择，凝聚绿色发展的合力，开展企业内部资源优化重组、企业与外部的资源相互补充，为企业绿色发展加码。⑤在绿色战略方向明确、绿色要素投入充足和绿色发展资源优化的基础上，企业开展绿色生产的条件得以具备，此时企业需要布局进一步清洁智造，从产品生产设计到生产组织，再到生产控制，都应紧紧围绕"绿色"展开。做好绿色产品生产的生态设计，按照最严格的清洁生产标准组织生产，采用绿色生产的先进控制系统，以智能化、自动化和现代化技术提升企业清洁生产的效率，确保绿色生产任务的完成。⑥企业的绿色生产置于新时代信息技术快速发展的形势之下，自然离不开企业的绿色创新管理，绿色创新管理为企业注入发展动能，是企业可持续发展的"活力因子"。通过创新绿色管理机制、创新绿色管理模式、创新绿色管理体系，探索企业绿色管理的多元化方式，运用绿色创新思维寻求更加高效的绿色管理新途径。⑦在绿色创新管理的基础上，优化绿色营销管理，做好绿色营销市场调研，建立绿色营销网络。从战略层面把握绿色营销的目标市场定位，从战术层面向目标客户传递绿色营销理念和绿色营销的信息，采取绿色营销策略，实施产品策略、投放绿色广告、拓展绿色营销渠道等打通绿色市场通道（万后芬，2006），满足市场绿色消费需求，赢得市场先机，将企业绿色产品转化为绿色收益。⑧开启全方位、全过程的绿色监督管理，监测企业绿色管理运营，约束企业污染行为，时时掌握企业绿色管理的动态，尤其是废物处置、设备运行、安全性能等，通过线上联网监控、线下监管、人机联控等，确保企业管理各环节的绿色、有序运行，推动企业绿色发展。

总体而言，秉持绿色发展理念是企业实施绿色管理的逻辑起点，是企业开辟绿色发展道路的根本。从这一根本出发做好企业的绿色管理战略定位，投入绿色发展要素和整合绿色管理资源是企业绿色管理的关键，从而推进企业绿色生产管理、绿色创新管理以及绿色营销管理三个领域顺利发展，其中绿色创新管理在这一过程中显得尤为重要，在充足的绿色要素投入基础上，绿色创新管理赋能企业绿色生产、绿色营销以及企业的绿色监督。绿色监督管理作为企业绿色发展的保障，确保企业绿色发展理念的落地，以及绿色管理全过程、全方位的绿色成效转化。浙商绿色管理经验的理论框架简图如图3所示。

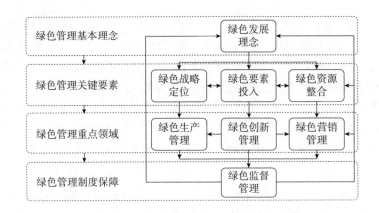

图 3　浙商绿色管理经验的理论框架简图

三、新时代浙商绿色管理的八大启示

通过对新时代浙商企业绿色管理案例的分析，我们可以归纳出浙商企业绿色管理至少有如下八大启示：

启示一，做好绿色战略规划，提高绿色发展站位。目前浙江省从政府层面往下逐步增强了对企业绿色环保生产作业的要求，浙江省人民政府于 2017 年末印发《浙江省"十三五"节能减排综合工作方案》，在后续的工作中发布了具体细则，企业应积极响应国家政府对绿色生产的号召，做好企业绿色管理的全局设计，重点部署节能减排，大力推进清洁生产。未来企业应以绿色发展为原则做好绿色管理的全局统筹规划，以转型升级为主线做好绿色管理的顶层规划。主要包括：①企业绿色管理近期规划。从战略层面对企业近 3 年内的绿色管理做出计划安排。例如，浙能集团为实现绿色生产，大力实施"绿色能源计划"，全面调整所属燃煤电厂烟气脱硫规划，对老机组脱硫改造实施计划做大幅提前的调整，并且不惜成本选择燃烧产物更为环保的神府东胜煤。②企业绿色管理中期规划。基于企业近期绿色管理实际情况和未来发展目标，对企业绿色管理做出近 3~5 年的计划安排。例如，早在 2005 年，浙能集团就制定"浙能集团'十一五'脱硫规划"，在全国率先实现燃煤机组全脱硫、全脱硝和超低排放改造。又如，2007 年巨化编制自己的"十一五"循环经济发展规划，以循环经济的理念开展节能减排。③企业绿色管理远期规划。着眼长远，为企业绿色发展做出长远的部署，一般是 10 年以上的绿色发展规划。例如，天能集团紧跟行业发展趋势，面对新能源动力锂电池再生循环利用这一新兴领域进行长远规划，加快布局新型产业，探索废动力电池回收利用市场，把握绿色发展的契机。通过这些企业的成功案例可知，新时代的企业不能只重眼前利益，更不能将环保作为企业发展的细枝末节工作，应当从全局出发，站在可持续发展的高度，为企业绿色发展谋篇布局，做出阶段性的战略发展规划。

启示二，规范绿色制度标准，勾勒绿色发展框架。主要涵盖以下三点：①企业绿色管理法规。未来更应将企业的绿色管理置于法律法规的框架之内，遵守企业绿色管理法律法规的同时，用法律法规保护本企业绿色发展的权益。例如，在聚光科技，普法教育是考核管理层和一线员工的重要指标，让员工知道提供虚假的数据属于严重违法。犯了法，不仅要负法律责任，还害了自己整个家庭；作为管理层，也要负连带责任。②企业绿色管理制度。企业未来应明确规范绿色发展制度，使企业绿色管理有章可循、有规可依。例如，聚光科技在制度建设方面，从宏观到微观，从部门到人员，从部门职责到岗位职责，全部以制度、章程、手册等形式做出明确规定，这一系列章程、手册、制度、规范和细则指导研发部门的日常工作规范而有序地进行。③企业绿色管理标准。未来的企业绿色管理应当明确企业内部的绿色管理标准。企业应在绿色管理上提高标准，筑高门槛，严格把控企业绿色管理的环保关口，为企业的绿色生产、绿色合作、绿色营销等拉高标杆。例如，在绿色发展的一些标准上，天能成为铅蓄电池行业标杆，带动了全行业的标准提升。如今，铅蓄电池项目资金中25%必须是环保设备投入，已经成了长兴蓄电池行业的一条"行规"。企业绿色发展的目的不仅是给自身创造经济效益，还应当重视自身能够创造的社会价值，主动承担社会责任，因此以严格的绿色管理标准为准绳开展清洁生产等，为企业的绿色发展筑起了一道生态屏障，护航企业绿色发展。遵守企业绿色管理的法律法规、明确企业绿色发展的制度规范、严格企业绿色管理的标准在未来的企业绿色发展中是必然的趋向，企业无论现有或者新生，都应当依照相应的法律、制度和标准进行科学管理、绿色管理，赢在未来。

启示三，重构绿色组织架构，打造绿色发展平台。浙江省对企业绿色管理的要求包括对资源的节约利用，对运作管理中间环节的简化，对生产设备效率的保证都要处于一个较高的水准。因此，企业绿色管理组织架构重构主要涉及：①绿色管理组织机构设置。企业应当从科学的绿色管理组织机构设计出发开展绿色管理，防止高能耗、高排放、高污染生产造成的环境破坏。例如，农业银行浙江省分行率先在同业设立绿色金融部，专设机构、专配人员，重点抓绿色信贷标准规范、制度建设和产品创新，构建服务乡村振兴的绿色专营体系。②绿色管理职能设置。明确企业管理者的绿色管理职能，坚持绿色管理理念，落实管理职责。例如，聚光科技对企业员工的职责、部门职能等，全部以制度、章程、手册等的形式做出明确规定，这一系列章程、手册、制度、规范和细则指导着研发部门的日常工作规范而有序地进行。③绿色管理角色定位。企业管理者的角色分工应当清晰准确，便于管理者对责任范围内的工作保持生态响应的敏锐触觉，坚决淘汰落后产能，改造落后技术设备，在企业管理中发现污染问题及时有效地予以解决或改善，避免造成环境污染和经济损失。例如，红狮集团成立了"集团—子公司—车间"三级环保管理网络，明确分工，责任到人，做到事事有人管，明确绿色管理人员角色定位。根据可持续发展理论，企业以环保为指向的转型升级，满足了自然、生态、经济等特点，而企业的转型升级需要合理的管理组织架构作为支撑。

启示四，创新绿色体制机制，激发绿色发展活力。企业的绿色管理是一个非常复杂的管理系统，内部涵盖诸多部门，还受到政府、竞争者等外部因素的影响，因此企业需要建立科学合理的绿色管理体制机制，在体制机制的保障下处理好绿色环保与经济效益的关系。主要涉及三点：①绿色管理权责机制。权责明确是企业有效进行绿色管理的基础。例如，在天能集团看来，新能源动力锂电池的再生循环利用仍是一个新兴领域，目前处于起步阶段，面临的突出问题和困难之一就是汽车生产企业、电池制造企业、回收企业、再生利用企业之间尚未建立有效的合作机制，权责不够清晰，在一定程度上影响到企业的绿色发展，未来的企业应针对绿色管理建立明确的权责机制。②绿色管理运营机制。绿色管理运营机制是企业进行绿色转型的保障，可以有效推动企业的转型升级。在市场形势变化快速的新时代下，顺应绿色市场发展需求，立足于企业发展的实际，改革企业绿色管理的运营机制，在细分市场领域，适度、灵活、创新地运用绿色管理机制，促进企业绿色管理水平。例如，浙能集团深入贯彻"四个革命、一个合作"能源战略思想，肩负起在创新能源供给方式上发挥示范作用、在清洁能源示范省建设中发挥骨干作用、在能源体制机制改革中发挥推动作用的重任，促进能源产业高质量发展。③绿色管理奖惩机制。通过激励或惩罚政策对企业内部员工进行有效管理。

例如，农行浙江省分行将赋予湖州分行更充分的创新权限，积极构建支持绿色发展的激励机制和抑制消耗式增长的约束机制，形成"绿色氛围"。

启示五，加大绿色资源投入，夯实绿色发展根基。企业未来应盘活绿色发展的资本，加码资金投入，为企业绿色发展提供充足的财力支撑。主要包括：①绿色管理有形资源。用于企业绿色管理的厂房、机器设备等的有形资源是企业"硬实力"的重要支撑。例如，红狮集团始终坚持创新驱动和绿色发展，投入的水泥生产线设备先进、工艺领先、环保一流，可以说是在国内同行业中处于领先水平。又如，巨化集团为提高硫酸污水处理质量，新建 20万吨/年硫酸装置，投资 1000 多万元，采用国内最先进的酸洗净化、动力波等技术开展清洁生产。②绿色管理无形资源。包括绿色文化、绿色专利、绿色品牌声誉等在内的无形资源是企业绿色发展的"软实力"。例如，聚光科技与国内外著名科研院所展开了广泛的产学研合作，并通过自主创新，至今已针对研发过程中的关键技术累计申请 220 余项知识产权，其中发明专利占1/3，提高了企业的绿色管理效率。③资源利用最大化。企业的绿色发展，尤其是技术创新、环保设备投入、人才引进、项目建设等方面需要大量的资金，需要企业不吝成本大力投入，也需要企业盘活资本，善于借助社会资本获取绿色金融支持等，将有利于企业绿色管理的社会资源进行最大化利用。例如，浙能集团自觉强化水资源利用，努力让废水实现"零排放"，为"五水共治"和全省剿灭劣 V 类水做出积极贡献，让浙江的水更清。又如，菜鸟网络通过"绿色物流研发资助计划"面向全社会征集绿色解决方案，通过整合资源，调动社会力量共同推动绿色物流科研创新。企业的绿色发展需要丰富的资源投入作为支撑，重点保障环保领域的业务发展，以绿色投资换取绿色收益。

启示六，培养绿色创新人才，构筑绿色智慧高地。企业未来应重视人才创新对企业绿色发展的驱动作用，以科研为动力打造绿色发展的创新高地、智慧高地。未来的企业绿色管理应当注重：①绿色人才引进。根据企业绿色转型升级需要，引进专门的创新创业人才，为企业绿色发展贡献力量。例如，杭钢集团积极推进科技创新，冶金研究院着力加强科研人才队伍建设，进一步加快科技创新能力建设，加大在国家、省重点工程领域的市场突破，开发出钎焊材料。又如，海正药业在自己的企业内部专门建立环保研究室，引进一大批环境工程方面的人才，致力于环保工艺的研究和创新。②绿色人才培育。培育适应本企业绿色发展的人才，使其具有绿色发展的理念、知识技能等。例如，天能集团围绕发展重心实施特色人才项目，专门组建团队，培育一批创新型人才和高层次人才，建立为绿色发展服务的实验室。又如，聚光科技坚持原始自主创新，加强研发机构建设，重视科技人才的吸纳和培养，培育富有特色的创新文化，避开残酷的"红海竞争"，走入一片属于自己的"蓝海"。③绿色人才发展。针对企业为绿色发展专门引进和培育的高层次人才，应更加注重为他们提供良好的发展条件和晋升渠道，稳定人才队伍，为企业的长久发展打牢基础。案例中很多企业对绿色人才的管理大多停留在人才引进和培养上，对人才的发展还没有引起足够的重视，这也是未来企业绿色发展中应当注意的重要问题。这些企业对科技创新人才的重视和培养取得了相应的回报，在企业绿色发展上开发人才创新项目，激发人才的创新潜力，为企业提升智能化绿色发展水平提供动力支撑，也提高了企业的绿色管理成效。

启示七，推广绿色跨界合作，共享绿色发展成果。企业应在未来的绿色发展中强强联合，建立或加入绿色发展联盟，传播绿色发展理念，打造绿色发展命运共同体，形成优势互补、资源共享、借力发展的格局，合作共商绿色发展的优化方案，实现绿色发展的互惠共赢，提升企业绿色发展的竞争力。涵盖以下三点：①同行企业合作。与同行企业形成竞争合作的良性互动关系，也是企业未来实施绿色管理的重要方面。例如，正泰集团联合行业内几十家领先企业和机构，成立户用光伏标准化联盟，推动中国户用光伏市场标准化。绿色发展联盟为企业绿色发展提供交流合作的平台，营造绿色发展的氛围，创造绿色发展的机会，借助绿色联盟扬长避短，整合资源优势，共享绿色发展成果。②上下游企业间合作。将企业的绿色产业链尽可能地向上下游拓展延伸，在不同产业的企业之间建立供给与需求的关联，以实现资源共享。例如，杭钢集团积极整合金属贸易产业内部资源，有效汇聚上下游及相关辅助产业，通过信息、资源、人才共享，打造新载体，迸发新实力。成立浙江钢联控股有限公司，对原有分散的贸易类、钢铁相关公司进行有效整合，推进资源共享，增加企业效益。③多边跨界合作。例如，蚂蚁金服和联合国环境规划署在瑞士达沃斯世界经济论坛上正式启动全球首个绿色数字金融联盟，吸纳全球金融科技伙伴加入，尤其是最具创新能力和影响力，并富有社会责任感的企业加盟，在联合国的平台上针对全球范围内的重大环境问题和挑战，最大限度调动资源，结合最新的突破性技术，寻求环境问题的最佳解决方案，共同寻求推动全球可持续发展的新路径。

启示八，完善绿色绩效评估，优化绿色发展路径。企业未来应从绿色理念出发评估企业绿色管理的效果。主要包括：①绿色管理绩效评价方法。企业应选择科学的绩效评价方法评估企业绿色管理水平，需要注意评价方法的现实性、合理性和有效性。例如，农行浙江省分行每年制定下发《信贷结构调整实施意见》，推进行业结构调整，明确"两高一剩"行业贷款占比的年度控制目标，并将信贷结构调整目标纳入信贷经营管理综合考核评价，确保不符合绿色信贷要求的"两高一剩"行业贷款占比逐年下降。②绿色管理评价指标体系。完善的绿色管理评价指标体系关系到评价结果的有效性。例如，农行浙江省分行针对绿色信贷业务，在业务授权、风险定价、经济资本考核等方面实施差异化管理，并纳入年度综合绩效考核指标，完善考核指标体系。又如，浙能集团加大监督、考核力度，重视污染减排工作，把脱硫设施投运及减排指标作为所属单位经济责任制考核的否决性指标。未来的企业绿色管理中应更加注意绿色评价指标体系的完善。③绿色管理评估优化方案。案例中多数企业开展的绿色管理评估一般为单方面的评估，例如，杭钢集团针对关停的半山钢铁基地资产的评估，海正药业 EHS 研究中心针对环境监测、职业健康检测、毒理评估、过程安全的评估等。当然，一些企业还缺乏企业绿色管理的整体评估优化方案，这也是未来企业绿色发展应该拓展的空间。企业应当对绿色管理绩效进行科学评价测量和及时优化，以便达到国家要求的清洁生产标准，实现绿色长远发展。

受到这些浙商企业绿色管理经验做法的启迪，新时代浙商在未来的绿色管理中还有很多值得思考和探索之处。为此，本书在总结浙商企业绿色管理启示的基础上，形成了浙商绿色管理启示的理论框架，如图 4 所示。

浙商企业绿色管理实践的八大启示可以归纳为四类，分别是绿色管理规划、绿色管理组织、绿色管理协调和绿色管理控制。这四个方面反映出浙商企业绿色管理的四大职能，即在特定的环境条件下，以企业可持续发展为目标，通过绿色管理的规划、组织、协调和控制，对企业拥有的资源进行调配，以实现企业预期的绿色发展目标。这四大职能助推企业在绿色管理中达到所需的深度和广度。既体现了浙商企业绿色管理的多个层次，又涵盖了浙商企业绿色管理启示的八个具体方面，还说明了企业在未来的绿色管理中应当注重对绿色管理的一体化设计和运营，将绿色管理的各个环节和方面按照它们的内在有机关联进行有序组织。从中还可以看出，绿色管理既是一种理念、一种模式，更是一个方向、一个过程。基于浙商企业绿色管理四大方面、八大启示之间的内在逻辑关系，本书构建出浙商绿色管理启示的理论框架简图，如图 5 所示。

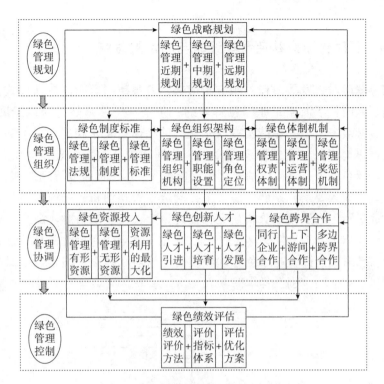

图 4　浙商绿色管理启示的理论框架

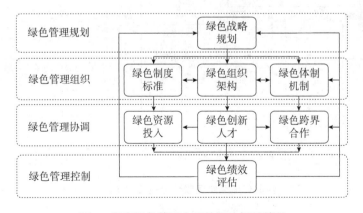

图 5　浙商绿色管理启示的理论框架简图

四、新时代浙商绿色管理经验与启示的总结

浙商紧随时代发展步伐，顺应新形势，着眼新问题，创造新模式，开辟新道路。新时代下浙商企业绿色管理的一条基本道路是坚持绿色发展理念，将经济、社会、生态的和谐发展与企业的前途命运紧密相连。一条基本经验是与时俱进地将绿色管理理念贯穿于企业管理的全过程、全方位和全周期，不断开辟绿色发展新路径。基于这些宝贵实践，本书从企业管理的理念思想、战略规划、投入要素、发展资源、生产制造、管理创新、市场营销和监督管理等方面进行深入发掘和分析研究，在理论上，构建出新时代浙商企业绿色管理经验与启示的理论框架（见图6），丰富了企业绿色管理的理论体系。在实践上，新时代浙商企业绿色管理经验启示为浙江乃至全国企业走绿色发展道路提供了鲜活的"浙江样本"。

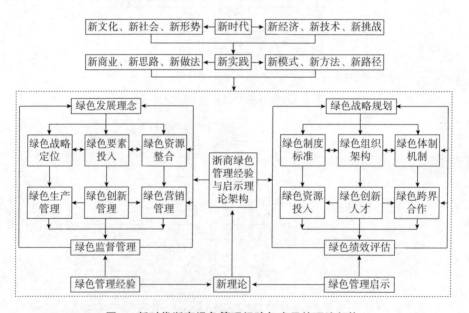

图6　新时代浙商绿色管理经验与启示的理论架构

新时代下，一大批先行的浙商企业在绿色管理的大胆实践中开辟出绿色发展的道路。这一过程也展现出企业绿色管理的演变趋势特征，可以总结如下：

（1）从被动绿色到主动绿色。即从消极被动地实行绿色管理转向积极主动地实行绿色管理。在中央政府和浙江省政府的引导和支持下，一批走在前沿的浙商企业开始觉醒，认识到绿色发展已逐渐成为未来的市场发展趋势，逐渐由被动地适应绿色市场竞争环境，到积极主动探索适合自身发展的绿色管理模式，在实践中反思和总结，走向更加全面深化的绿色管理。

（2）从短期绿色到长期绿色。即从企业短期权宜地实现绿色管理转向企业长期稳定实现绿色管理。坚定走绿色发展道路的浙商企业深刻认同"绿水青山就是金山银山"的发展理念，在这一理念指引下的企业必然高瞻远瞩、从长计议。获得长足发展的前提条件是放弃眼前利益，着眼长远稳定的发展，制定绿色发展战略规划，将经济效益、环境效益和社会效益的统一视为企业发展的目标，走在绿色发展前列的浙商企业正是如此。

（3）从简单绿色到复杂绿色。即从简单使用某项绿色技术转向复杂的行为模式调整等。浙商企业的绿色探索正经历着由简单到丰富的发展过程，企业内部的绿色管理从探索初期的绿色技术管理到企业生产、创新、销售、监督等全方位、全过程、全系统的复杂绿色管理，不断深化和丰富发展，形成绿色管理的有机整体，从而全面激发企业的绿色发展潜力。

（4）从低要求绿色到高标准绿色。即对企业战略、企业要素投入、企业生产、企业运营管理、企业营销等各方面和各环节的绿色高要求、高标准，愈加严格和规范。浙商企业的绿色发展已从初期的低标准、低质量绿色生产、运营和营销走向高标准、高质量的绿色发展，不断提高绿色管理的底线，提升绿色管理的追求。

（5）从点绿色到面绿色。即从某一方面的绿色（如仅仅做到绿色包装）转向全面的绿色（绿色产品、绿色包装、绿色物流等）。实施绿色管理的浙商企业逐步从单方面的绿色探索，转向方方面面的绿色管理，将绿色管理的点连成线，线发展成面，面逐渐优化，呈现出一个完整的绿色整体。

（6）从浅层绿色到深层绿色。即从表面、浅层绿色转向内在、深层绿色管理。越来越多的浙商企业不仅走上绿色发展的道路，而且深耕在绿色发展的沃土上，随着新时代新的机遇和挑战的出现，这些企业对绿色管理的认识和实践逐渐由表面化走向立体化和深层化，并将继续深化发展。

（7）从事后绿色到全程绿色。即从事后补救式绿色管理转向事前、事中、事后的全程绿色管理。浙商企业在绿色管理实践中逐步完善，在生产、创新、销售等各个环节对资源浪费和环境污染的补救逐步加强前瞻性的预防和过程的监督以及评估，走向全过程的绿色发展。

（8）从独立绿色到联合绿色。即从单个企业绿色管理转向整个供应链企业共同绿色管理。随着企业绿色管理的不断拓展和深化，越来越多的浙商企业发现要想走长远的可持续发展道路，就要在绿色管理中扬长避短，在合作中互惠互利。从企业内部各个环节的碎片化绿色走向各个环节的联合绿色，从企业之间的独立绿色走向企业之间的合作共赢绿色。这样既可以高效利用资源，也可以形成优势互补，提高自身在绿色市场的竞争力。

新时代企业绿色管理孕育着无限希望，也为现代企业的未来之路播下更多"绿色生机"。未来的企业绿色管理必然朝向更加智慧化、信息化和高效化的方向发展。特别是 2018 年浙江提出"数字经济一号工程"，开启了浙江经济增长新"大时代"，浙商企业绿色管理将被赋予更加丰富和更有深度的内涵。浙商企业的绿色转型升级也具有更强的动力和更优的助力，将会涌现出更多新时代新绿色企业，未来的浙商绿色管理实践还将塑造企业绿色管理的"进阶版本"。

参考文献

[1] 薛求知, 李茜. 企业绿色管理的动机和理论解释 [J]. 上海管理科学, 2013 (1): 1-7.

[2] 张思雪, 林汉川, 邢小强. 绿色管理行动: 概念、方式和评估方法 [J]. 科学学与科学技术管理, 2015 (5): 3-12.

[3] 马媛, 侯贵生, 尹华. 企业绿色创新驱动因素研究——基于资源型企业的实证 [J]. 科学学与科学技术管理, 2016, 37 (4): 98-105.

[4] 武春友, 吴获. 市场导向下企业绿色管理行为的形成路径研究 [J]. 南开管理评论, 2009 (6): 111-120.

[5] 李芬. 绿色管理: 一种新的政府管理模式 [J]. 前沿, 2008 (10): 62-64.

[6] 丁祖荣, 陈舜友, 李娟. 绿色管理内涵拓展及其构建 [J]. 科技进步与对策, 2008, 25 (9): 14-17.

[7] 胡美琴, 骆守俭. 基于制度与技术情境的企业绿色管理战略研究 [J]. 中国人口·资源与环境, 2009, 19 (6): 75-79.

[8] 李卫宁, 陈桂东. 外部环境、绿色管理与环境绩效的关系 [J]. 中国人口·资源与环境, 2010, 20 (9): 84-88.

[9] 程聪. 企业外部环境、绿色经营策略与竞争优势关系研究: 以环境效益为调节变量 [J]. 科研管理, 2012, 33 (11): 129-136.

[10] 李永波. 多维视角下的企业环境行为研究 [J]. 中央财经大学学报, 2013, 1 (11): 75-82.

[11] 薛求知, 李茜. 跨国公司绿色管理研究脉络梳理 [J]. 经济管理, 2012 (12): 184-193.

［12］唐静．绿色管理的经济学分析［J］．经济社会体制比较，2006（1）：133-137.

［13］胡美琴，李元旭．西方企业绿色管理研究述评及启示［J］．管理评论，2007（12）：41-48.

［14］李国英．企业战略管理［M］．天津：南开大学出版社，2015.

［15］万后芬．绿色营销［M］．北京：高等教育出版社，2006.

［16］王秋艳，郭强．中国企业绿色发展报告No.1［M］．北京：中国时代经济出版社，2015.

［17］丹尼尔·埃斯蒂，安德鲁·温思顿．从绿到金——聪明企业如何利用环保战略构建竞争优势［M］．北京：中信出版社，2009.

［18］Davison F. D. Gaining from Green Management：Environmental Management Systems Inside and Outside the Factory［J］．California Management Review，2001，43（3）：64-84.

［19］Nogareda J. S. , Ziegler A. Green Management and Green Technology-Exploring the Causal Relationship［D］．Zew Discussion Papers，2006.

［20］Tran B. Green Management：The Reality of Being Green in Business［J］．Journal of Economics Finance & Administrative Science，2009，14（27）：21-45.

［21］Malviya R. K. , Kant R. , Gupta A. D. Evaluation and Selection of Sustainable Strategy for Green Supply Chain Management Implementation：Malviya and Kant［J］．Business Strategy & the Environment，2018，27（4）：25-29.

［22］Siddhant Umesh Sawant, Rithwick Mosalikanti, Rahul Jacobi, Sai Prasad Chinthala, B Siddarth. Strategy for Implementation of Green Management System to Achieve Sustainable Improvement for Eco friendly Environment, Globally［J］．International Journal of Innovative Research in Science, Engineering and Technology，2013，2（10）：5695-5701.

［23］Kim B. K. , White L. Green Energy and Green Management：Towards Social Responsibility and Sustainability［J］．Journal of Nanoelectronics and Optoelectronics，2010（5）：105-109.

［24］Tudor T. , Adam E. , Bates M. Drivers and Limitations for the Successful Development and Gunctioning of EIPs（Eco-industrial Parks）：A Literature Review［J］．Ecological Economics，2007，61（2-3）：199-207.

浙商绿色管理的相关代表性法律法规

一、中央层面的代表性法律法规

1. 全国人民代表大会常务委员会《中华人民共和国循环经济促进法》（中华人民共和国主席令第 16 号），2009 年 1 月 1 日。

2. 全国人民代表大会常务委员会《中华人民共和国可再生能源法（2009 年修正本)》（中华人民共和国主席令第 23 号），2010 年 4 月 1 日。

3. 全国人民代表大会常务委员会《中华人民共和国清洁生产促进法（附 2012 年修正本)》（中华人民共和国主席令第 54 号），2012 年 7 月 1 日。

4. 中共中央、国务院《关于加快推进生态文明建设的意见》（中发〔2015〕12 号），2015 年 4 月 25 日。

5. 全国人民代表大会常务委员会《中华人民共和国环境保护法（2014 年修订本)》（中华人民共和国主席令第 9 号），2015 年 1 月 1 日。

6. 全国人民代表大会常务委员会《中华人民共和国环境影响评价法（2018 年修正本)》（中华人民共和国主席令第 24 号），2018 年 12 月 29 日。

7. 全国人民代表大会常务委员会《中华人民共和国节约能源法（2018 年修正本)》，2018 年 10 月 26 日。

8. 国务院《国务院办公厅关于进一步加大节能减排力度　加快钢铁工业结构调整的若干意见》（国办发〔2010〕34 号），2010 年 6 月 4 日。

9. 国务院《关于加快发展节能环保产业的意见》（国发〔2013〕30 号），2013 年 8 月 1 日。

10. 国务院办公厅《关于建立统一的绿色产品标准、认证、标识体系的意见》（国办发〔2016〕86 号），2016 年 11 月 22 日。

11. 中国人民银行《关于改进和加强节能环保领域金融服务工作的指导

意见》（银发〔2007〕215号），2007年6月29日。

12. 中国人民银行、中国银行业监督管理委员会《关于进一步做好支持节能减排和淘汰落后产能金融服务工作的意见》（银发〔2010〕170号），2010年5月28日。

13. 环境保护部、国家发展和改革委员会《关于加强企业环境信用体系建设的指导意见》（环发〔2015〕161号），2015年12月10日。

14. 工业和信息化部、国家标准化管理委员会《绿色制造标准体系建设指南》（工信部联节〔2016〕304号），2016年9月15日。

15. 工业和信息化部《绿色制造2016专项行动实施方案》（工信部节〔2016〕113号），2016年3月24日。

16. 中国人民银行、财政部、发展改革委、环境保护部、银监会、证监会、保监会《关于构建绿色金融体系的指导意见》（银发〔2016〕228号），2016年8月31日。

17. 国家发展和改革委员会《清洁生产审核办法（2016年修订本）》（中华人民共和国国家发展和改革委员会、中华人民共和国环境保护部令第38号），2016年7月1日。

18. 工业和信息化部《工业节能管理办法》（中华人民共和国工业和信息化部令第33号），2016年6月30日。

19. 工业和信息化部《工业绿色发展规划（2016–2020年）》（工信部规〔2016〕225号），2016年6月30日。

20. 工业和信息化部《工业节能与绿色标准化行动计划（2017–2019年）》（工信部节〔2017〕110号），2017年5月19日。

21. 国家发展和改革委员会、财政部、环境保护部、国家统计局《循环经济发展评价指标体系（2017年版)》（发改环资〔2016〕2749号），2017年1月1日。

22. 工业和信息化部《国家新型工业化产业示范基地管理办法》（工信部规〔2017〕1号），2017年2月1日。

23. 国家发展和改革委员会办公厅、工业和信息化部办公厅《关于推进大宗固体废弃物综合利用产业集聚发展的通知》（发改办环资〔2019〕44号），2019年1月9日。

24. 生态环境部、中华全国工商业联合会《关于支持服务民营企业绿色发展的意见》（环综合〔2019〕6号），2019年1月17日。

二、地方层面的代表性法律法规

1. 浙江省人民政府《关于全面推行清洁生产的实施意见》（浙政发〔2003〕22 号），2003 年 8 月 15 日。

2. 浙江省经信委、浙江省环境保护厅《浙江省创建绿色企业（清洁生产先进企业）办法（试行）》（浙经贸资源〔2003〕968 号），2003 年 1 月 13 日。

3. 浙江省环境保护厅《关于推进绿色信贷工作的实施意见》（浙环发〔2011〕34 号），2011 年 4 月 27 日。

4. 浙江省环境保护厅《浙江省燃煤电厂超低排放设施运行监管与超低排放电价考核要求（试行）》（浙环发〔2017〕32 号），2017 年 8 月 8 日。

5. 浙江省环境保护厅《关于推进城镇污水处理厂清洁排放标准技术改造的指导意见》（浙环函〔2018〕296 号），2018 年 8 月 8 日。